边缘计算
原理与实践

谢人超　黄韬　杨帆　刘韵洁
———— 著

PRINCIPLES　AND PRACTICE

人民邮电出版社
北　京

图书在版编目（CIP）数据

边缘计算原理与实践 / 谢人超等著. -- 北京 : 人
民邮电出版社, 2019.1（2019.4 重印）
ISBN 978-7-115-49355-2

Ⅰ. ①边… Ⅱ. ①谢… Ⅲ. ①计算机通信网—研究
Ⅳ. ①TN915

中国版本图书馆CIP数据核字(2018)第213249号

内 容 提 要

本书对边缘计算的发展历史与趋势、几种典型的边缘计算技术的基本架构与原理进行了
阐述，并对边缘计算涉及的关键技术与最新进展、部署方案、应用场景与实践进行了详细讲
解。

本书涉及的内容广泛、技术思想凝炼，突出核心原理和关键技术的阐述，同时力图深入
讲解边缘计算开源平台的使用过程。本书对从事边缘计算技术研发的专业人士、网络运营管
理人员、相关专业高校学生以及对边缘计算技术感兴趣的读者，都具有一定的参考价值。

◆ 著　　　　谢人超　黄　韬　杨　帆　刘韵洁
　　责任编辑　邢建春
　　责任印制　彭志环

◆ 人民邮电出版社出版发行　　北京市丰台区成寿寺路 11 号
　　邮编　100164　　电子邮件　315@ptpress.com.cn
　　网址　http://www.ptpress.com.cn
　　北京捷迅佳彩印刷有限公司印刷

◆ 开本：700×1000　1/16
　　印张：13.5　　　　　　　　　　2019 年 1 月第 1 版
　　字数：267 千字　　　　　　　　2019 年 4 月北京第 3 次印刷

定价：108.00 元

读者服务热线：(010)81055488　印装质量热线：(010)81055316
反盗版热线：(010)81055315

序　言

随着互联网与实体经济的深度融合，以及增强现实/虚拟现实（Augmented Reality/Virtual Reality，AR/VR）、4K/8K 高清视频、物联网、工业互联网、车联网等众多新型业务应用的出现，未来网络要求具有灵活可扩展、低时延、大带宽以及海量连接等能力，以满足新型业务的差异化服务质量需求。

与此同时，随着计算与存储成为网络的重要功能，网络、计算与存储一体化融合正成为未来网络发展的重要趋势。这是因为：一方面，并行计算、效用计算、高性能计算等技术逐步成熟，计算与网络基础设施的融合已成必然趋势；另一方面，随着技术进步，存储设备的成本呈现快速下降趋势，在网络中集成存储功能、利用存储换取带宽成为一种可行的设计思路。

为顺应未来网络发展的趋势与满足未来新型业务的差异化服务质量需求，当前业界提出了通过云网一体化融合，在网络边缘提供计算处理与数据存储的能力，即边缘计算的解决思路。其核心思想是在网络边缘提供计算与存储能力，以试图实现传统移动通信网、互联网和物联网等之间的深度融合，减少业务交付的端到端时延，发掘网络的内在能力，提升用户体验。边缘计算作为一种开放、弹性、协作的生态系统，可推动移动通信网、互联网和物联网的能力互动和数据互动，给电信运营商的运作模式带来全新变革，并建立新型的产业链及网络生态圈。

边缘计算技术自提出以后，受到了学术界、产业界以及标准界的高度关注。学术界 ACM Sigcomm、IEEE Infocom 等网络领域顶级会议都相继举办了关于边缘计算的专题会议。产业界 AT&T 在 Linux 基金会下成立了针对边缘计算的开源项目 Akraino Edge Stack，并受到了中国移动、中国联通、中国电信、华为、腾讯、英特尔等公司的支持；ARM、思科、戴尔、英特尔、微软、普林斯顿等公司与大学成立了开放雾联盟（OpenFog Consortium）；华为、中科院沈阳自动化所、中国信息与通信研究院、英特尔、ARM 和软通动力信息技术（集团）有限公司作为创始成员也成立了边缘计算产业联盟（Edge Computing Consortium，ECC）；与此同时，中国联通、中国电信、中国移动、华为、中兴、Nokia 等运营商与设备商也相继提出了针对边缘计算的技术路线与相关解决方案。此外，标准化组织也在快速推进 MEC 标准化进程，如 ETSI 成立了 MEC ISG 工业标准组，IEEE、3GPP以及国内 CCSA 等标准化组织也都在相继开展边缘计算的相关标准研究与制定工作。

在此背景下，为推动边缘计算的研究和相关解决方案的发展，大量的学术研究和工程技术人员都期望能够快速学习和了解边缘计算的相关知识。然而，当前市面上并没有一本全面系统讲解边缘计算技术与应用的图书，本书很好地满足了当前科学人员与工程技术人员的需求。

本书主要由北京邮电大学未来网络理论与应用实验室的教师和同学完成，这个团队隶属于北京邮电大学网络与交换技术国家重点实验室，长期从事电信网、互联网及其演进的未来网络技术领域的创新研究，在网络、计算、存储一体化、边缘计算等领域的研究具有多年经验，并取得了一些研究成果。本书正是他们的研究心得与成果总结，很好地将边缘计算领域学术研究与产业应用和实践进行了结合。读者既可以获取理论上的理解，又可根据书中提供的应用场景与实验案例获得实践能力提升，对从事该方向的研究人员具有重要的参考借鉴意义。为此，推荐本书给相关有意愿和志向努力进行开拓性研究的科技工作者、教师和同学。

刘韵洁

2018 年 6 月

前　言

近些年，增强现实/虚拟现实、4K/8K 高清视频、物联网、工业互联网、车联网等众多新型业务应用的快速涌现，对网络的传输容量、数据处理分发能力等提出了越来越高的要求。同时，网络技术和应用服务的进一步发展使网络流量呈现出爆炸式增长的态势。并且，终端用户也越来越渴望获得更高体验质量的网络服务，并愿意为此付出更多的费用。

为应对迅猛而来的流量增长和日益提高的用户体验需求给通信网络带来的巨大压力，业界提出了边缘计算技术，其核心思想是把云计算平台（包括计算、存储和网络资源）迁移到网络边缘，并试图实现传统移动通信网、互联网和物联网等之间的深度融合，减少业务交付的端到端时延，发掘网络的内在能力，提升用户体验，从而给电信运营商的运作模式带来全新变革，并建立新型的产业链及网络生态圈。

边缘计算作为一种开放、弹性、协作的生态系统，可推动移动通信网、互联网和物联网的能力互动和数据互动，自其诞生之初，就以各方面突出的优势吸引产学研各界人士深入研究，并得到了学术界和产业界的高度关注。目前，随着研究侧重点的细微差别，边缘计算发展至今已有微云（Cloudlet）、多接入边缘计算（Multi-access Edge Computing，MEC）以及雾计算（Fog Computing）这 3 种业界广泛认可的技术架构。另外，云接入网（Cloud Radio Access Network，C-RAN）作为与边缘计算相辅相成的重要技术，也为边缘计算的发展提供了更多创新的可能。

本书的具体章节内容安排如下。第 1 章对边缘计算的发展历史进行了介绍，同时对边缘计算的几种代表性技术进行了简单概述。第 2 章开始对边缘计算技术与应用进行全面的介绍。从基本概念和架构两个方面对 3 种边缘计算的具体模式以及云接入网进行了介绍，并简要总结了 4 种架构之间的区别和联系。第 3~7 章分别对边缘计算的计算卸载、资源管理、移动性管理、安全与隐私保护以及边缘计算部署方案等关键技术进行了详细阐述。同时对边缘计算在这些关键技术已取得的成果进行了总结分析，并对最新进展进行了追踪。第 8 章介绍了一些使能边缘计算的网络新技术，阐述了软件定义网络、信息中心网络、人工智能等新技术如何促进边缘计算的发展。第 9 章介绍了边缘计算的典型应用场景，分析了针对视频业务、虚拟现实/增强现实、物联网、车联网、智慧城市以及工业互联网等业务应用的边缘计算具体解决方案。第 10 章阐述了边缘计算开源软件平台，详细介绍了微云部署架构、EdgeX Foundry、M-Cord 以及 Akraino Edge Stack 项目，并对其安装与使用进行了详细描述。

为便于读者检索，本书在附录中给出了边缘计算相关缩略语。

本书参与撰写和审校的人员还有来自北京邮电大学的博士生与硕士生，包括贾庆民、李子姝、李佳、廉晓飞、王睿、李肖璐、唐琴琴、王秋宁、任语铮、刘旭、王志远等。在此对大家表示衷心感谢。

最后，感谢人民邮电出版社的大力支持和高效工作，使本书能尽早与读者见面。

本书内容是作者在科研过程中对边缘计算的研究总结，希望能够对读者有所帮助。由于编者水平有限，同时边缘计算技术仍处于发展之中，书中难免存在不少疏漏，真诚地企盼读者批评指正。

作　者
2018 年 7 月

目　录

第1章
边缘计算概述

增强现实/虚拟现实、4K/8K 高清视频、物联网、工业互联网、车联网等众多新型业务应用的快速涌现，对网络的传输容量、数据分发处理能力等提出了越来越高的要求。同时，网络技术和应用服务的进一步发展使网络流量呈现出爆炸式增长的态势。根据 Cisco 最新发布的预测报告，到 2021 年全球 IP 流量将达到 3.3 ZB，IP 视频流量将占所有消费者互联网流量的 82%；此外，移动数据流量将在 2016 年至 2021 年间增长 7 倍，到 2021 年流量将达到每月 48.3 EB，其中，移动视频流量将占移动数据流量的 75%。另外，终端用户也越来越渴望获得更高体验质量的网络服务，并愿意为此付出更多的费用。面对迅猛而来的流量增长和日益提高的用户体验需求，通信网络势必会承受巨大的压力，因此，必须对网络进行架构上的调整，以满足超大连接、超低时延以及超大带宽等业务需求。

为了应对上述挑战，业界提出在网络边缘提供计算处理与数据存储的能力，即边缘计算，以达到在网络边缘向用户提供优质服务的目的。边缘计算的基本思想是把云计算平台（包括计算、存储和网络资源）迁移到网络边缘，并试图实现传统移动通信网、互联网和物联网等之间的深度融合，减少业务交付的端到端时延，发掘网络的内在能力，提升用户体验，从而给电信运营商的运作模式带来全新变革，并建立新型的产业链及网络生态圈。

边缘计算作为一种开放、弹性、协作的生态系统，可推动移动通信网、互联网和物联网的能力互动和数据互动。首先，边缘计算具有开放性，它打破了传统网络的封闭性，将网络内的基础设施、网络数据和多样化服务转化为开放的资源，以服务的形式提供给用户和业务开发者，使业务能更理解用户所想，体验能更满足用户所需。其次，边缘计算具有弹性，能够支持资源的灵活调用和配置，并通过自动化方式实现快速响应，使边缘计算既能够适应业务可能出现的规模激增和快速新增的应用需求，也能在充分降低资源使用者总体使用成本的同时提供充足的能力，保障业务在时变的网络环境和用户需求面前始终保持出色的用户体验。

1

最后，边缘计算具有协作性，即能够将移动通信网络、互联网和物联网等更紧密地结合在一起，通过技术协作和商业协作，边缘计算可以更好地挖掘和满足用户需求，共同开拓更丰富的业务类型、更好的服务体验和更广阔的市场空间；此外，加强边缘计算与云计算的协作，以及分布式边缘计算环境下的相互协作对于改善网络整体性能也具有重要意义。

边缘计算一经提出就得到了学术界和产业界的广泛关注，其发展历程如图1-1所示。目前，业界普遍认可的边缘计算方案有微云（Cloudlet）、雾计算（Fog Computing）以及多接入边缘计算（Multi-access Edge Computing，MEC）3种。另外，云接入网（Cloud Radio Access Network，C-RAN）作为与边缘计算相辅相成的重要技术也受到广泛关注。在此先对这几种技术方案进行简要介绍，第2章将对这几种技术方案进行详细具体的讲解。

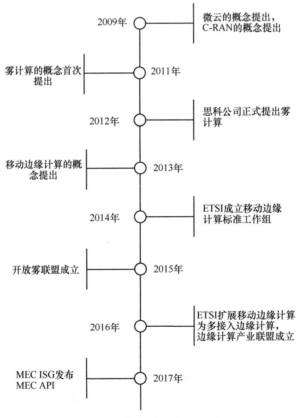

图 1-1　边缘计算发展历程

随着云计算技术的提出和普及，云计算在大规模数据存储、高效快速计算等方面的巨大优势吸引了网络领域的专家学者和工程技术人员的高度关注。得益于云计算的健康发展，在移动接入网部署云计算逐渐成为业界的共识。2009 年，中国移动率先提出了 C-RAN 的概念。C-RAN 是基于集中化处理、协作式无线电和实时云计算架构的绿色无线接入网架构。C-RAN 的基本思想是通过充分利用低成本高速光传输网络，直接在远端天线和集中化的中心节点间传送无线信号，以构建覆盖上百个基站服务区域，甚至上百平方千米的无线接入系统。C-RAN 的网络架构基于分布式基站的思想，分布式基站由基带单元（Base Band Unit，BBU）与射频拉远单元（Remote Radio Unit，RRU）组成。RRU 只负责数字–模拟变换后的射频收发功能，BBU 则集中了所有的数字基带处理功能，并形成了虚拟基带池。值得注意的是，RRU 不属于任何一个固定的 BBU，每个 RRU 上收发信号的处理都可以在 BBU 基带池中的虚拟基带处理单元内完成，而这个虚拟基带的处理能力是利用实时虚拟技术对基带池中的处理资源进行分配构成的。实时云计算的引入使物理资源得到了全局最优利用，从而可以有效地解决“潮汐效应”带来的资源浪费问题。同时，C-RAN 架构适于引进各种协同技术，以期达到减小干扰、降低功耗、提升频谱效率的目的。总体来看，C-RAN 实现了接入网的云化，更容易实现资源的灵活按需调整，从而使网络具备更高的灵活性和可扩展性，这在很大程度正是边缘计算技术实现广泛部署所需要考虑的问题，因此 C-RAN 和边缘计算之间应谋求深层次的融合，以助力边缘计算技术的发展。值得一提的是，在此背景下，名为 Fog-RAN 的实现边缘计算和 C-RAN 融合的新技术成为学术界和产业界关注的焦点。

在移动网络领域 C-RAN 被广泛研究的同时，在互联网边缘部署云计算的理念也吸引了学术界和产业界的广泛关注。在此背景下，Satyanarayanan 等在 2009 年发表的论文"The Case for VM-Based Cloudlets in Mobile Computing"中首次提出了微云的概念。微云是一种位于互联网边缘的用于移动性增强的小型云数据中心，微云的主要目的是通过为移动设备提供强大的计算资源，以更低的延迟支持资源密集型和交互式的移动应用。在微云方案的描述中，网络分为移动设备、微云和云端 3 层架构。其中，微云代表这个网络层次架构的中间层，微云可以视为一个小型的数据中心，因此它也被认为是对云计算基础设施的延伸，微云的提出使移动设备和云端的联系更加紧密。目前，微云的原型实现由美国卡内基梅隆大学开发。

随着物联网技术的发展，在用户终端附近部署的计算、存储和网络资源越来越多，由于物联网应用对网络的感知能力、处理能力和分析能力有较高要求，因此，充分利用这些资源提升边缘网络的服务质量和终端用户的体验质量具有重要意义，而且云计算向网络边缘拓展的趋势也越来越成为业界的共识。在此背景下，思科公司的研究人员在 2011 年首次提出了雾计算的概念，接着在 2012 年的移动云计算（Mobile Cloud Computing，MCC）会议上，思科公司的研究人员发表了论

文 "Fog Computing and Its Role in the Internet of Things",正式提出雾计算。雾计算可以认为是云计算概念的延伸,有个有趣的说法:"雾是接近地面的云"。雾计算是使用用户终端设备或连接用户终端设备的边缘设备,以分布式协作架构进行数据存储,或进行分布式网络数据包传输通信,相关分布式控制或管理。通常雾计算并非由性能强大的服务器组成,而是由性能较弱、更为分散的一般通用计算设备组成。雾计算具有以下 3 个特点。(1)水平架构:支持多个垂直行业和应用领域,为用户和商业提供智能化服务。(2)云到终端的连续服务:可在云与终端设备之间的任何地方提供连续服务,使服务和应用程序更靠近终端用户。(3)系统级:在终端和云端之间增加网络边缘层,把一些并不需要放到"云"中的数据在这一层直接处理和存储,形成云、雾和终端的系统架构。

另外,随着移动通信技术的不断演进,第五代移动通信(5th-Generation,5G)对移动网络提出了超高带宽、超低时延和超大连接的要求,从网络架构的角度对移动网络进行深度变革成为一种迫切的需要。随着在移动网络边缘部署计算、存储等资源的思想成为业界普遍共识,MEC 逐渐孕育和发展起来。2013 年,IBM 与 Nokia Siemens 网络共同推出一款计算平台,该计算平台能够直接部署在移动基站内,并且支持移动运营商创建并运行一些特定的高体验质量的应用,这一全新的计算平台正是 MEC 概念雏形的凸显,随后 MEC 吸引了越来越广泛的关注。2014 年,欧洲电信标准协会(European Telecommunications Standards Institute, ETSI)首次提出了"MEC"的概念,并将其定义为"在移动网络边缘提供 IT 服务环境和云计算能力",此外,ETSI 还成立了移动边缘计算规范工作组(Mobile Edge Computing Industry Specification Group,MEC ISG),旨在推动制定 MEC 多租户环境下运行第三方应用的统一规范。在 ETSI 的努力下,MEC 的发展又向实现规范化迈出了非常重要的一步。MEC 在向应用程序开发人员和内容服务提供商开放网络边缘 IT 服务环境和云计算能力的同时,还具有超低延迟、高带宽以及无线网络信息感知等特点,从而创造了一种新的生态系统和价值链,即运营商可以将其边缘无线接入网络开放授权给第三方,允许他们灵活和快速地部署创新应用和服务。2016 年,ETSI 将 MEC 中"M"的定义做了进一步扩展,将边缘计算能力从电信蜂窝网络进一步延伸至 Wi-Fi、固网接入等多种接入网络,移动边缘计算的概念也由此扩展为多接入边缘计算(Multi-access Edge Computing,MEC)。此外,包括第三代合作伙伴计划(3rd Generation Partnership Project,3GPP)及中国通信标准化协会(China Communications Standards Association,CCSA)在内的其他标准组织也启动了相关工作。MEC 系统允许设备将计算任务卸载到如基站、无线接入点等网络边缘节点,既满足了终端设备计算能力的扩展需求,同时也解决了接入远端云数据中心时延较长的问题。目前,MEC 已经被广泛视为 5G 的一项关键技术,将在助力 5G 实现业务超低时延、超高能效、超高可靠性等关键技术指标方面大放异彩。

边缘计算自提出就受到了产业界、学术界以及标准组织的高度关注。

在产业界，2016 年 9 月，华为在德国慕尼黑举行的 MEC Congress 大会上发布了业界首个面向未来网络架构的 MEC@CloudEdge 解决方案；中兴与国内运营商积极开展 MEC 试点，2017 年 4 月成功验证基于 MEC 的室内高精度定位方案；Nokia 在企业业务、车联网方面，也积极开展 MEC 的研究和实践。2018 年 2 月，AT&T 宣布开源其基金会项目 Akraino，这个项目被定义为 Open Source Edge Stack，即开源边缘计算栈，该项目是为在虚拟机和容器中运行电信运营商级边缘计算应用而设计，以支持商用级边缘计算应用的可靠性和性能要求。随后，2018 年 3 月，在美国洛杉矶举行的 ONS（Open Networking Summit）大会上，英特尔、中国移动、中国联通、中国电信、华为、腾讯、九州云等公司也相继宣布加入 Akraino 项目中。与此同时，业内也成立了一些产业联盟，以推动边缘计算的发展。2015 年 11 月，ARM、思科、戴尔、英特尔、微软和普林斯顿等公司与大学针对物联网（Internet of Things，IoT）成立了开放雾联盟（OpenFog Consortium）。开放雾联盟旨在基于开放标准技术创建一个框架，将有效的、可靠的网络和智能终端，与云、终端和服务之间可识别的、安全的信息流结合在一起，通过奠定开放式架构和分享核心技术等多项举措，加速雾计算的推广和商用进程，进而解决与物联网、人工智能、机器人、触觉互联网以及数字化世界中其他先进概念相关的带宽、延迟和通信等挑战。为了全面促进产业深度协同，加速边缘计算在各行业的数字化创新和行业应用落地，华为、中科院沈阳自动化研究所、中国信息通信研究院、英特尔、ARM 和软通动力信息技术（集团）有限公司作为创始成员，于 2016 年 11 月在北京宣布成立了边缘计算产业联盟（Edge Computing Consortium，ECC），致力于推动"政产学研用"各方产业资源合作，引领边缘计算产业的健康可持续发展。

在学术界，网络领域顶级会议 ACM Sigcomm 于 2017 年举办了 Workshop on Mobile Edge Communications (MECOMM'2017)；网络领域的另一顶级会议 IEEE Infocom 在 2017 年举办了 Workshop on Integrating Edge Computing, Caching, and Offloading in Next Generation Networks (IECCO'2017)；通信网络领域的旗舰会议 IEEE ICC 在 2018 年举办了 Workshop on Information-Centric Edge Computing and Caching for Future Networks 专题会议。国际期刊 IEEE Access 于 2017 年策划了专刊 Recent Advances in Computational Intelligence paradigms for Security and Privacy for Fog and Mobile Edge Computing (2017)。此外，从 2016 年起，IEEE 计算机学会基本上每年都举办 IEEE International Conference on Fog and Mobile Edge Computing（FMEC）学术会议。可以看出，边缘计算正在得到学术界越来越广泛的关注。

同时，标准化组织也在快速推进 MEC 标准化进程。2014 年 12 月，ETSI 成立了 MEC ISG 工业标准组；2016 年 4 月，MEC ISG 发布了 MEC 术语、技术要求、服务场景、参考架构等标准；2017 年 7 月，MEC ISG 陆续发布了 MEC API、解决移动边缘服务 API 的一般原则、应用程序生命周期管理、移动边缘平台应用程序启用、无线网络信息 API 和位置 API 等标准。IEEE 也在推动边缘计算的标准化工作上做出了非常重要的努力，2017 年 3 月，IEEE 推动边缘计算成为提案 P2413（Standard for an Architectural Framework for the Internet of Things）的重要内容之一。此外，下一代移动网络联盟（Next Generation Mobile Network，NGMN）和 3GPP 等研究机构和标准化组织在研究下一代移动通信网标准时也都考虑了 MEC，NGMN 将相关概念命名为"智能边缘节点"，3GPP 在 RAN3 和 SA2 子组中也都有 MEC 相关立项。国内标准化组织 CCSA 也有"面向服务的无线接入网（SoRAN）""5G 边缘计算核心网关键技术研究""5G 边缘计算平台能力开放技术研究"等课题立项研究。

尽管边缘计算还处于发展的初级阶段，但随着 AR/VR、4K/8K、工业互联网、车联网、物联网等各种应用场景对边缘计算提出的迫切需求，以及网络功能虚拟化（Network Function Virtualization，NFV）、软件定义网络（Software Defined Networking，SDN）、人工智能、云计算、大数据等各种支撑技术的快速发展，边缘计算技术快速走向商业化应用指日可待。

为了推动边缘计算的研究和相关解决方案的发展，大量的学术研究和工程技术人员都希望能够快速地学习和了解边缘计算的相关知识。然而当前市面上并没有一本全面系统讲解边缘计算技术与应用的图书，为了让读者对边缘计算的基本思想、关键技术和应用场景有进一步的理解和认识，我们把对边缘计算的一些理解和总结分享出来，希望一起推动边缘计算的发展。需要注明的是，虽然边缘计算目前包含了 MEC、微云、雾计算等架构方案，但 MEC 是目前最受业界关注的一种，因此，本书重点围绕 MEC 展开讲述。

第2章

边缘计算架构

2.1 概述

边缘计算的基本思想是把云计算平台迁移到网络边缘，试图将传统移动通信网、互联网和物联网等业务进行深度融合，减少业务交付的端到端时延，发掘网络的内在能力，提升用户体验，从而给电信运营商的运作模式带来全新变革，并建立新的产业链及网络生态圈。边缘计算自诞生之初起，就以其各方面突出的优势吸引着产学研各界人士的大力研究。随着研究侧重点的细微差别，边缘计算发展至今已有 MEC、微云、雾计算 3 种业界广泛认可的技术架构。另外，云接入网的研究发展也为边缘计算的发展提供了更多创新的可能。

MEC 是由 ETSI 提出的概念，意为"多接入边缘计算"，旨在在移动网络边缘提供 IT 服务环境和云计算能力。ETSI 还成立了专门工作小组负责 MEC 标准的制定，同时，AT&T、Vodafone、NTT DoCoMo、联通、移动、电信、华为、诺基亚、IBM、Intel 等运营商、设备商与服务提供商也对 MEC 的发展给予了高度的关注。微云是由美国卡内基梅隆大学发起的一个用于实现移动增强的开源边缘计算项目，并得到了包括 Intel、华为、Vodafone 在内的多家厂商的支持。雾计算是由思科提出的主要面向物联网场景的新型边缘计算网络架构，它将计算、通信、控制和存储等资源与服务分配给用户或靠近用户的设备与系统上。MEC、微云和雾计算这 3 种技术架构构成了边缘计算"家族"的主要组成部分。

同时，边缘计算意味着要保证边缘服务器与用户的临近性，因此接入网的性能对于边缘计算的实现极其重要，而传统接入网的僵化问题一直是制约网络创新和边缘计算实现大规模应用的瓶颈。为了解决传统接入网的僵化问题，中国移动提出了一个融合集中处理、协作式无线电和实时云型基础设施于一体的，解决传统接入网僵化问题的新型绿色网络框架——云接入网。云接入网利用实时虚拟化技术实现了基站 BBU 的云化，这为在网络边缘实现更灵活的边缘计算提供了无限可能。

本章主要从基本概念和架构两个方面对上述 3 种边缘计算的具体模式以及云接入网加以介绍，并简要总结上述 4 种架构之间的区别和联系。

2.2 多接入边缘计算

随着移动网络的飞速发展，各种新型业务不断涌现，这些新型业务对网络的带宽、时延等特性提出了更高的要求，同时也将进一步加重网络负载。为了满足移动网络高速发展所需的高带宽、低时延的要求并减轻网络负载，ETSI 于 2014 年首次提出了移动边缘计算的概念，并且给出了其"在移动网络边缘提供 IT 服务环境和云计算能力"的定义，随后，ETSI 一直致力于研究制定在多租户环境下运行第三方应用的统一规范。NGMN 和 3GPP 等研究机构和标准化组织在研究下一代移动通信网标准时也都考虑了 MEC。NGMN 将相关概念命名为智能边缘节点，3GPP 在 RAN3 和 SA2 子组中也有 MEC 的相关立项。另外，CCSA 也同样发起了边缘计算研究项目，CCSA TC5 无线通信技术组和 CCSA ST8 工业互联网特殊组都分别立项了有关边缘计算的项目，并已获得中国信息通信研究院、华为、诺基亚、中兴等多家单位的共同支持。

随着研究的深入，ETSI 将 MEC 中"M"的定义做了进一步扩展，使其不仅仅局限于移动接入，更涵盖 Wi-Fi 接入、固定接入等其他非 3GPP 接入方式，并将"M"重新定义为"Multi-Access""移动边缘计算"的概念也延伸为"多接入边缘计算"。

目前，MEC ISG 已经公布了关于 MEC 的基本技术需求和参考架构的相关规范。在 ETSI 公布的 MEC 参考架构白皮书中，MEC ISG 对 MEC 的网络架构和参考架构进行了详细定义。本节主要参考该白皮书对 MEC 的基本概念和基本框架进行介绍，关于 MEC 的关键技术、应用场景等其他相关问题在本书其他章节中介绍。

为了帮助读者快速建立对 MEC 的概念性理解，本节首先给出如图 2-1 所示的 MEC 整体系统架构作为对照，并考虑一个简单的用户获取内容的应用场景来初步认识 MEC。在不使用 MEC 的传统方式下，每个用户终端（User Equipment，UE）在发起内容服务请求时，首先需要经过基站（eNodeB）接入，然后通过核心网（Core Network，CN）连接目标内容，再逐层进行回传，最终完成终端和该目标内容间的交互。同一个基站下的其他终端如果发起同样的内容请求，则需要重复如图 2-1 所示的连接过程和调用流程。这样，一方面，重复连接和调用会浪费网络资源；另一方面，长距离传输也增加了相应的时延。通过引入 MEC 解决方案，在靠近 UE 的基站侧部署 MEC 服务器，可以将内容缓存在 MEC 服务器上，使用户能够直接从 MEC 服务器获取内容，而不再通过核心网重复获取。这样，从网络角度来看，MEC 的引入既可以避免网络拥塞，又可以节省核心网侧的网络资源；从用户角度来看，则意味着等待时延的降低和服务质量体验的提升。

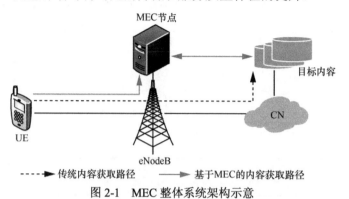

图 2-1　MEC 整体系统架构示意

既然 MEC 的引入能够为网络性能和用户服务体验带来如此明显的改善，那么 MEC 究竟是什么？实际上，MEC 的概念反映到具体的工程部署上对应了如图 2-1 所示的 MEC 服务器。另外，值得注意的是，在实际工程实践以及部分研究文献中，"MEC 节点"也常常与"MEC 平台"同义。接下来，本节从 MEC 平台的介绍出发，逐渐揭开 MEC 的神秘面纱。

图 2-2 是 MEC 平台的逻辑组成，可以看出，MEC 平台由 MEC 平台底层基础设施、MEC 应用平台组件和 MEC 应用层这 3 层逻辑实体组成。

（1）MEC 平台底层基础设施：包括硬件资源和基于网络功能虚拟化的虚拟化层。其中，硬件资源提供底层硬件的计算、存储、控制功能，以及诸如基于 OpenStack 的虚拟操作系统、KVM 等硬件虚拟化组件，虚拟化层则承担着虚拟化的计算处理、缓存、虚拟交换以及相应的管理功能。

（2）MEC 应用平台组件：承载业务的对外接口适配功能，通过 API 完成与 eNodeB 及上层应用层之间的接口协议封装，提供通信服务（Communication Service，CS）、服务注册（Service Registry，SR）、无线网络信息服务（Radio Network Information Service，RNIS）和流量卸载功能（Traffic Offload Function，TOF）等能力，并且具备相应的底层数据包解析、内容路由选择、上层应用注册管理、无线信息交互等基础功能。

（3）MEC 应用层：基于网络功能虚拟化，将 MEC 应用平台组件层封装的基础功能进一步组合形成诸如无线缓存、本地内容转发、增强现实、业务优化等一个个的虚拟机应用程序，并通过标准的 API 和第三方应用实现对接。

在介绍了 MEC 的基本定义和 MEC 平台的逻辑结构之后，接下来，本节结合 ETSI 白皮书对 MEC 的基本参考框架进行详细介绍。

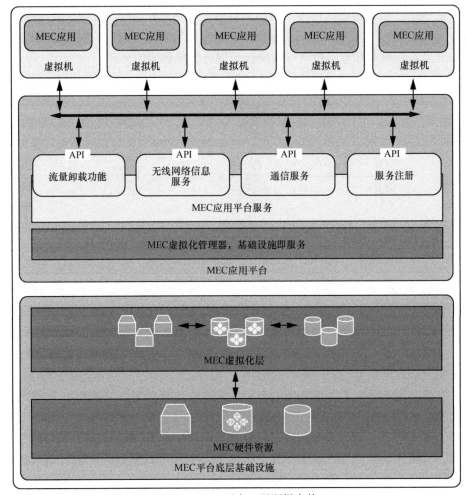

图 2-2 MEC 平台 3 层逻辑实体

　　图 2-3 是 MEC 的基本框架，该框架从一个比较宏观的层次出发，将 MEC 下不同的功能实体划分为 3 个层级，即网络层（Networks Level）、移动边缘主机层（Mobile Edge Host Level）和移动边缘系统层（Mobile Edge System Level）。其中，网络层主要包含 3GPP 蜂窝网络、局域网和外部网络等相关的外部实体，该层主要反映 MEC 系统平台与局域网、蜂窝移动网或者外部网络的接入情况。移动边缘主机层包含移动边缘主机和相应的移动边缘主机层管理实体（Mobile Edge Host-Level Management Entity），移动边缘主机又可以进一步划分为移动边缘平台（Mobile Edge Platform）、移动边缘应用（Mobile Edge Application）和虚拟化基础设施（Virtualization Infrastructure）。最上层是移动边缘系统层的管理实体，负责对 MEC 系统进行全局掌控。

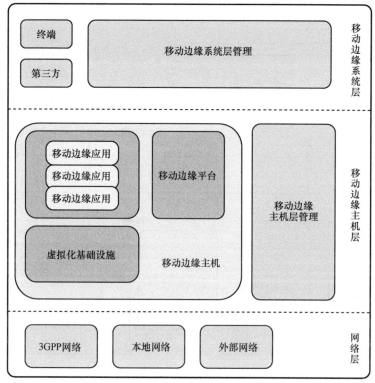

图 2-3　MEC 基本框架

　　图 2-4 是一个更为详细的 MEC 参考架构,该架构在图 2-3 垂直框架的基础上详细定义了各个功能实体之间的相互关联关系,并根据不同的关联抽象出 Mp、Mm 和 Mx 这 3 种不同类型的参考点。其中,Mp 代表和移动边缘平台应用相关的参考点,Mm 代表和管理相关的参考点,Mx 代表和外部实体相关的参考点。

　　在图 2-4 所示架构下,移动边缘主机由移动边缘平台、移动边缘应用和虚拟化基础设施组成。虚拟化基础设施可以为移动边缘应用提供计算、存储和网络资源,它包含一个数据转发平面,为从移动边缘平台接收到的数据执行转发规则,并在各种应用、服务和网络之间进行流量的路由。移动边缘平台从移动边缘平台管理器(Mobile Edge Platform Manager,MEPM)或移动边缘应用处接收流量转发规则,并且基于转发规则向转发平面下发指令。另外,移动边缘平台还支持本地域名系统(Domain Name System,DNS)代理服务器的配置,可以将数据流量重定向到对应的应用和服务。移动边缘平台还可以通过 Mp3 参考点与其他移动边缘平台进行通信,在分布式 MEC 系统的协作机制中,Mp3 参考点可以作为不同移动边缘平台互联的基础。

11

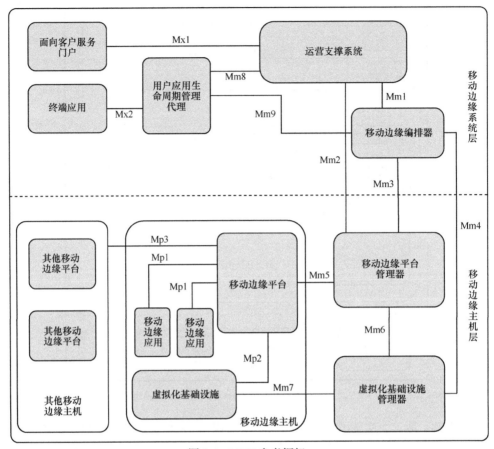

图 2-4　MEC 参考框架

移动边缘应用是运行在移动边缘虚拟化基础设施上的虚拟机实例,这些应用通过 Mp1 参考点与移动边缘平台相互通信。Mp1 参考点还可提供标识移动边缘应用的可用性、发生移动边缘切换时为用户重定位应用状态等额外功能。

移动边缘平台管理器具有移动边缘平台管理、移动边缘应用生命周期管理以及移动边缘应用规则和需求管理等功能。移动边缘应用生命周期管理包括移动边缘应用程序的创建和终止,并且为移动边缘编排器(Mobile Edge Orchestrator,MEO)提供应用相关事件的指示消息。移动边缘应用规则和需求管理包括认证、流量规则、DNS 配置和冲突协调等。移动边缘平台和 MEPM 之间使用 Mm5 参考点,该参考点实现平台和流量过滤规则的配置,并且负责管理应用的重定位和支持应用的生命周期程序。Mm2 是运营支撑系统(Operation　Support System,OSS)和 MEPM 之间的参考点,负责移动边缘平台的配置和性能管理。Mm3 是 MEO 和 MEPM 之间的交互参考点,负责为应用的生命周期管理和应用相关的策略提供支持，同时为移动边缘的可用服务提供时间相关的信息。

MEO 是移动边缘框架中的核心功能，MEO 宏观掌控移动边缘网络的资源和容量，包括所有已经部署好的移动边缘主机和服务、每个主机中的可用资源、已经被实例化的应用以及网络的拓扑等。在为用户选择接入的目标移动边缘主机时，MEO 衡量用户需求和每个主机的可用资源，为其选择最为合适的移动边缘主机，如果用户需要进行移动边缘主机的切换，则由 MEO 触发切换程序。MEO 与 OSS 之间通过 Mm1 参考点来触发移动边缘应用的实例化和终止。MEO 与虚拟化基础设施管理器（Virtualized Infrastructure Manager，VIM）之间通过 Mm4 参考点来管理虚拟化资源和应用的虚拟机镜像，同时维持可用资源的状态信息。

从移动边缘系统的角度来看，OSS 是支持系统运行的最高层级的管理实体。OSS 从面向客户服务（Customer-Facing Service，CFS）门户和终端应用接收实例化或终止移动边缘应用的请求，检查应用数据包和请求的完整性以及相关授权信息。经过 OSS 认证授权的请求数据包通过 Mm1 参考点被转发到 MEO 进行进一步处理。

CFS 门户实体相当于第三方接入点，应用服务提供商使用该接口将自己开发的各种应用接入运营商的移动边缘系统中，企业或者个人用户也可以通过该接口选择感兴趣的应用并指定其使用的时间和地点。CFS 通过 Mx1 参考点与 OSS 实现通信。

移动边缘用户可以通过用户应用生命周期管理代理（User App Life Cycle Management Proxy）对相关应用和服务进行实例化或终止。该实体可以实现外部云和移动边缘系统之间的应用重定位，并且负责对所有来自外部云的请求进行认证，然后将这些认证通过的请求分别经由 Mm8 和 Mm9 参考点发送给 OSS 和 MEO 做进一步处理。值得注意的是，生命周期管理（Life Cycle Management，LCM）只能通过移动网络接入，Mx2 参考点提供了 UE 与 LCM 相互通信的基础。

VIM 用于管理移动边缘应用的虚拟资源，包括虚拟计算、存储和网络资源的分配和释放，软件镜像也可以存储在 VIM 上以供应用的快速实例化。同时，VIM 还负责收集虚拟资源的信息并分别通过 Mm4 参考点和 Mm6 参考点上报给 MEO 和 MEPM 等上层管理实体。

以上内容属于 MEC 在第一阶段的研究成果，该阶段的研究内容主要集中在 MEC 的概念定义、应用场景、平台架构、使能技术以及部署方案等课题上。截至目前，ETSI 已经提出了包括边缘计算平台架构、边缘计算技术需求、边缘计算 API 接口准则、边缘计算应用使能、边缘云平台管理、基于网络功能虚拟化（Network Function Virtualization，NFV）的边缘云部署等多个内容版本。目前，ETSI 有关边缘计算标准化工作的第一阶段已经于 2017 年底结束。第二阶段的标准化任务正在开展。第二阶段的主要任务是对第一阶段所推出的各类标准进行修订、演进，同时还将推出一批新的标准，主要包括 MEC 对 3GPP 和非 3GPP 的接入支持、虚拟化支持、类型扩展、新付费模式的支持和各种应用的开发等研究工作。目前，在 ETSI 为 MEC 展开标准化制定工作的同时，产业界也正争相推动 MEC 相关项目的立项和各种基于 MEC 不同场景下的解决方案。MEC 凭借其突出的优势和诱人的价值，正在迎来温暖的春天。

2.3 微云

为了将移动计算和云计算结合起来，微云作为一种新的边缘计算体系架构在业界受到了广泛关注，它代表"移动终端-微云-云"3 层架构的中间层，如图 2-5 所示。微云旨在将云部署到离用户更近的地方，可以被视为"盒子里的数据中心"。

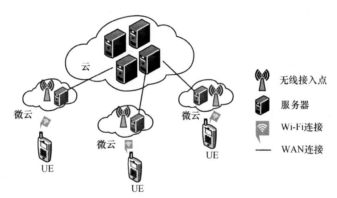

图 2-5　"移动终端-微云-云端"3 层架构

微云是开放边缘计算（Open Edge Computing，OEC）项目的研究成果，该项目最初由美国卡内基梅隆大学发起，尔后受到了包括英特尔、华为、沃达丰在内的多家公司的广泛支持，OEC 项目主要致力于对边缘计算应用场景、关键技术和统一 API 的研究。微云也称为 OpenStack++，是在 OEC 基础上基于 OpenStack 开源项目进行扩展。目前，其源码以及搭建方法可以在 OEC 的官网上下载，详细搭建方式将在本书第 10 章进行介绍，本节主要介绍微云的基本概念和架构。

与 MEC 相同，微云也属于边缘计算的范畴，是当前边缘计算的一种典型模式。但仔细比较二者的侧重点和应用场景会发现，MEC 似乎更强调"边缘"这个概念，而微云则似乎更侧重于"移动"这个概念。虽然微云本身是位于网络边缘甚至从直观上来讲是更靠近用户的，但微云主要用于类似于车联网场景下的移动性增强，能够为移动设备提供丰富的计算资源，微云甚至还能直接在飞机、车辆等终端上运行。当然这并不意味着微云在非移动的应用场景存在局限性，毕竟微云本质上还是边缘计算。因此，微云甚至可以理解为是 MEC 一个"灵动的"轻量级的具体实现。

微云有以下 4 个属性。

（1）软状态：软状态是指服务器在一定时间内会主动维护服务状态，超过时间限制以后，才会进行删除和更新。微云服务器端采用软状态设计，这一特点既为微云服务器和移动装置之间进行数据的缓存和传输提供了便利，又为服务的错误恢复提供了前提。

（2）高效、可靠连接、安全：微云的实现通常采用高性能的处理器和随机存储器，因此非常高效。另外，微云与服务器之间通常采用有线连接，这种强连接的方式也保证了微云的安全性。

（3）临近性：微云位于移动终端和云服务器中间，将云下沉至距离用户更近的地方。微云甚至还可以直接运行在车辆、飞机等终端上，给用户"触手可及"的极致体验。

（4）可扩展性：微云是基于标准的云技术开发出来的，并在虚拟机中封装了计算卸载的代码，类似于亚马逊 EC2 和 OpenStack 等经典的云基础设施。因此，微云具有很好的扩展性。

微云本质上是云，它们之间存在诸多相似之处。例如，它们都支持不可信的用户级计算之间的强隔离；它们都需要有明确的认证、访问控制和测量机制，并且都需要具备动态资源分配的功能。但微云与传统的云相比又有以下几个重要区别，这几个不同点同时也是微云在实现过程中需要解决的关键技术性问题。

（1）快速配置（Rapid Provisioning）：由于微云主要是针对移动场景而设计的，因此必须解决用户终端移动性带来的连接高度动态化问题。在移动场景下，用户终端的接入和离开都会导致对微云所能提供功能的需求发生变化，因此微云必须具备实现灵活的快速配置能力。

（2）不同微云之间的虚拟机切换（VM Hand-off）：用户在移动过程中，可能超出原微云的覆盖范围而进入其他微云的服务范围，这种移动会造成上层应用中断，从而降低用户的服务质量体验。因此，为了维持网络连通性和服务的正常工作，微云需要解决用户移动性的问题，这就意味着在用户切换过程中微云必须具有支持服务无缝切换的能力。

（3）微云发现（Cloudlet Discovery）：微云是地理上分布式的小型数据中心，在微云开始配置之前，移动终端需要发现其周围可供连接的微云，然后根据某些规则（如地理位置临近性或者网络状况信息）选择合适的微云并进行连接，这在传统的集式式云中是不需要的。同时，用户选择微云的过程还直接影响到用户在实际开始使用之前的等待时间以及使用期间的性能体验。

接下来,本节简要介绍微云工程实现中涉及的几个重要概念,进而对微云的架构加以介绍。

微云的具体实现使用了叠加层(Overlay)的概念。通常情况下,一个虚拟机镜像绝大部分是由客户操作系统(Guest OS)、软件库和软件支持包构成,而与具体应用服务相关的数据只占小部分。基于上述事实,微云将与具体应用服务相关的数据部分从通用部分中抽离出来,形成了 VM Overlay 和 Base VM 的概念。其中,与具体应用服务相关的数据部分称为 VM Overlay,剩下的通用部分称为 Base VM,而实际运行的应用服务(对应实际运行的虚拟机镜像)称为 Launch VM,从而将 Base VM 与 VM Overlay 合成为 Launch VM 的过程称为虚拟机合成(VM Synthesis)。根据上述定义,虚拟机合成的过程就是使用与不同应用程序对应的 Overlay VM 配置微云的过程,不难发现,在微云的快速配置和虚拟机切换中都需要用到这一虚拟机合成技术。

图 2-6 展示了 Base VM 和 VM Overlay 之间的关系。Base VM 一般是一些当下流行的操作系统,如 Ubuntu 12.04 Server 或 Windows 7 等。Launch VM 是指可以直接服务移动用户特定请求的 VM 镜像,与特定的服务应用功能相对应,VM Overlay 是将 Base VM 和 Launch VM 的二进制差值经过压缩编码之后所得到的,可以看出,VM Overlay 是指应用程序中除去通用数据部分之外的与用户和具体应用相关的"定制化"数据部分。

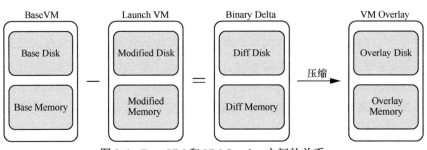

图 2-6　Base VM 和 VM Overlay 之间的关系

图 2-7 描述了 VM 合成的过程。值得注意的是,为了实现微云的快速配置和切换,微云在设计时假定 Base VM 是在微云系统中预先准备好的。从 Base VM 的定义和绝大部分虚拟机镜像的数据构成结构这一事实可以肯定这一假设的合理性。在此基础上,只需要提供相应的 VM Overlay,然后进行虚拟机合成就可以实现一个微云应用。VM Overlay 可以来自云、内存或者移动装置本身,微云系统只需要将与用户指定应用对应的 VM Overlay 进行解压,然后通过虚拟机合成创建一个对应的虚拟机实例,就可以为用户创建一个定制的微云应用服务。

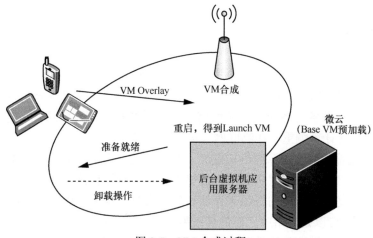

图 2-7　VM 合成过程

　　综上，微云的架构如图 2-8 所示。参考图 2-8 统一描述微云的工作流程：想要进行计算卸载的移动终端首先需要发现其周围可供连接的微云，并选择最为合适的微云（过程类似于 Wi-Fi 的连接），完成连接后，用户向微云提供私有的 VM Overlay；然后微云将 VM Overlay 与预加载好的 Base VM 进行虚拟机合成得到 Launch VM，此时微云完成配置，可以为用户服务；接下来是用户使用微云进行计算卸载的过程；最后，当卸载任务完成后，用户与微云断开连接，同时，微云将该用户在使用过程中产生的数据丢弃，一次完整的微云使用过程完成。

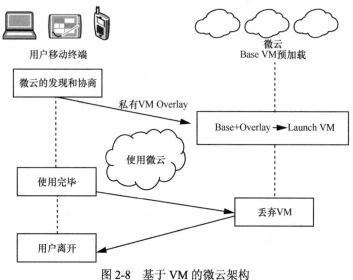

图 2-8　基于 VM 的微云架构

🔍 2.4 雾计算

雾计算是一种新型的边缘计算网络架构,这一概念最初在 2011 年出现,2012 年由思科正式提出。雾计算将计算、通信、控制和存储资源与服务分配给用户或分布在靠近用户的设备与系统上,从而将云计算模式扩展到网络边缘。相比 MEC 和微云来说,雾计算侧重于在物联网(IoT)上的应用。

图 2-9 是思科对雾计算的最初定义。在思科的定义中,雾是由虚拟化组件组成、分布在网络边缘的一组资源池,能够为诸如大规模传感器网络和智能网格环境等场景提供高度分布式的资源来存储和处理数据。雾主要由边缘网络中的设备构成,这些设备可以是网络中已有的传统网络设备(如路由器、交换机、网关等),也可以是为专门部署而新增的服务器。一般来说,专门部署的设备可提供更多的计算、存储资源,而使用传统网络设备则可以大幅度降低成本。虽然这两种设备的资源能力都远小于一般意义上的数据中心,但是其庞大的数量可以弥补单一设备资源的不足,这样,"雾"这一概念也就呼之欲出了。这些传统网络设备和专有网络设备,配合设备内的管理系统,构成一个个雾节点,数量庞大的雾节点间的有机组合构成一个雾网络。不难看出,这些雾节点可以各自散布在不同的地理位置,从而与资源集中的数据中心形成鲜明对比。

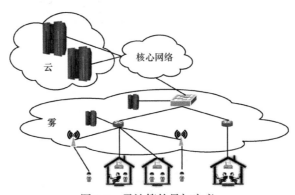

图 2-9 雾计算的最初定义

可能读者还是会疑惑,"雾"是作为"云"的替代而出现的吗?答案是否定的。雾是云概念的延伸,和云的关系是相辅相成,而不是替代的关系。一方面,在物联网生态中,雾可以过滤、聚合用户消息;匿名处理用户数据保证隐秘性;初步处理数据,做出实时决策;提供临时存储,提升用户体验。相对地,云可以负责大运算量,或长期存储任务,如数据挖掘、状态预测、整体性决策等,从而弥补单一雾节点在计算资源上的不足。因此,可以将雾理解为位于网络边缘的小型云,它不需要具备高性能的服务器，只需要具备一般性能的、分散的计算机即可。另一方面，雾计算又远远不止本地服务器那么简单，它是对数以万计的"本地服务器"的整体性考量，是一个平台而不是单独一台机器。因此，雾和云不是相互替代的关系，而是互补的基础设施，两者共同形成一个彼此受益的更适应物联网应用场景的计算模型。

此外，雾计算促进了网络的位置感知、移动性支持、实时交互、可扩展性和互操作性。所以，雾计算能够考虑到服务延时、功耗、网络流量、资本和运营开支、内容发布等多种因素，从而更加高效。从这个意义上讲，雾计算相比于单纯使用云计算来说，更好地满足了物联网的应用需求。

为了更方便读者理解雾计算，本节通过一个雾计算的应用实例展开介绍。图 2-10 是雾计算在智能交通中的应用——使用雾计算构建的智能交通灯系统。在目前的城市道路监控系统中，监控探头作为传感器采集道路数据并传递给本地中心机房，本地机房做出决策之后再向作为执行器的交通灯发布指令进行显示，而从监控探头到本地中心机房的通信跳数一般在 3~4，甚至更高。可以看出，这个过程相对比较漫长，如果系统需要做出实时决策，则系统会面临网络延迟的挑战。在智能交通系统中引入雾计算技术可以完美解决上述问题。一方面，可以在雾节点处对监控采集的若干帧画面进行缓存，压缩后再传向中心机房，从而缓解雾节点到机房之间的网络带宽压力；另一方面，雾节点可以判断监控画面中是否有紧急事件发生，如是否有救护车头灯闪烁或者车祸等，以便可以实时做出决策并发送指令给对应交通灯，从而实时进行交通管理和人流、车流的疏散。

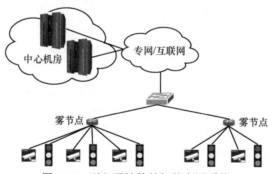

图 2-10　引入雾计算的智能交通系统

通过上述应用实例介绍，相信读者对雾计算已经有了更深的认识。归纳来讲，雾计算具有以下特性。

（1）位于网络边缘，位置感知和低时延：如图 2-11 所示架构，在雾计算中，各种计算、通信、控制和存储资源都位于网络边缘，在网络拓扑中处于更低的位置，因此距离数据源和数据消费者更近，从而拥有更小的网络延迟。因此，利用雾计算可以在网络边缘实现各种更加智能的解决方案，同时还可以在网络边缘预处理和缓存一部分数据，从而削减核心网的数据压力，降低时延、增强用户的服务质量体验。

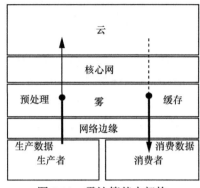

图 2-11　雾计算基本架构

（2）地理分布广：传统意义上的云从地理分布上讲，实际上是一个集中的数据中心，而雾计算往往是以雾节点的形式通过分布式的方式分散在更大的地理区域中，这使部署雾相关的服务成为一个战略性优势。

（3）分布式计算和存储资源：雾是由虚拟化组件组成的分布在网络边缘的一组资源池，能够为诸如大规模传感器网络和智能网格环境等场景提供高度分布式的资源来处理和存储数据。

（4）雾节点数量众多：雾节点通常是成规模工作的，因此相比一群雾节点来说，每个雾节点的处理能力似乎并不是被关注的重点，实际上，单个的雾节点本质上是一般通用的网络设备，计算资源十分有限。通常雾节点为大量并发用户执行一些简单的、紧急的或者预处理的工作，更复杂或成本昂贵的工作往往还需要交给云处理。

（5）移动性支持：在移动网络中存在很多比宏基站更小的基站或接入点以供用户连接，这些小接入点往往与一个主基站相连。由于用户移动会导致用户在不同的接入点之间进行切换，因此雾架构下的应用和服务应该与通信机制实现解耦，以避免用户移动造成的通信中断。

（6）实时交互：由于靠近数据源和数据消费者，因此雾节点可以对数据进行实时的处理和决策。

（7）无线接入占据主导地位：如今，在日常上网方面，智能手机已经迅速取代了计算机和平板，移动数据流量已经占据主导地位,并且仍在以指数形式增长。然而，移动终端上运行的大部分服务实际上都是在云上部署，海量的数据流量使传统的网络面临严峻挑战。而利用雾计算可以应对传统网络面临的挑战，雾节点可以作为汇聚节点，负责接收这些用户流量并进行本地处理，最后向中央服务器发送信息，从而降低时延、减少链路阻塞。

（8）异构性：雾处于端用户和核心网的中间层，需要对多种不同的通信提供支持，因此，雾既要考虑与其交互的终端的异构性，还要考虑通信的异构性。

（9）互操作性：在雾计算中，每个雾节点执行特定的任务，雾节点之间还需要实现相互通信，以交换信息、实现负载均衡和资源编排。

雾计算在将云计算模式扩展到网络边缘的同时，也在安全性、资源利用率、API 等方面面临着挑战。为了尽快通过开发开放式架构、分布式计算、联网和存储等核心技术来加快雾计算的部署，从而发掘物联网的全部潜力，2015 年 11 月，ARM、思科、戴尔、英特尔、微软和普林斯顿大学联合成立了开放雾联盟（OpenFog Consortium）。2017 年 2 月，开放雾联盟发布了 OpenFog 参考架构，这是一个利用开放的标准方法，将云端的无缝智能与物联网终端联合在一起，旨在支持物联网、5G 和人工智能应用的数据密集型需求的通用技术架构，该架构为雾节点（智能互联设备）与网络、部署模式、层次模型和用例提供了一个中高层次的系统架构视图。该参考框架的关键是其定义了 8 个核心技术原则，即安全性、可伸缩性、开放性、自主性、RAS（可靠性、可用性和适用性）、敏捷性、层次结构和可编程性，这 8 个属性也被用于判断一个系统是否可被真正定义为"OpenFog"。OpenFog 参考架构特有的多层雾节点能够运用接近源头的数据并管理雾到物、雾到雾和雾到云接口。OpenFog 参考架构的推出标志着雾计算向标准制定迈出了重要的一步，将成为雾计算的行业标准。

雾网络是由多个雾节点组成的整体，那么，雾节点到底是什么？它需要具备哪些功能？OpenFog 的参考架构给出了如图 2-12 所示的定义。

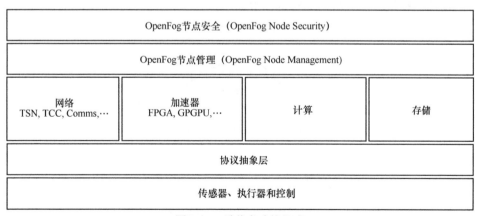

图 2-12　雾节点功能组成

图 2-12 对雾节点所应涵盖的功能做了全面概括，接下来一一解析。

（1）节点安全（Node Security）：节点安全对于整个系统的安全来说至关重要。

在多数情况下，雾节点可以作为安全网关来验证传感器和执行器的合法性，从而保证通信的安全可靠。

（2）节点管理（Node Management）：雾节点需要支持管理接口以便于被更高层级的管理实体进行统一管理和控制。

（3）网络（Network）：由于很多雾应用都是时延敏感的，因此在很多情况下，雾节点需要通过网络实现通信，以便更高效地服务时延敏感性应用。

（4）加速器（Accelerators）：在某些时延和功率优先的应用场景下，雾应用需要利用加速器来加速完成任务。

（5）计算（Compute）：雾节点应该具备一般的计算能力，并且能支持标准软件的运行，这对于雾节点之间的互操作性是很重要的。

（6）存储（Storage）：雾节点还需要具备一定的存储能力，以便进行数据的缓存。存储装置在性能、可靠性和数据完整性要求上也需要视具体的应用场景而定。

（7）传感器、执行器和控制（Sensors、Actuators & Control）：传感装置和执行装置是 IoT 中的最基本元素，以上述的智能交通灯系统为例，道路监控探头作为传感器采集道路数据，交通灯则作为执行器进行决策显示。每个雾节点可能同时连接成百上千个相关的装置，通常情况下，这些装置同时支持有线和无线通信协议。

（8）协议抽象层（Protocol Abstraction Layer）：实际上，目前市场上很多传感器和执行器并不支持与雾节点的直接连接，所以需要有一个协议抽象层使这些装置可以在逻辑上与雾节点实现互联。

参照如图 2-12 所示的雾节点功能，可将雾节点抽象为如图 2-13 所示的示意，后续绘图中均采用此节点结构代表雾节点。

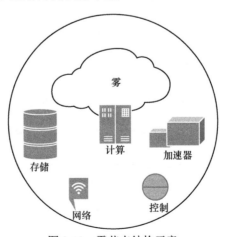

图 2-13　雾节点结构示意

参考架构同时给出了雾计算在IoT中的系统部署模型，如图2-14和图2-15所示，基于不同的应用场景和应用需求，每个雾元素可能处于不同的层级结构，雾和云也可能实现多层级部署，雾与物、雾与雾、雾与云之间都可以实现相应的接口。

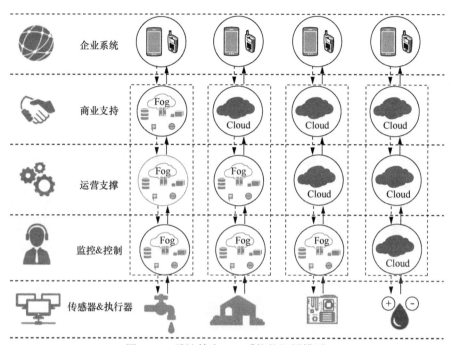

图 2-14　雾计算在 IoT 系统的部署模型

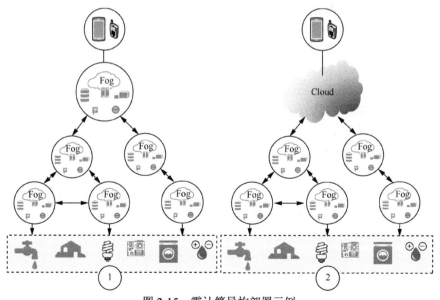

图 2-15　雾计算异构部署示例

OpenFog 参考架构只是 OpenFog Consortium 正在开发的一系列文件的一部分，未来的文件将提供更多更新的需求和底层细节，并将形成定量实验、认证和雾单元之间互操作性的基础。OpenFog Consortium 也正在和 IEEE 等标准开发组织合作提出严格的用户、功能和架构需求，以及详尽的 API 和性能标准。

2.5 云接入网

在传统的无线接入网中，每个基站连接若干固定数量的扇区天线，并覆盖一片区域，每个基站只能处理本小区收发信号；系统的容量也是干扰受限的，使各个基站独立工作难以提升频谱效率；另外，基站通常都是基于专有平台开发的"垂直解决方法"，可扩展性受限。以上 3 点使传统的无线接入网存在效率低、扩展性差和成本高等问题，因此，需要考虑采用新的网络架构重构无线接入网以克服以上瓶颈，换言之，接入网的云化势在必行，这对于边缘计算这一需要网络功能边缘化作为支撑技术的新架构来说，如何实现边缘计算服务器与边缘网络的融合也是一个尚待解决的难题。

随着虚拟化技术和云技术的不断发展和成熟，云的潜能不断被挖掘。人们普遍认识到，云化的网络更容易实现资源的灵活按需调整，使网络具备更高的灵活性和可扩展性，从而提高网络的资源利用率。另外，在即将到来的 5G 中，网络切片作为万众瞩目的技术之一，其实现也很大程度上依赖于虚拟化和云技术的成熟。从运营商的角度出发，实现边缘计算广泛商用的一大挑战就是部署符合 5G 要求的网络基础设施所需的巨大投资成本，并且由于这种投资属于战略性投资，不能保证在短期内实现盈利。因而，将边缘计算与接入网云化技术结合起来似乎是降低成本的绝佳方案。由此看来，无线网络实现云化是解决目前实际基础设施不能与理论同步背景下的网络和边缘计算实现更深层次融合的必经之路。

为了加快无线网络的云化，实现无线资源的按需部署和提高网络的资源利用效率，中国移动提出了 C-RAN（Centralized、Cooperative、Cloud and Clean RAN）的概念。C-RAN 是一个将集中处理、协作式无线电和实时云型基础设施融合于一身的解决传统接入网僵化问题的新型绿色网络框架。本节首先介绍 C-RAN 的基本概念，再对 C-RAN 的架构加以详细介绍，最后将 C-RAN 与边缘计算进行对比分析。

如图 2-16 所示，C-RAN 架构主要由分布协作式无线网络、光传输网络和集中式基带处理池 3 部分组成。其中，分布式无线网络由远端无线射频单元（RRU）和天线组成，可以提供一个高容量、广覆盖的无线网络，由于这些单元灵巧轻便、便于安装维护、系统的 CAPEX 和 OPEX 很低，因此可以大范围、高密度地使用；光传输网络用于将远端无线射频单元和基带处理单元连接起来，具有高带宽低时延的特性；集中式基带池由高性能处理器构成，通过实施虚拟技术连接在一起，集合成异常强大的处理能力来为每个虚拟基站提供所需的处理性能。集中式的基带处理大大减少了需要的基站站址和机房需求，并使资源聚合和大范围协作式无线收发技术成为可能。

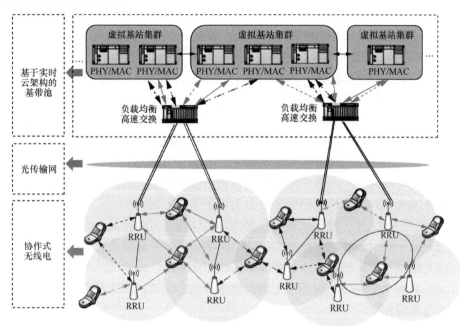

图 2-16　C-RAN 网络架构

在 C-RAN 架构下，每个远端无线射频单元上发送或接收信号的处理都是在一个虚拟的基带基站（处理能力由实时虚拟技术分配基带池中的部分处理器构成）上完成的，因此每个射频单元不再属于任何一个基带处理单元实体，从而打破了传统分布式基站下远端无线射频单元和基带处理单元之间的固定连接关系，使应用实时虚拟技术达到物理资源的全局最优利用成为可能。

采用 C-RAN 架构后，运营商只需要部署一些新的远端无线射频单元并连接到集中式的基带处理池，就可以便捷地实现网络覆盖的扩展或网络容量的增加，如果网络负载增加，运营商只需要在基带池中增加新的通用处理器即可，因此可以迅速地部署或者升级网络。另外，开放的平台和处理器使软件无线电易于实现，网络可以通过软件升级方式实现空中接口标准的更新，无线接入网的升级和多标准共存也变得更加容易。

首先，C-RAN 通过集中化的方法可以极大地减少基站机房数量以及配套设备（特别是空调）的部署，从而很大程度上降低能耗、节省成本；其次，射频单元可以基于高密度配置的发射以缩小到用户的距离，从而降低网络侧和用户侧的发射功率；最后，由于基带池中处理资源为所有虚拟基站共享，使整个网络容量增加，其动态调用方式更适应移动通信系统中的潮汐效应，从而使资源利用达到最优。因此，C-RAN 具有绿色节能、降低成本、提高网络容量、资源自适应分配等一系列显著优势。

自 2009 年中国移动首次提出 C-RAN 概念之后，中国移动以及业界多个组织一直致力于 C-RAN 的研发。为了更好地适应未来 5G 增强型移动宽带（enhanced Mobile Broad Band，eMBB）、大规模机器类型通信（massive Machine Type Communications，mMTC）、超可靠性/超低时延通信（Ultra Reliability and Low Latency Communications，URLLC）等多种业务和应用场景，中国移动联合华为、中兴等多家公司于 2016 年 11 月发布了名为《迈向 5G C-RAN：需求、架构和挑战》的白皮书，详细阐述了 C-RAN 与 5G 融合发展的各种需求、关键技术以及研发方向。

5G C-RAN 基于集中和分布单元（Centralized Unit/Distributed Unit，CU/DU）的两级协议架构、下一代前传网络接口（Next-Generation Fronthaul Interface，NGFI）的传输架构及网络功能虚拟化的实现架构，形成了面向 5G 的灵活部署的两级网络云架构，将成为 5G 及未来网络架构演进的重要方向。通过与产业界合作，中国移动在未来 5G C-RAN 的研究主要分为以下 5 个方向。

（1）梳理 C-RAN 无线云化各组件基本功能切分和可编排能力应用场景需求。

（2）基于应用场景，分析定义基础功能单元划分方案和功能定义。

（3）软硬件解耦的通用设备硬件定义和加速器接口标准化。

（4）明确 RAN-VNF 对 NFVI 虚拟化层的能力需求，制定对虚拟化平台的测试方法与衡量标准。

（5）应对 RAN 新增需求的 MANO 编排器和层功能的拓展与定义，并实现相关接口的标准化。

虽然集中式的中央处理中心使 C-RAN 具有强大的计算和存储能力，但一方面，由于涉及远程无线头（Remote Radio Head，RRH）和云处理单元之间的无线信令交互，以集中式为原则的 C-RAN 对前向链路在吞吐量和时延上提出了很高的要求。另一方面，边缘计算虽然在减少时延和增强本地用户服务体验方面具有极大的优势，但是其在计算处理能力和存储能力方面弱于集中式的 C-RAN。因此，用于基带处理的、集中化放置的 BBU 为部分边缘计算功能提供了一个合适的切入点，C-RAN 将助力边缘计算的推广。举例来说，部署在零售中心内的小型 C-RAN 网元可以与 MEC 服务器共址，从而使用 MEC 服务器管理一些本地化的应用，并将其通过蜂窝网络和 Wi-Fi 网络提供给访问者使用。通过 C-RAN 和 MEC 的集成化部署，运营商还可以改善其业务用例，这是因为在这种集成化部署上增添 MEC 所产生的成本，要远远低于在现有架构上扩展 MEC 所需的成本。

雾无线接入网（Fog-Radio Access Network，F-RAN）是将 C-RAN 与边缘计算结合的典型实践，并吸引了学术界的广泛研究。在 F-RAN 架构下，从边缘计算的角度来讲，每个边缘节点都与云处理器相连以增加其计算处理能力；从 C-RAN

的角度来讲，节点都部署在网络边缘，并配备本地缓存功能，由此实现了边缘计算与云接入网的深度融合。

图 2-17 为业界提出的 Fog-RAN 实现架构。该架构主要由终端层、网络接入层和云计算层组成，其中，终端层主要由 F-UE（Fog-User Device）组成，网络接入层主要由 F-AP（Fog-Access Point）和 HPN（High Power Node）组成，F-UE 通过接入 HPN 来获取系统相关信息，从而完成控制面的相关功能，F-AP 则负责进行数据的转发和处理。位于终端层的 F-UE 与位于接入层的 F-AP 共同构成了雾计算层。云计算层主要由集中的 BBU 池组成，F-AP 通过前向链路与云计算层的 BBU 池相连，同时，HPN 通过回传链路与 BBU 池相连。该 Fog-RAN 架构实现了云接入网和边缘计算的深度融合，从而可以达到资源的按需调整，缓解前传链路的数据压力，提高网络的灵活性和可扩展性。

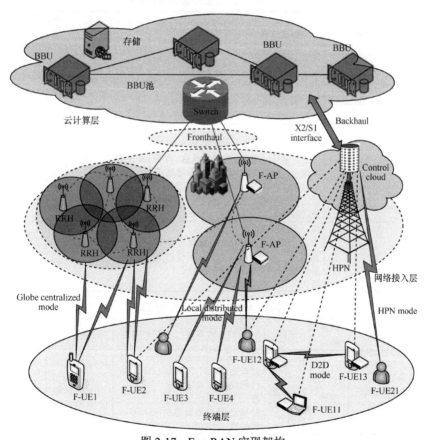

图 2-17　Fog-RAN 实现架构

总结来看，推进接入网的云化，加快边缘计算与云接入网更深层的融合是未来边缘计算迈向广泛部署使用的明智之举。

2.6 对比分析

本章前几节分别对 MEC、微云、雾计算、C-RAN 展开了详细介绍。作为边缘计算的 3 种具体模式，MEC、微云和雾计算在概念、架构、应用场景、部署方案等多个方面存在颇多相似和不同之处。同时，C-RAN 虽然不属于边缘计算的概念范畴，但对边缘计算却有着不可或缺的重要地位。表 2-1 从多个角度对 MEC、微云、雾计算这 3 种边缘计算模式之间的异同进行了归纳总结，表 2-2 则以 MEC 作为边缘计算的主要代表，对 MEC 与 C-RAN 之间的异同进行了对比和归纳。

表 2-1　MEC、微云和雾计算的比较

条目	发起者	部署位置	主要驱动力及应用场景	是否支持边缘应用感知	移动性和不同边缘节点上相同应用的实时交互支持
MEC	Nokia, Huawei, IBM, Intel, NTT DoCoMo, Vodafone	位于终端和数据中心之间，可以和接入点、基站、流量汇聚点、网关等组件共址	主要致力于为应用降低时延，适合物联网、车辆网、视频加速、AR/VR 等多种应用场景	支持，特别支持对无线接入部分（如可用带宽）的感知	目前只提供终端从一个边缘节点移动到另一个边缘节点情况下的移动性管理支持
微云	Carnegie Mellon University, Intel, Huawei, Vodafone	位于终端和数据中心之间，可以和接入点、基站、流量汇聚点、网关等组件共址；还可以直接运行在车辆、飞机等终端上	主要从触觉互联网获得灵感，特别适用于移动增强型应用。同样适用于物联网	本身不支持，但是支持该功能作为独立模块在微云本身之上进行扩展	目前只提供虚拟机镜像从一个边缘节点到另一个边缘节点切换的支持
雾计算	Cisco	位于终端和数据中心之间，可以和接入点、基站、流量汇聚点、网关等组件共址	针对需要分布式计算和存储的物联网场景设计	支持	完全支持雾节点分布式应用之间的通信（如智能交通灯之间的通信）

表 2-2　MEC 与 C-RAN 的比较

条目	位置	部署规划	硬件	对前传的需求	可扩展性	应用时延	位置感知	实时移动性
MEC	分布式的，与基站或汇聚节点共址	分布式部署	具有一般计算能力的小型异构节点	经过 MEC 服务器过滤或处理之后，对前传网络的带宽需求将会随着需要传送给核心网的数据总量的增加而增加	高	对时延要求在几十毫秒之内的时延敏感的应用提供支持	支持	支持
C-RAN	集中式的，远程数据中心	集中式部署	具有强大计算能力的服务器	对前传网络的带宽需求会随着所有用户产生的数据总量的增加而增加	一般（因为前传的部署通常成本很高）	对可以容忍往返时延在数十秒或者以上的应用提供支持	根据需要可以提供支持	根据需要可以提供支持

2.7　本章小结

第 2.2~2.4 节从基本概念和架构两个方面对多接入边缘计算、微云和雾计算这 3 种边缘计算的典型模式进行了详细介绍。第 2.5 节针对边缘计算与接入网的融合问题展开了讨论，进而引入了云接入网的概念和基本架构，并介绍了雾接入网这一边缘计算与云接入网结合的典型范例。第 2.6 节主要对 MEC、微云、雾计算以及 C-RAN 展开了对比分析，并总结了 4 种技术之间的联系与区别。在边缘计算蓬勃发展的今天，相信更多的边缘计算模式也正在孕育之中，其与云接入网等其他网络模式也将会实现更广泛而深入的融合。

参 考 文 献

[1] 李福昌, 李一喆, 唐雄燕, 等. MEC 关键解决方案与应用思考[J]. 邮电设计技术, 2016, (11): 81-86.

[2] HU Y C, PATEL M, SABELLA D, et al. Mobile edge computing: a key technology towards 5G[J]. ETSI White Paper, 2015, 11(11): 1-16.

[3] ETSI M. Mobile edge computing (MEC); framework and reference architecture[J]. ETSI, DGS MEC, 2016, 3.

[4] PATEL M, NAUGHTON B, CHAN C, et al. Mobile-edge computing introductory technical white paper[J]. White Paper, Mobile-edge Computing (MEC) Industry Initiative, 2014.

[5] 乌云霄, 戴晶. 面向 5G 的边缘计算平台及接口方案研究[J]. 邮电设计技术, 2017 (3): 10-14.

[6] 李福昌, 李一喆, 唐雄燕, 等. MEC 关键解决方案与应用思考[J]. 邮电设计技术, 2016 (11): 81-86.

[7] MEC 解决方案打造"无限"VR 体验[J]. 通信世界, 2016, (20): 49.

[8] PANG Z, SUN L, WANG Z, et al. A survey of cloudlet based mobile computing[C]//2015 International Conference on Cloud Computing and Big Data (CCBD). 2015:268-275.

[9] HASEEB M, AHSAN A, MALIK A W. Cloud to cloudlet-an intelligent recommendation system for efficient resources management: mobile cache[C]// 2016 International Conference on Frontiers of Information Technology (FIT). 2016:40-45.

[10] GAO Y, HU W, HA K, et al. Are cloudlets necessary? [R]. 2015.

[11] SOYATA T, MURALEEDHARAN R, FUNAI C, M. Cloud-vision: real-time face recognition using a mobile-cloudlet-cloud acceleration architecture[C]//2012 IEEE Symposium on Computers and Communications (ISCC). 2012: 59-66.

[12] SATYANARAYANAN M, BAHL P, CACERES R, et al. The case for VM-based cloudlets in mobile computing[J]. IEEE Pervasive Computing, 2009,8(4):14-23.

[13] JALALI F, HINTON K, AYRE R, et al. Fog computing may help to save energy in cloud

computing[J]. IEEE Journal on Selected Areas in Communications, 2016,34(5):1728-1739.

[14] GONZALEZ N M. Fog computing: data analytics and cloud distributed processing on the network edges[C]//2016 35th International Conference of the Chilean Computer Science Society (SCCC). 2016: 1-9.

[15] LINTHICUM D S. Connecting fog and cloud computing[J]. IEEE Cloud Computing, 2017,4(2):18-20.

[16] STOJMENOVIC I. Fog computing: a cloud to the ground support for smart things and machine-to-machine networks[C]//2014 Australasian Telecommunication Networks and Applications Conference(ATNAC). 2014: 117-122.

[17] OpenFog Consortium Architecture Working Group. OpenFog reference architecture for fog computing [J]. OPFRA001, 2017 (20817): 162.

[18] 黄宇红. C-RAN 无线接入网绿色演进白皮书[R]. 北京: 中国移动通信研究院, 2010.

[19] SAMA M R, AN X, WEI Q, et al. Reshaping the mobile core network via function decomposition and network slicing for the 5G Era[C]//2016 IEEE Wireless Communications and Networking Conference. 2016:1-7.

[20] 黄金日, 段然. 迈向 5G C-RAN: 需求, 架构与挑战[J]. 技术白皮书 V1.

[21] SENGUPTA A, TANDON R, SIMEONE O. Cloud RAN and edge caching: fundamental performance trade-offs[C]//2016 IEEE 17th International Workshop on Signal Processing Advances in Wireless Communications (SPAWC). 2016: 1-5.

[22] PENG M, YAN S, ZHANG K, et al. Fog-computing-based radio access networks: issues and challenges[J]. IEEE Network, 2016, 30(4):46-53.

第3章
边缘计算卸载技术

3.1 概述

随着移动通信技术的发展和智能终端的普及,各种网络服务和应用不断涌现,用户对网络服务质量、请求时延等网络性能的要求越来越高。一方面,尽管新型移动设备的中央处理单元(Central Processing Unit,CPU)处理能力越来越强大,但这些移动设备也不能在短时间内处理需要巨大处理量的应用程序。另一方面,海量的数据传输和处理对于网络处理能力,特别是对传输能力和计算能力提出了更高的要求,使网络计算量急剧上升,导致传统的云端服务承担着越来越多的计算任务,而这种云端处理方式不仅存在较大的等待时延,而且造成网络资源占用,严重影响了网络服务质量和用户体验。为了解决以上问题,业界提出了将计算卸载技术应用到边缘计算中的解决方案。

边缘计算中的计算卸载是将移动终端的计算任务卸载到边缘云环境中,解决了设备在资源存储、计算性能以及能效等方面存在的不足。计算卸载技术最初在移动云计算(Mobile Cloud Computing,MCC)中提出,在 MCC 中,UE 可以通过核心网访问强大的远程集中式云(Central Cloud,CC),利用其计算和存储资源,将计算任务卸载到云上。虽然 MCC 通过计算卸载延长了移动设备电池寿命,且可以为移动用户提供更复杂的应用程序和更高的数据处理能力,但是会带来高时延以及移动无线网络上的额外负载等问题。

随着边缘计算的提出,通过将云服务"下沉"到网络边缘,可以有效解决时延问题和网络资源占用率问题。边缘计算在移动网络的边缘部署了计算和存储资源,从而减小了 UE 的卸载时延并且降低了网络资源占用率。在传统 MCC 中应用计算卸载技术,UE 通过互联网连接访问云服务,进而将计算任务卸载到云端,而在使用边缘计算的情况下,计算和存储资源在边缘服务器上,缩短了到 UE 的距离,因此,与 MCC 相比,边缘计算可以提供更低的时延和更小的抖动,提供更好的用户服务质量体验。基于以上优势,边缘计算中的计算卸载可以应用于移动游戏、视频服务、精确定位、自动驾驶和物联网等多个应用场景，从而将高要求的计算任务卸载到边缘计算服务器上，以便应对应用在时延上的严格要求，并且降低 UE 处的能量消耗。

边缘计算中的计算卸载是将 UE 端的一部分计算任务迁移到边缘网络执行，如何权衡本地执行的计算成本和迁移到边缘网络的通信成本，对计算任务进行卸载决策和任务分割，是边缘计算中计算卸载技术的关键研究点。目前，针对边缘计算卸载技术的相关研究已取得了丰硕的成果，根据不同的指标可以划分为以下几种不同的类型。

（1）静态卸载和动态卸载

计算卸载按照卸载决策的时间划分，可以分为静态卸载和动态卸载。静态卸载是指卸载决策在程序的开发过程中就被设定，采用静态卸载方案，用户可以采用更为复杂的启发式算法制定任务分割决策和卸载机制，但由于没有考虑终端和网络的变化信息，会最终影响卸载性能。动态卸载是根据任务交付的实时情况进行卸载决策。静态卸载多出现在较早的研究中，Li 等提出了一种基于能耗预测的任务分割方法，对于某个给定的程序，分析其计算成本和传输成本，静态地将程序分为服务器任务和用户端任务，最小化计算和传输的总花销，确保卸载决策相对于本地执行的有效性。目前对计算卸载的研究主要集中于动态卸载机制，Huang 等在满足时间与能耗双重要求的前提下，提出了一种基于 Lyapunov 优化的动态卸载算法，该算法可以以较低的复杂度解决卸载问题。

（2）全部卸载和部分卸载

计算卸载按照卸载程度可以分为全部卸载和部分卸载。全部卸载即 UE 将计算任务全部卸载到边缘网络中，部分卸载即卸载一部分计算任务到边缘网络中，计算任务由本地应用程序和边缘网络共同完成。全部卸载相对来说比较简单，部分卸载是一个非常复杂的过程，受到用户偏好、网络质量、UE 功能和可用性等因素的影响，还需要考虑卸载的计算任务之间的依赖关系以及执行顺序。决定计算卸载程度的一个重要因素是应用程序的类型，决定了全部卸载或部分卸载是否可用，可以卸载哪些计算任务以及如何卸载。首先，根据应用程序类型确定是否可以部分卸载或者全部卸载，有些程序是不支持全部卸载的，因为有些计算任务必须在本地执行，称为不可卸载部分。其次，根据应用程序待处理的数据量决定通过何种方式来卸载，如人脸识别和病毒扫描系统等，待处理的数据量预先可知，可以采用全部或者部分的方式进行计算任务的卸载，而对于在线交互式游戏等无法预测执行时长以及待处理数据量的应用程序，无法进行全部卸载。最后，计算任务之间的相互依赖关系也是决定能否全部卸载或部分卸载的重要因素，在计算任务相互独立的情况下，所有任务可以同时卸载并且并行处理，而在计算任务相互依赖的情况下，应用程序需要在部分计算任务执行完成后才能继续进行处理，此时并行卸载并不适用。

（3）单节点卸载和多节点卸载

计算卸载按照卸载任务的云端代理个数可分为单节点卸载和多节点卸载,目前多数研究都基于单节点之间的卸载,即将任务分割为两个部分,分别在终端和云端执行。而在多节点卸载中,任务分割与卸载算法需要考虑不同节点的负载情况、运算能力以及与终端的通信能力。Valerio 等考虑了单节点卸载的场景,以最小化时延为目标,同时考虑通信、计算资源重载和 VM 迁移的能耗问题,利用马尔可夫决策过程（Markov Decision Process,MDP）解决了小基站（Small Cells eNodeB,SCeNB）中的 VM 分配问题。单一节点的计算卸载虽然实现了资源分配,但没有考虑网络间的资源均衡,容易产生负载失衡问题,因此,考虑在多节点间卸载计算资源成为提升卸载性能的主要途径。Oueis 等在相关工作中提出了动态卸载方案,分析卸载节点集群大小对应用程序时延和边缘服务器能耗的影响,制定了选择不同节点集群的动态优化过程。

通过对大量的研究成果分析可知,边缘计算的卸载主要研究 3 个问题:第一,计算卸载在边缘网络中的执行框架,包括卸载的方式与流程;第二,计算卸载的决策,即是否进行计算卸载以及何时进行计算卸载;第三,计算卸载资源分配问题,即卸载任务如何分割并将其卸载到哪个云端服务器。3.2 节将针对边缘计算卸载中的关键技术问题进行详细介绍。

3.2　关键技术

边缘计算中的计算卸载技术主要涉及执行框架、卸载决策、资源分配等方面。执行框架包括计算卸载流程以及卸载方式。卸载决策即 UE 决定是否卸载以及卸载多少计算任务,针对不同服务的性能要求,制订不同的优化目标,如减少能量消耗、降低时延、能耗和时延的权衡等,进而进行卸载决策,做出正确的卸载决策是完成卸载任务的第一步。UE 决定卸载之后要考虑计算资源的分配问题,边缘计算服务器是否协作为 UE 提供服务以及资源的分配问题会直接影响卸载方案的性能。本节主要分析卸载关键技术和卸载方案。

3.2.1　计算卸载执行框架

计算卸载作为边缘计算的核心技术,主要针对计算或存储等资源受限的移动终端,将计算量大的计算任务根据一定的卸载策略合理地分配给资源充足的边缘网络处理。计算卸载技术在边缘计算等众多领域都具有广泛的应用,当在终端处理诸如人脸识别、视频优化等需要复杂计算能力的任务时,终端的计算性能难以满足需求，边缘计算可以利用无线网络和互联网技术，将计算任务卸载到远端服务器，从而提高计算性能并降低终端能耗。

图 3-1 描述了计算卸载的主要执行流程。当终端发起计算卸载请求时，终端上的资源监测器检测云端的资源信息，计算出可用云端服务器网络的资源情况（包括服务器运算能力、负载情况、通信成本等），根据收到的服务器网络信息，计算卸载决策引擎决定哪些任务为本地执行而哪些任务为云端执行，根据决策指示，分割模块将任务分割成可以独立在不同设备执行的子任务，之后本地执行部分由终端进行处理，云端执行部分经转化后卸载到代理服务器进行处理。

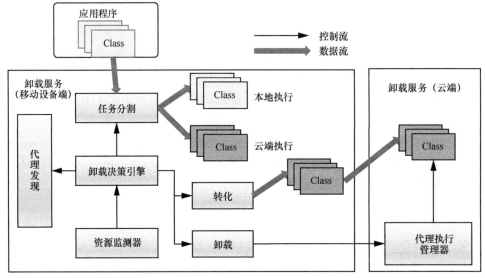

图 3-1　计算卸载主要流程

计算卸载可以为包括移动用户、应用开发人员、运营商等不同角色带来好处。移动用户通过计算卸载可以在性能受限的移动设备上运行复杂应用，丰富服务体验的同时降低终端能耗；应用开发人员通过计算卸载可以集中精力在应用开发本身，而无需考虑不同设备之间硬件能力和软件系统等的差异性与资源限制；运营商可借此移动云服务扩展新的业务渠道，实现云计算产业的增值。

计算卸载在边缘计算网络中的执行框架可以按照划分粒度进行分类，主要分为基于进程或功能函数划分的细粒度计算卸载和基于应用程序与虚拟机划分的粗粒度计算卸载。细粒度计算卸载依赖程序员修改程序来处理分区和状态迁移，并适应网络状况的各种变化，应用可以只卸载部分程序，这样可以通过远程卸载达到降低终端能耗的目的，这种方法也被称为部分卸载。例如，媒体流应用包含一个解码器组件和一个视频播放组件，解码器是一种 CPU 密集型组件，是 CPU

和存储器的主要耗能对象，因此在不卸载任何密集型构成部分的前提下，可以卸载这一 CPU 密集型组件。细粒度的计算卸载系统由于程序划分、迁移决策等会导致额外的能量消耗，同时也会增加程序员负担。粗粒度任务卸载方案将整个过程/程序或整个虚拟机迁移到基础设施上，这样程序员不必修改应用源代码，可充分利用计算卸载，这种方法又称为完全卸载。

本节以 MAUI 卸载系统和 Cloudlet 卸载系统为例，分别对两种粒度的卸载系统进行介绍。

（1）MAUI

MAUI 是以动态方式实现迁移的基于代理的计算卸载系统，属于细粒度计算卸载下的一个实例，系统架构如图 3-2 所示。MAUI 卸载系统以减小客户端能量消耗和时延为目的，绕过了终端设备的限制，通过远程服务器执行计算功能。

MAUI 提供一个编程环境，开发人员可以通过编写代码决定应用程序的哪些方法可以卸载到远端服务器。每次调用程序方法时，如果远程服务器可用，MAUI 系统会通过其优化框架决定是否卸载该方法。完成卸载决策后，MAUI 系统记录分析信息，用于更好地预测未来的任务是否应该卸载。

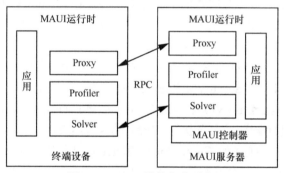

图 3-2　MAUI 计算卸载系统

MAUI 通过应用程序来确定卸载计算任务的成本，如远程执行计算任务需要传输的能耗，以及卸载所带来的性能优化（如由于卸载而节省的 CPU 周期数）。此外，MAUI 会不断检测网络连接指标，获取其带宽和时延信息，通过以上信息决定哪些方法应该被卸载到边缘服务器上，哪些应该继续在终端上本地执行。

终端设备包含 Solver、Proxy 和 Profiler 这 3 个组件，Solver 负责提供卸载决策引擎的接口，Proxy 负责执行卸载过程中数据的传输与控制，Profiler 用来监测应用程序并收集应用程序数据，如能量和传输要求等测量结果。

服务器端包含 Solver、Proxy、Profiler 和 MAUI 控制器 4 个组件，其中，Solver 和 Proxy 执行与客户端对应组件相似的功能，Proxy 周期性地优化线性规划的决策引擎，相比客户端，增加了一个 MAUI 控制器组件，负责处理传入请求的身份验证和资源分配等。

除了 MAUI 之外，还有很多细粒度计算卸载系统，如实现集群并发式处理数据的 Misco 系统和实现动态迁移的 Comet 计算卸载系统。细粒度的计算卸载系统由于程序划分、迁移决策等会导致额外的能量开销，也会增加程序员的负担。

（2）Cloudlet

Cloudlet 是基于动态 VM 合成技术的计算卸载系统，是粗粒度卸载的实现实例。Cloudlet 由美国卡耐基梅隆大学提出，整个系统实现了边缘计算的重要功能，如快速配置（Rapid Provisioning）、虚拟机迁移（VM Hand-off）和 Cloudlet 发现（Cloudlet Discovery）等。快速配置指实现灵活的虚拟机快速配置，由于终端具有移动性，Cloudlet 与移动终端的连接是高度动态的，用户的接入和离开都会导致对 Cloudlet 所能提供功能的需求发生变化，因此 Cloudlet 必须实现灵活的快速配置。虚拟机迁移指为维持网络连通性和服务的正常工作，解决用户移动性的问题，用户在移动过程中，可能超出原 Cloudlet 的覆盖范围而进入其他微云的服务范围，这种移动会造成上层应用的中断，严重影响用户体验，因此，Cloudlet 必须在用户的切换过程中无缝完成服务的迁移。Cloudlet 用于发现和选择合适的微云，Cloudlet 是地理上分布式的小型数据中心，在 Cloudlet 开始配置之前，移动终端需要发现其周围可供连接的 Cloudlet，然后根据某些原则（如地理临近性或者网络状况信息）选择合适的 Cloudlet 并进行连接。

Cloudlet 主要实现过程如图 3-3 所示，首先，移动设备发现并准备启用 Cloudlet，发送一个 VM Overlay（Launch VM 和 Base VM 产生的二进制差异）到有 Base VM 的 Cloudlet 上，然后基于 Base VM 和 VM Overlay 创建 Launch VM，配置虚拟机实例准备为卸载的应用进行服务，当任务执行完毕后，将执行结果返回给 UE，并且释放 VM。

其他计算卸载系统（如 CloneCloud、Tango）也是基于 VM 的粗粒度计算卸载系统，CloneCloud 为了优化效率，针对不同的应用设计了不同的迁移算法，Tango 则是在移动端和云端同时执行计算任务，保留最快的执行结果，以此克服无线网络的抖动问题。

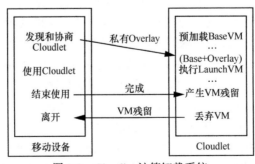

图 3-3　Cloudlet 计算卸载系统

3.2.2　计算卸载决策

卸载决策即 UE 决定是否卸载及卸载多少。UE 由代码解析器、系统解析器和决策引擎组成，执行卸载决策需要 3 个步骤：首先，代码解析器根据应用程序类型和代码/数据分区确定哪些任务可以卸载；然后，系统解析器负责监控各种参数，如可用带宽、要卸载的数据大小或执行本地应用程序所耗费的能量等；最后，决策引擎确定是否卸载。

UE 做卸载决策的结果分为 3 种情况，即本地执行、全部卸载和部分卸载，如图 3-4 所示，做出这 3 种决策的影响因素主要是 UE 能量消耗和完成计算任务延时。下面从这两个方面以及联合优化的角度介绍目前业界对卸载决策的研究。

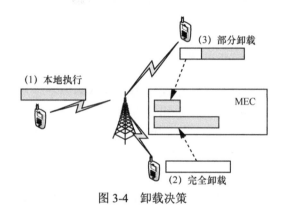

图 3-4　卸载决策

（1）以降低时延为目标的卸载决策

将计算任务卸载到云端所产生的时延会直接影响用户的 QoS，因此出现大量以降低时延为目标的研究，其中涉及不同的优化算法和应用场景。如果在本地执行计算任务，所花费的时间即为应用执行任务的时间。如果将任务卸载到 MEC，所花费的时间涉及 3 个部分：将需要卸载的数据传送到 MEC 的时间、在 MEC 处理任务的时间、接收从 MEC 返回数据的时间。

Liu 等以优化卸载过程中的时延为目标，设计了决策方案。图 3-5 为计算卸载模型，该模型决定了在每一个时隙内，是否将缓冲任务卸载到 MEC 服务器。在此模型中，卸载决策主要由缓冲任务的队列状态、本地处理单元和传送单元 3 个部分完成，MEC 服务器会给传送单元返回信道状态信息（Channel State Information，CSI）反馈信息，包含应用缓冲队列的状态、UE 和 MEC 计算消耗的能量以及 UE 和 MEC 之间的信道状态等，最后计算卸载策略根据优化目标做出是否卸载的决定。Liu 等使用马尔可夫链理论对每个任务的平均时延和设备的平均功耗进行分析，并使用一维搜索算法找到最优随机计算卸载策略，并将提出的方案和全部本地执行、全部卸载到 MEC 和贪婪卸载策略进行对比，结果表明，相对于全部本地执行，提出的方案将时延减少了 80%，相对于在远程云端执行减少了大概 44%。但此卸载模型也存在缺点，如 UE 需要接收 MEC 服务器根据 CSI 提供的反馈进行卸载决策，进而引入了额外的信令开销。

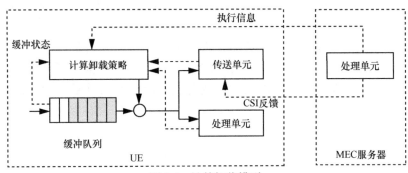

图 3-5　计算卸载模型

执行卸载的过程中容易发生错误，因此降低故障率也成为改善卸载系统性能的优化目标之一。Liu 等在已有卸载方案上进行了改进，优化目标包含两部分，即执行时延和执行故障率。从这两个方面优化不仅能使任务时延最小化，还能保证故障率最低，降低了卸载失败的风险。Liu 等提出采用动态电压频率调整和功率控制技术分别优化计算执行过程和计算卸载的数据传送过程，基于这个模型，提出了一个基于 Lyapunov 优化的动态卸载（Low-complexity Lyapunov Optimization based Dynamic Computation Offloading，LODCO）算法进行求解，LODCO 算法会在每个时隙中进行卸载决策，然后在本地执行时为 UE 分配 CPU 周期或在卸载到 MEC 时为 UE 分配传输功率，结果表明，该方案可以将运行时间缩短 64%。

（2）以降低能量消耗为目标的卸载决策

将计算任务卸载到边缘服务器可以极大地减少 UE 的能量消耗。UE 所消耗的能量主要由两部分组成：一是将卸载数据传送到 MEC 的传送能耗，二是接收 MEC 返回数据的接收能耗。

Kamoun 等提出了一种能量优化模型，该模型中能量优化不是针对某个时刻的优化，而是一个持续的优化过程。该模型中的资源分配方案既包括无线资源的分配，还包括计算资源的联合分配，分配方案主要取决于信道状态、终端发出的任务队列状态等。Kamoun 等假设基站有计算存储等能力，所产生的决策结果有以下 3 种情况：在 UE 处处理计算任务、将计算任务卸载到基站或者无效状态。研究工作以满足应用时延的同时优化 UE 处的能量消耗为目标，提出了两个资源分配方案：第一种方案基于在线学习，根据网络状态进行动态调整以适应 UE 的任务需求；第二种方案是预先计算的离线策略，需要每个时隙的数据速率及无线信道状况的信息支持，信息由 UE 在 k 时刻发给基站的持续性状态信息 $s_k = (b_k + x_k)$ 表示，b_k 是缓存的状态信息，x_k 是信道状态信息。最后提出了两种方案下的能量模型，并对由 3 个不同卸载决策产生的能量消耗进行了分析。此模型通过约束马尔可夫决策来分析解决，结果表明，预计的离线策略在低数据速率（负载）的情况下优于在线策略高达 50%。

　　You 等考虑多 UE 应用场景，在已有工作的前提下，增加了部分卸载，同时还需要考虑应用程序的支持，如果应用程序不可分割或分割后的各个部分存在紧密联系，则不能采用部分卸载策略。所提出的方案借鉴 TDMA 系统划分时隙的概念，在每个时隙内，UE 根据信道质量、本地计算能量消耗以及 UE 之间的公平性将其数据卸载到 MEC。You 等基于满足应用时延的同时优化能量消耗的目标做出决策，提出了基于阈值的最优资源分配策略，最优分配策略为每个 UE 做出卸载决策，如果 UE 具有高于给定阈值的优先级，则将计算任务完全卸载到 MEC；相反，如果 UE 具有比阈值更低的优先级，则仅卸载部分计算任务以满足时延约束。对于不能满足应用时延约束的UE 设置更高的优先级，从而将计算任务本地执行。由于通信和计算资源的最优联合分配问题具有较高的复杂度，因此 You 等提出了一种次优分配算法，该算法将通信和计算资源分配分离，结果表明，与最优分配相比，次优分配算法使能量更高，但具有更低的复杂度。之后，You 等对该卸载方案进行了拓展，实现了基于 OFDMA 系统的卸载方案，该方案可以比基于 TDMA 实现的方案减少近 $\dfrac{1}{10}$ 能量消耗。

　　（3）以权衡能耗和时延为目标的卸载决策

　　在人脸识别系统、实时视频系统、车联网等应用场景中执行复杂计算任务时，能耗和时延都是影响用户体验 QoS 的重要因素，因此，如何在执行卸载任务时协同考虑两个优化目标进行优化是进行卸载决策的重要考虑因素。

　　Muñoz 等提出了部分卸载决策中能耗和执行时延之间的权衡分析。卸载过程中考虑以下几个参数：要处理的总数据量、UE 和 MEC 的计算能力、UE 和 SCeNB（连接 UE 和 MEC 的中间基站）之间的信道状态以及 UE 的能耗。作者提出了一个动态调度机制，允许用户根据任务的计算队列和无线信道状态进行卸载决策，并通过凸优化方法解决该优化问题。分析结果表明，在该方案中，UE 的能耗随总执行时间的增加而减少。此外，Muñoz 等提出，如果通信信道质量很差，则需要耗费大量能源对任务进行卸载，这是得不偿失的，在这种情况下应优先选择本地处理；如果信道质量良好，则卸载一部分到 MEC，从而获得较小的能耗和时延，如果信道质量高，且 MEC 的计算存储资源充足，则可以进行全部卸载。

3.2.3 计算卸载资源分配

3.2.1 节讨论了计算卸载决策，即是否卸载和卸载多少的问题。一旦决定卸载，接下来就要考虑合理进行资源分配，即卸载在哪里的问题。本节主要对计算卸载的资源分配问题进行讨论。

如果 UE 的计算任务是不可分割的，或计算任务可以分割但分割的部分有联系，则需要卸载到一个计算节点，如果可以分割的任务允许卸载到多个 MEC 服务器，则需要根据网络状况、时延和能耗合理选择 MEC 服务器进行卸载。

（1）单一节点的计算资源分配

Valerio 等提出了计算卸载的资源分配方案，如图 3-6 所示，以最小化时延为优化目标，同时最小化通信、计算资源重载和 VM 迁移的能耗。此模型采用马尔可夫决策过程方法解决在 SCeNB 中的 VM 分配问题，选择出合适的 VM 进行卸载。该模型采用动态规划方法进行建模，考虑了用户的到达与离开以及小基站的开关，根据 VM 迁移的能耗、链路状态信息等因素制定 VM 分配方案。在图 3-6 中，UE1 将计算任务全部卸载到 SCeNB1，创建了 VM，而 UE2 则选择 SCeNB3 完成计算任务，选择 SCeNB3 的原因是有高质量的回传链路状态，从而减小时延。分析结果表明，在 MEC 具有足够计算存储资源的前提下，VM 迁移的成本高，故 VM 优先在离用户近的正在服务的 MEC 中进行部署。

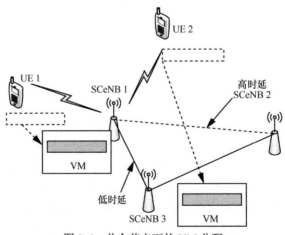

图 3-6　单个节点下的 VM 分配

（2）多节点间的计算资源分配

计算节点的选择不仅对时延有显著影响，对计算节点的功耗也有很大影响。Oueis 等分析了集群大小（即执行计算的 SCeNB 数量）对卸载应用程序时延和 SCeNB 功耗的影响，基于以上分析提出了卸载决策方案。作者提出了选择不同集群的动态优化过程，并且对不同的回程网络（环型、树型等）和技术（光纤、微波、LTE 等）进行分析。该方案以优化时延和基站能耗为目标，时延主要由 3 个部分组成，即 UE 到 SCeNB 的传送时延、SCeNB 处理任务的时延以及 SCeNB 到 UE 的传送时延。UE 和 SCeNB 之间的传送时延主要取决于信道质量和传送的数据量，SCeNB 的计算时延主要取决于不同的集群数量、计算任务的数据量和计算能力等。基站能耗主要影响因素包括服务的集群数量、网络拓扑和回传技术等。分析结果表明，全网型拓扑结合光纤或微波连接在减少执行任务时延方面是最有优势的，而光纤连接的环型拓扑产生最低的能耗。另外，分析还表明，SCeNB 数量的增加并不总是缩短时延，相反，过多 SCeNB 处理卸载的应用程序，可能导致传输时延比计算时延更长，且随着集群的增加也会导致能耗增加。因此，选择适当的 SCeNB 集群在提高系统性能中起着关键作用。

3.3 主要挑战

在边缘计算网络环境中进行计算任务的卸载，不仅能减少移动端的计算压力和能耗，还能降低传输时延。尽管目前业界已有不少针对边缘计算卸载的研究成果，但边缘计算卸载在移动性管理、干扰、安全等方面仍然面临一些亟待解决的问题与挑战。

（1）移动性管理

在传统的蜂窝网络中，用户在 eNodeB 或 SCeNB 之间移动时，为保证服务的连续性，都有严格的切换流程。类似地，如果将 UE 的计算任务卸载到 MEC，如何保证服务的连续性是要解决的关键问题。在应用计算卸载技术的前提下，UE 的切换可以通过 VM 迁移来保证服务的连续性。VM 迁移即在当前计算节点处运行的 VM 被迁移到另一个更合适的计算节点，VM 迁移的工作大部分都只考虑单个计算节点对每个 UE 进行计算的场景。当应用程序被卸载到多个计算节点时，如何有效处理 VM 迁移过程成为保证 QoS 的一大挑战。同时，VM 迁移会给回程链路造成很大的负担，并导致很高的时延。因此，攻克支持以毫秒级为单位的 VM 快速迁移技术十分必要。此外，由于计算节点之间的通信限制，更现实的挑战是如何实现基于某些预测技术预先迁移计算任务，使用户觉察不到服务的中断，从而提升用户体验。

在移动性管理中，为了完成相应任务的迁移，并满足相应的时延、安全等各方面的需求，需要对低时延技术、路径预测技术等加以考量，在保持业务连续性的同时实现绿色节能通信。

① 低延时的移动性管理

物联网和车联网等低时延应用需要具有非常高的可靠性和非常低的端到端延

迟（毫秒级）通信。为了支持超低延时，当用户从一个 MEC 区域移动到另一个区域时，VM 和数据会进行迁移。迁移过程本身可能对应用程序时延产生负面影响。例如，源 MEC 结束服务和目的 MEC 开启服务过程中时间相对较长，导致用户需要等待更久。为了支持低时延应用，MEC 系统需要用时更短的迁移。因此可以考虑在回程链路中选用时延更小的高速通路，对传输数据进行压缩，并简化 VM 复原流程等。

② 路径预测技术对移动性管理技术的支撑

移动性管理的关键是进行 VM 和数据的迁移，传统的 MEC 迁移方案只在移交时才将计算任务交给另一台服务器，这种机制需要突发地传输大量的数据用于迁移，从而造成较高时延，并为 MEC 网络带来较重的负荷。处理该问题的一个解决方案是在 MEC 为用户提供服务期间，利用用户轨迹的统计信息预测用户将要到达的下一个 MEC 区域，从而提前将数据传输至新的 MEC。这一技术主要存在两个挑战：第一个挑战在于轨迹预测，准确的预测可以实现 MEC 服务器之间的无缝切换，并减少预取冗余，要实现准确预测需要精确的建模和高复杂度的机器学习技术；第二个挑战在于如何选择预先传输的计算数据，因为预测的 MEC 并不是一定准确，所以将全部数据传输到预测的 MEC 可能会造成浪费，如何在传输的数据量和预测的准确性之间进行决策也是必须考虑的问题。

移动性管理技术是使新型业务更好地适用于边缘计算网络的关键技术支撑，目前，ETSI 和各大厂商也在逐步解决移动性问题，相信随着研究的不断深入，移动性问题会得到更全面的解决。

（2）安全性

安全性在云计算卸载中是需要重点考虑的技术难点。由于 MEC 是分布式部署，单点的防护能力较弱，特别是物理安全，单个 MEC 的安全漏洞可能导致全局的安全问题。而多租户的形式会导致恶意用户潜入网内，利用云平台漏洞攻击网络。此外，由于平台的开源性质，对代码的深入研究更容易找到脆弱点，更便于模拟攻击。卸载到云端的数据也很容易被攻击或者篡改，因此，设计合理的安全措施十分重要。另外，由于计算任务被卸载到边缘网络中，面临更加复杂的网络环境，原本用于云计算的许多安全解决方案也不再适用于边缘计算的计算卸载。

MEC 中计算卸载面临的安全问题分布在各个层级，主要包括边缘节点安全、网络安全、数据安全、应用安全、安全态势感知、安全管理与编排、身份认证信任管理等。

边缘节点安全即在边缘网络处提供安全的节点、软件加固和安全可靠的远程升级服务，防止用户的恶意卸载行为，解决最基本的受信问题。网络安全需要保证包括防火墙、入侵检测系统、DDoS 防护、VPN/TLS 等功能，也包括一些传输协议的安全功能重用（如 REST 协议的安全功能）。数据安全即对卸载到边缘网络中的数据进行信任处理,同时也需要对数据的访问控制进行加强,数据安全包含数据加密、数据隔离和销毁、数据防篡改、隐私保护(数据脱敏)、数据访问控制和数据防泄露等。其中,数据加密包含数据在传输、存储和计算时的加密,而边缘计算的数据防泄露也与传统的数据防泄露有所不同,因为边缘计算的设备往往是分布式部署,需要特别考虑这些设备被盗以后,相关的数据即使被获得也不会泄露。应用安全需要设置白名单、应用安全审计、恶意卸载内容防范等。安全态势感知、安全管理与编排即需要采用主动积极的安全防御措施,包括基于大数据的态势感知和高级威胁检测,以及统一的全网安全策略执行和主动防护,从而更加快速响应和防护,再结合完善的运维监控和应急响应机制,则能够最大限度保障边缘计算系统的安全、可用、可信。身份认证信任管理即网络的各个层级中涉及的实体需要身份认证,一些研究者提出可以通过限制共享信息来确保身份验证密钥的安全交换,完成验证过程。海量的设备接入使传统的集中式安全认证面临巨大的性能压力,特别是在设备集中上线时认证系统往往不堪重负,在必要时,去中心化、分布式的认证方式和证书管理将会成为新的技术选择。

由于边缘计算中的计算卸载可以理解为云计算中计算卸载的迁移,很多科学研究问题可以借鉴云计算中较为成熟的解决方案,但边缘网络中的安全性问题由于其特殊性不能完全借鉴云计算中的方案,且边缘计算由于其分布式的部署导致更加复杂的网络环境与不同层次的网络实体交互也使其认证问题更具有挑战性。边缘计算中计算卸载的安全解决方案可以从云计算的相关方案中得到灵感,但毋庸置疑的是,边缘计算必须对这些方案实现新的扩展和延伸,以确保边缘计算特有的安全问题可以得到解决。

(3)干扰管理

干扰问题也是计算卸载中亟待解决的关键问题之一,如果将很多接入设备的应用同时卸载到 MEC 服务器,会产生严重的干扰问题,如何在保证 QoS 的前提下实现资源的合理分配同时解决干扰问题是 MEC 计算卸载面临的关键挑战之一。

干扰管理具有多种多样的实现方式,与资源管理紧密相关,这是因为干扰的本质是资源的冲突使用,因此,网络资源分配的不合理是产生干扰的根本原因。由于边缘计算网络采用分布式部署,海量终端的卸载处理请求和复杂的网络环境降低了资源使用率,因此,将资源分配作为干扰管理的重要手段,一方面可以通过合理利用网络资源,增加网络容量;另一方面可以通过干扰管理修正资源分配策略,促进网络容量的提升。干扰管理主要面临的挑战包括以下两个方面。

① MEC 的部署方式导致干扰调度不均匀

在 MEC 网络中,MEC 服务器的部署具有随机性,其分布与覆盖情况无法预期,这就可能导致 MEC 服务器分配不均匀,导致网络中不同区域的干扰分布不均。结合位置信息和卸载请求预测来智能处理干扰问题是未来 MEC 计算卸载干扰管理的重要技术点之一。

② 计算资源和网络资源的分配方案

资源管理是解决干扰问题的核心，如何根据 MEC 网络环境以及终端的卸载请求，做出合理的资源分配是解决干扰问题的主要途径之一。由于 MEC 的分布式部署和计算任务的海量卸载，MEC 中计算卸载技术解决干扰问题的方式不同于传统网络，合理的资源分配方案将会成为解决干扰问题的技术选择。

边缘计算在移动网络边缘提供计算、存储和网络资源，可以极大地降低处理时延，终端在卸载计算任务的同时也满足了绿色通信的要求，提升了服务质量。然而，由于终端卸载任务后可能会发生移动，为满足 MEC 处理卸载的计算任务时保持业务的连续性，解决移动性管理问题成为边缘计算中计算卸载技术的重要挑战之一。此外，由于 MEC 的分布式部署环境，使原本适用于云计算的安全管理机制不再适用于 MEC，因此，为了保持安全通信，需要从各个层级解决安全问题，如确保边缘节点安全、网络安全、数据安全、应用安全、安全态势感知、安全管理编排和身份认证感知等。同时，由于大规模终端计算任务的卸载，使干扰问题不可避免，这就需要通过有效的干扰管理机制来解决，目前，学术界有很多关于干扰管理的方案，主要涉及计算和网络资源的联合分配问题，合理的资源分配能够控制干扰问题的产生，实现高效通信。在实现边缘计算大规模应用之前，边缘计算卸载技术的解决方案在移动性管理、安全、干扰管理、QoE 保障等方面仍需要进一步研究和发展。

🔍 3.4 本章小结

计算卸载是边缘计算中的关键技术之一，主要解决移动设备在资源存储、计算性能以及能效等方面存在的不足。一方面，边缘计算中应用计算卸载不仅减轻了核心网的压力，而且减小了传输带来的时延。例如，安全监控性质的视频监控系统，传统的监控系统由于设备处理能力有限，只能通过视频监控系统捕获各种信息，然后将视频送到云端的监控服务器上，从这些视频流中提取有价值的信息，而这种方式会传输巨大的视频数据，增加核心网的流量负载并且造成较高的延时。而 MEC 卸载技术可以直接在离监控设备很近的 MEC 服务器上进行数据分析，不仅减轻了网络压力，同时解决了监视系统的能耗等瓶颈问题。另一方面，物联网技术也需要计算卸载技术的支撑，由于物联网设备的资源通常是有限的，因此若要实现万物互联的场景，在终端设备受限的情况下需要将复杂的计算任务卸载到边缘服务器，计算卸载技术不仅有助于物联网的发展，而且能降低终端设备的互联准入标准。此外，计算卸载技术也促进了零延时容忍新兴技术的发展。例如，在车联网服务、自动驾驶等领域，车辆需要通过实时感知道路状况、障碍物、周围车辆的行驶信息等，这些信息可通过 MEC 计算卸载技术实现快速计算和传输，从而预测下一步该如何行驶。

目前，产业界和学术界对边缘计算中的计算卸载技术进行了大量研究，计算卸载技术不仅能促进边缘计算的普及，也能解决现有的网络问题，如时延过大、能量消耗过高、设备计算能力有限等。

参 考 文 献

[1] LI Z, WANG C, XU R. Computation offloading to save energy on handheld devices: a partition scheme[C]//International Conference on Compilers, Architecture, and Synthesis for Embedded Systems. 2001: 238-246.

[2] HUANG D, WANG P, NIYATO D. A dynamic offloading algorithm for mobile computing[J]. IEEE Transactions on Wireless Communications, 2012, 11(6):1991-1995.

[3] LIU J, MAO Y, ZHANG J, et al. Delay-optimal computation task scheduling for mobile-edge computing systems[C]//2016 IEEE International Symposium on Information Theory(ISIT). 2016:1451-1455.

[4] MAO Y, ZHANG J, LETAIEF K B. Dynamic computation offloading for mobile-edge computing with energy harvesting devices[J]. IEEE Journal on Selected Areas in Communications, 2016, 34(12): 3590-3605.

[5] KAMOUN M, LABIDI W, SARKISS M. Joint resource allocation and offloading strategies in cloud enabled cellular networks[C]//2015 IEEE International Conference on Communications (ICC). 2015: 5529-5534.

[6] YOU C, HUANG K. Multiuser resource allocation for mobile-edge computation offloading[C]//2016 IEEE Global Communications Conference (GLOBECOM). 2016:1-6.

[7] MUÑOZ O, PASCUAL-ISERTE A, VIDAL J. Optimization of radio and computational resources for energy efficiency in latency-constrained application offloading[J]. IEEE Transactions on Vehicular Technology, 2015, 64(10): 4738-4755.

[8] VALERIO V D, PRESTI F L. Optimal virtual machines allocation in mobile femto-cloud computing: an MDP approach[C]//2014 IEEE Wireless Communications and Networking Conference Workshops (WCNCW). 2014: 7-11.

[9] OUEIS J, CALVANESE-STRINATI E, DOMENICO A D, et al. On the impact of backhaul network on distributed cloud computing[C]//2014 IEEE Wireless Communications and Networking Conference Workshops (WCNCW). 2014: 12-17.

[10] CUERVO E, BALASUBRAMANIAN A, CHO D K, et al. MAUI: making smartphones last longer with code offload[C]//International Conference on Mobile Systems, Applications, and Services. 2010: 49-62.

第4章

边缘计算资源管理技术

🔍 4.1　概述

　　随着移动互联网和物联网技术的快速发展，网络数据流量呈现爆发式的增长趋势，据 2017 年思科 VNI 报告，到 2021 年，全球 IP 数据流量将达到每月 278 EB。爆发式增长的数据流量，尤其是视频流量给网络造成了巨大挑战，要求当前的网络具有提供更高数据传输速率和更低网络延迟的能力，从而为用户提供更好的服务质量体验（Quality of Experience，QoE）。因此，提升用户的 QoE 不仅仅需要用户终端侧的优化，如视频码率的选择算法等，还需要网络层面的优化，即通过提供计算和存储资源，降低传输时延以及提升视频传输质量的自适应性等。

　　另外，随着边缘计算的发展以及大规模的部署，边缘计算的能量消耗成为边缘计算服务提供商的重要成本。如何降低边缘计算的能耗成为新的研究课题。据 2015 年美国国家矿业协会所资助的一项研究表明，全球移动通信网络每年耗电达 1.5 兆度，相当于德国与日本总用电相加，也相当于全球发电总量的 10% 左右，所使用的能源比全球航空业还多出 50%。而近年来，随着 IoT、AR/VR、4K/8K 视频等网络技术、服务和应用的兴起，移动数据流量增长迅速。根据思科的最新报告显示，2016 年到 2021 年间，移动数据流量将会增长 7 倍。可以看出，在全球移动网络的持续扩张下，这个用电量会持续增长，能量效率问题终将被推到"风口浪尖"上。随着能耗成本的迅速增长和环境标准的日益严格，能量效率已经成为未来 5G 网络重要的性能衡量标准。

　　相对于传统的云计算技术，边缘计算需要大量的部署，而且单个边缘计算节点的规模和资源量相对有限。随着边缘计算的不断发展，加强边缘计算节点之间，以及边缘计算节点和核心云计算节点的协作具有重要意义。通过协作机制，不仅可以有效提高计算、存储和网络资源的利用效率，还可以极大地改善网络的服务质量和用户的体验。因此，面向协作机制的边缘计算资源管理是一个重要的研究方向。

　　资源管理技术是边缘计算中的关键技术之一，主要解决边缘计算系统中计算、存储和网络资源的管理和优化问题。传统的云计算系统在资源管理与优化方面已有大量的研究工作。然而，由于边缘计算有新的应用场景和特征，在资源管理与优化方面也有新的特点。因此，本章主要从 3 个新的角度分析边缘计算的资源管理，即 QoE 优化、能效优化和协作机制。在网络边缘部署边缘计算，很重要的原因是要降低时延，改善用户的 QoE，因此本章首先从 QoE 的角度介绍计算和缓存的资源管理和优化。另外，大量部署边缘计算节点，将带来极大的能量消耗成本，因此本章接着从能效的角度分析边缘计算的资源管理和优化。考虑到边缘计算的分布式特性和资源有限性，边缘计算的协作机制也是优化资源管理的重要方面，因此本章最后介绍分析边缘计算的协作机制。

4.2　关键技术

4.2.1　面向 QoE 优化的资源管理

　　为应对新型业务带来的网络挑战，尤其是日益增长的视频流业务的需求，一方面，业界提出了在移动网络中采用自适应比特流（Adaptive Bit Rate，ABR）传输技术进行视频分发，即在移动网络中将视频文件编码为多种比特率版本，每个版本的视频文件都被切分成多个视频块（Segment），并根据用户设备的能力、网络连接状况和特定的请求，为用户动态选择传送的视频块比特率版本，从而减少视频播放卡顿和重新缓冲率，提升用户的 QoE 体验；另一方面，MEC 在移动网络边缘向内容提供商和应用开发者提供云计算能力和 IT 服务环境，可以为终端用户提供超低时延和高带宽的服务。

　　自 ABR 与 MEC 技术提出以后，利用 MEC 实现自适应视频流的缓存、转码与自适应分发受到了业界的广泛关注。与传统的网络架构相比，MEC 具有许多显著的优势，可以有效解决传统网络模式中高时延和低效率等问题。在面向视频流业务时，MEC 的存储计算资源以及网络感知能力可以有效地支持 ABR 技术。一方面，MEC 的分布式边缘存储资源可以对视频内容进行缓存，并且对视频请求进行本地卸载，从而既缩短用户到视频内容的距离，降低传输时延，又减少视频内容的冗余传输，节省网络带宽并提高能量效率，缓解核心网络压力；另一方面，在 ABR 中，用户请求的视频比特率可基于网络条件、设备功能和用户偏好自适应调整，往往需要对视频块进行多个比特率版本的缓存，而对一个视频块缓存多种比特率版本会造成较大的缓存成本，因此可以选择在 MEC 中缓存一部分较高比特率视频。对于缓存未命中的请求，利用 MEC 的计算能力和视频转码技术将缓

47

存的视频版本转码为请求的比特率版本。视频转码可以提升缓存资源的利用率，在基于 ABR 的视频分发系统中具有重要作用。除此以外，MEC 还可以利用其网络感知能力，实时感知网络数据，包括无线链路状况和用户行为信息及位置信息等，从而进行链路感知自适应，极大地改善用户的服务体验质量。在自适应视频流业务中利用 MEC 缓存流行视频块，并在不同比特率版本之间进行转码，实现在网络边缘对用户请求进行响应，已经被认为是解决 ABR 中视频内容分发的一个重要趋势。

图 4-1 为分布式 MEC 架构中实现自适应视频流业务的示意，MEC 服务器部署在基站，其中包括缓存和计算资源，可以对视频文件进行缓存和转码。当用户的请求到达 MEC 时，若缓存命中或转码命中，就可以在本地对请求进行响应，而不需要经过回传网和核心网的传输，从源服务器获取视频文件。其中，每个 MEC 服务器都可以实现视频的缓存和转码，分布式部署的 MEC 服务器之间可以实现协作式的缓存和转码，从而实现资源的高效利用，进一步提升视频分发效率和用户体验。

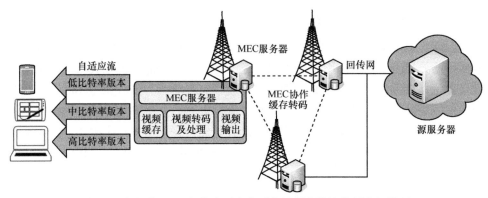

图 4-1　分布式 MEC 架构中面向自适应视频流的协作缓存与转码

在传统的视频流分发系统中，缓存和转码都在云端完成，带来较高的传输时延，且增加回传网和核心网的带宽压力。而 MEC 通过利用其边缘存储和计算能力，可以有效提高网络的整体性能，并显著改善用户体验，有效应对视频业务带来的挑战。但在 MEC 资源容量有限的情况下，缓存转码资源的滥用会造成 MEC 负载过重，降低资源效率，影响用户体验，因此需要对不同视频业务的需求和特点进行分析，在各项资源之间进行权衡和分配，使视频缓存转码的效率最优。除此之外，由于 MEC 分布式部署的特点，可以合理利用临近 MEC 服务器的缓存转码资源，协作处理视频请求，优化整个网络的视频分发质量和资源效率。因此，研究 MEC 中面向视频流的计算、缓存与网络资源的联合优化问题，均衡地对缓存、计算和带宽资源进行合理编排，对优化系统整体性能具有重要意义。

目前，已有大量工作将 MEC 与 ABR 技术联合考虑，并从不同的部署场景出发，针对视频流的缓存转码等问题进行了研究，其中不仅包括单 MEC 服务器场景中的资源协同问题，还对分布式多 MEC 之间的资源协作问题进行了讨论，并针对不同的场景和需求，对缓存策略和转码策略进行了设计，从而优化包括系统成本、网络负载和视频容量在内的各项网络指标。另外，由于新型网络架构在增强视频业务质量方面展现的高效性能，部分研究工作还面向视频流分发业务提出了基于 SDN 的 MEC 架构，从而优化网络架构和视频分发机制。

为解决无线网络中自适应比特流的缓存挑战，Pedersen 等研究了自适应比特流场景中无线缓存和处理的联合优化问题并提出了解决方案。该方案将视频文件分为多个视频块，每个视频块可以按不同的比特率请求。针对 RAN 的缓存挑战，提出在 RAN 部署有限的计算资源，从而可以进行视频块之间的转码，缓解存储压力。基于以上考虑，提出了基于 ABR 感知的主动/被动的联合转码和缓存资源的策略，具体来说，对于视频请求有 3 种内容获取方式：从缓存处直接获取对应版本，对缓存的高比特率版本进行转码，或者通过回传网络从 CDN 处获取。当用户请求在节点缓存命中时，直接由缓存进行响应，缓存不命中时，可以根据给定可用的缓存容量、处理能力和回传带宽，通过转码资源和回传资源分配算法进行转码和回传决策，当采用回传方式时，采用缓存策略对获取的内容进行缓存。该方案采用了两种缓存方式，分别是 LRU（Least Recently Used）缓存策略和 P-UPP（Proactive User Preference Profile）缓存策略。该方案制定了一个优化问题，优化目标为最大化无线网络的视频容量，即服务的并发视频请求数量，并采用启发式算法进行了求解，从而对某个视频块的获取方式进行调度决策。

Wang 等提出了一个在线转码和地域分布式交付的联合策略，系统架构中包括多个 CDN 区域，每个区域中包含后端服务器和对等服务器，转码任务在后端服务器中完成。该方案考虑了用户的 CDN 区域偏好和区域的转码版本偏好，以及视频请求的用户偏好。首先根据用户的 CDN 区域偏好，即考虑服务器到用户的带宽大小对用户进行重定向，选择提供服务的 CDN 区域，该区域中的对等服务器以循环方式提供服务。其次，根据内容的用户偏好和区域的转码版本偏好来安排转码任务，并选择空闲的 CDN 计算资源进行转码和交付，减少跨区域的复制成本，特别地，根据按需设计的策略，视频段被转码为一组预定义的版本，如果转码不及时，可以选择最接近的比特率版本进行转发。最后，该方案对优化问题进行了建模，优化目标为最小化计算成本和复制成本，并采用启发式和分布式算法进行了求解。

在视频业务中，当视频比特率和传输条件不匹配时，会引发网络的拥塞和较高的时延，造成视频播放的卡顿，严重影响用户的观看体验。因此，在资源联合优化的过程中，不仅要从运营商的角度出发考虑成本代价，还要从用户的角度出发保障 QoE。众包直播游戏视频流（Crowdsourced Live Game Video Streaming，CLGVS）是一种新兴的互联网业务，可以使众多异构终端随时随地观看游戏玩家播放的视频，Zheng 等研究了 CLGVS 业务中的在线转码和交付问题，从 CLGVS 服务提供商的角度，通过联合优化动态转码决策、比特率配置和数据中心选择，来减少运营成本并保证用户的服务质量。该方案考虑了两种转码策略，分别为门限转码策略和全部转码策略。该问题被建模为一个约束随机优化问题，优化目标包括两部分，即最小化与计算和带宽相关的总运营成本，以及最大化与时延和比特率相关的用户 QoE。利用李雅普诺夫优化框架，设计了一个在线算法 OCTAD（Online Cloud Transcoding and Distribution）进行求解，算法包括 3 个主要部分：动态直播转码决策、自适应比特流配置和智能数据中心选择，从而动态地为每个游戏玩家执行比特率配置，为每个观看者进行转码决策和数据中心选择。同时，为了扩展算法的适用范围，该方案设计在线算法时还考虑了游戏的类型。

现有的缓存转码优化方案主要基于单服务器独立进行缓存和转码任务决策的场景，没有考虑服务器之间的协作，为了研究在多 MEC 服务器场景下联合优化整体运营成本的问题，Tran 等提出了一种移动边缘计算网络中多比特率视频流的协作缓存和处理策略，称为 CoPro-CoCache。在该方案中，获取视频内容的方法有：从本地服务器的缓存中获取，在本地服务器中转码获得，从协作服务器的缓存中获取，在协作服务器中进行转码并传回，从协作服务器传回后在本地进行转码。具体来说，缓存策略方面，该方案不需要内容流行度的先验信息，采用 LRU 缓存策略，将每个小区最流行的视频缓存在对应的基站缓存服务器上，直到缓存存储空间已满，当用户的视频请求需要对缓存中的比特率版本进行转码时，将转码任务分配给负载最小的 MEC 服务器，从而均衡网络负载，这个服务器可以是存储原始版本的 MEC 服务器，即数据提供节点，也可以是交付节点。Tran 等将该协作缓存和处理问题建模为一个整数线性规划问题，该问题受存储空间和处理能力的约束，在给定可用资源后，优化目标为对单个视频请求协作制定缓存放置策略和视频调度策略，从而最小化回传网络成本。最后，针对该 NP 问题提出了一个新型的在线算法 JCCP（Joint Collaborative Caching and Processing）进行求解。

Xu 等提出了 MEC 增强的自适应比特率（MEC-ABR）视频传输方案，联合进行缓存和无线资源的分配。在该方案中，MEC 服务器作为控制组件来执行缓存策略并灵活调整视频版本。具体来说，该方案首先考虑了 BS 的流量负载，从而进行 MEC 服务器的存储资源分配，以缓存各 BS 服务范围内的流行视频，并将该存储资源分配问题模拟为 Stackelberg 博弈进行求解。缓存策略方面，不仅考虑了视频的流行度，还考虑了 RAN 侧的无线信道质量，缓存策略和视频交付可以被灵活地调整，以匹配不同的无线信道。另外，该方案将联合缓存和无线资源的分配问题建模为匹配问题，BS 和用户分别根据视频的流行度和无线信道条件维护偏好列表，利用 MEC 的存储和计算能力进行优化，提出了 JCRA（Joint Cache and Radio Resource Allocation）算法来解决这个问题，并考虑了视频比特率版本的动态调整。

软件定义移动网络（Software-Defined Mobile Network，SDMN）、网内缓存和 MEC 作为下一代移动网络的重要技术，对增强视频业务质量具有重要意义，Liang 等研究了一个 MEC-SDMN 中的视频速率适应问题，联合考虑视频速率自适应、带宽配置和 MEC 中的计算资源调度，设计了一个高效机制。研究目的是在考虑网络资源和视频缓存分布的情况下，为每个用户找到最佳的视频质量版本。在该方案中，SDN 控制器执行流量管理，通过最大限度地增大视频的整体平均增益来提高整个网络的效用，以帮助用户自适应地选择最佳的视频质量水平。为了最大化 HetNet 的平均视频质量，该方案制定了一个优化问题，并采用双分解方法，将视频数据速率、计算资源和流量管理（带宽配置和路径选择）3 部分问题解耦，独立求解各个变量。

从以上分析对比可以看出，已有工作主要面向单服务器架构，对协作缓存转码问题考虑得较少。缓存方面主要采用一部分视频内容缓存所有版本，另一部分视频内容缓存最高版本的策略，在考虑视频流行度的情况下，可以缓存流行视频的全部版本，而对不流行视频缓存最高比特率版本。转码策略包括：缓存不命中直接转码、与带宽资源做均衡进行转码决策，以及协作转码中考虑负载和成本进行转码决策等。另外，建立优化问题时，优化目标主要为最小化系统成本，除此之外，还包括对视频容量和 QoE 等方面的优化。解决问题的算法主要包括李雅普诺夫优化理论、分析法、博弈论、启发式算法和在线算法等。

4.2.2　面向能效优化的资源管理

在具体介绍能耗这个概念之前，本节首先参照图 4-2，从能耗的角度将传统的移动网络划分成用户终端、无线接入网、核心网和源服务器 4 个部分。其中，用户终端可以是手机、平板、个人笔记本等设备；无线接入网则由基站组成，用于为用户终端提供无线接入和移动性支持；核心网由用于提供移动性管理的节点和其他必要网络设备组成；源服务器则提供数据存储以对用户的收发邮件、浏览网页、观看视频等行为提供数据支持，通常位于核心网或者核心网之外的互联网中。用户从向源服务器发出数据请求，到收到从源服务器发送回来的响应数据，整个传输过程需要经过用户终端到基站之间的无线链路以及基站与源服务器之间的回传链路,可以看出,这个传输过程非常漫长。一方面,从网络的角度看,用户的每次数据请求理论上都需要经过上述流程才能被响应,但实际上,某一用户往往会对同一内容进行多次访问,不同用户也会对同一内容进行多次访问,这些情况的发生并非个例,甚至可以说是普遍现象,这样对相同内容的重复请求无疑对整个网络造成极大的能耗浪费。另一方面,从用户终端的角度来看,由于用户终端往往是功率受限的,因此如何降低用户在请求和获取移动数据时的能耗也是一个非常有实际意义的研究课题。

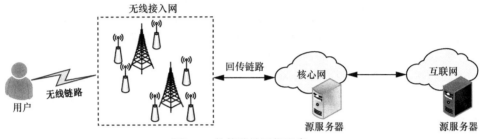

图 4-2 传统移动网络示意

随着网络技术的发展创新,缓存技术逐渐深入人心,并为网络能耗的节省立下了"汗马功劳"。缓存实际上体现了一种牺牲存储资源来获取带宽资源的思想,即在靠近用户侧的地方(通常位于无线接入网的基站附近)部署缓存服务器,将流行度较高的内容缓存下来,每次收到用户的数据请求时,首先在缓存服务器中检查有无该内容的缓存,若有,则直接响应用户,若没有,再通过传统方式到源服务器获取内容,从而避免从源服务器重复获取内容而产生的能量消耗。此时,读者可能会有疑问:缓存难道不会产生能耗吗?答案是肯定的,并且缓存能耗的产生目前不可避免。实际上,在缓存技术不断发展成熟的今天,相比带宽资源而言,存储资源已经不再是稀缺资源,缓存的能耗成本已经极大地降低,因此缓存的引入可以大大节省网络能量消耗和传输时延。

缓存方案在极大地改善传输能耗和传输时延的同时,还存在一些"力不能及"之处,如数据的计算处理和网络感知等方面。这是因为缓存技术主要关注数据的缓存,从而缓存服务器主要提供内容缓存能力。但实际上,存在相当一部分应用场景,它们或许是时延敏感的,即需要在较短时间内完成数据的检测和计算并做出决策,如第 2 章提到的智能交通灯系统和近年来受到广泛关注的 AR/VR 技术;或许是将数据统一交由数据中心处理之前的初步过滤和筛选,这种需求在物联网场景下尤为重要;或许还需要根据实时网络状况对传输的数据进行动态调整,如在视频传输应用中需要实时感知网络状况,并根据网络状况调整被传输视频的质量,从而减少卡顿现象的发生,保障用户 QoE。在此背景下,边缘计算这一让网络更加智能的新技术开始大放异彩,并形成了如图4-3所示的新型移动网络架构。边缘计算将移动计算、网络控制和存储下沉到网络边缘,在靠近用户的网络边缘提供计算、缓存和网络感知等能力,从而为 5G 智能网络时代背景下的能耗节省开辟了一个全新的思路。

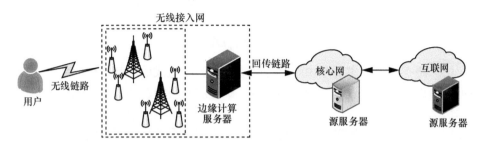

图 4-3　边缘计算移动网络示意

在上述背景下,在基于边缘计算技术的移动网络中,边缘计算服务器可以同时担当缓存服务器、计算服务器、控制节点等多重身份。不难总结,在基于边缘计算的移动网络中,网络的能量消耗主要包括数据传输耗能、任务计算耗能和缓存耗能 3 个方面。以下对这 3 种能耗进行简要介绍。

(1)数据传输耗能:主要包括从边缘计算服务器到用户之间的无线传输能耗和从源服务器到边缘计算服务器之间的回传能耗,当然,从源服务器到缓存服务器之间的回传能耗只有在缓存服务器无法满足用户请求的情况下才会产生。在无线传输中,根据香农公式可以推知,数据传输能耗与传输带宽、基站发送功率、信道状况、数据量大小等参数有关;在有线传输中,由于线路状况稳定,数据在传输过程中受到噪声干扰和产生的衰落等因素可以忽略不计,因此,数据传输能耗的计算多采用能量比例模型,主要与传输带宽、信道的传输功率和数据量大小相关。假定无线信道和回传链路(一般情况下为有线链路)的传输带宽分别为 W_{wireless}(MHz)和 W_{backhaul}(MHz),无线基站的发射功率为 P_B(W),回传链路的传输能量效率为 e_{backhaul}(J/bit),无线信道信噪比为 SNR,待传输数据量大小为 D(bit),则利用香农公式可计算出无线传输的最大传输速率为 $C = W_{\text{wireless}} \text{lb}(1 + SNR)$(bit/s),从而,无线传输所用的时间为 $T_{\text{wireless}} = \dfrac{D}{C}$(s),进一步可求得无线传输耗能为 $E_{\text{wireless}} = P_B T_{\text{wireless}}$。对于回传链路,其传输能耗可用 $E_{\text{backhaul}} = D \cdot e_{\text{backhaul}}$ 表示。

(2)任务计算耗能:主要是由边缘计算服务器执行计算任务而产生的能耗。以上文提到的自适应视频传输场景为例,边缘计算服务器可以根据信道状况对视频进行实时转码,以满足时变信道下用户对不同码率的视频版本的需求。在多个边缘计算服务器的情况下,边缘服务器之间还可以进行协作转码。转码能耗主要与边缘计算服务器的 CPU 性能和被处理的数据量大小有关。假定边缘计算服务器每处理 1 bit 数据需要的 CPU 周期数为 C_m(周期/比特)，执行一个 CPU 周期的计算功率为 δ(W/GHz)，CPU 主频为 f_0(GHz)，任务量大小为 D(bit)，则可以计算出执行计算任务所需的时间消耗为 $T_d = C_m \dfrac{D}{f_0}$。从而，计算能耗可由下列公式给出。

$$E_d = \delta C_m D T_d$$

（3）缓存耗能：主要是由于服务器缓存内容而造成的能耗。缓存能耗包括将数据存储进缓存空间过程中消耗的能量、维持缓存所消耗的能量和从缓存中读取数据所消耗的能量。因此，缓存能耗的计算实际上是一个非常复杂的问题。为了简化问题，学术界普遍采用能量比例模型来描述缓存能耗。缓存能耗的计算也多采用能量比例模型，主要与缓存服务器的缓存能量效率和被缓存的数据量大小有关。假定服务器的缓存能量效率为 ω_c(J/bit)，被缓存的数据量大小为 D(bit)，则缓存能耗可由下列公式给出。

$$E_c = \omega_c D$$

当然，以上对 3 种能耗的计算只是一个较宏观的"方法论"，具体如何计算仍需要根据具体的应用场景进行讨论。接下来，本节以具体的动态自适应视频流传输应用场景为例，对边缘计算移动网络下的能耗问题展开研究。

动态自适应视频流技术是视频分发领域的一种新兴技术，该技术的主要思想是将完整的视频片段划分成多个等播放时长或不等播放时长的连续小视频片段，以每个小视频片段为单位，将其以不同的比特速率编码，并且根据实时网络状况传输相应比特率版本的视频片段，从而使视频分发更好地适应时变信道，保障用户的服务质量体验。在边缘计算移动网络背景下，我们会惊喜地发现，边缘服务器所能提供的功能正好与该视频分发应用所要求的缓存、计算转码、网络感知等功能实现完美的契合，这也是为什么现阶段将边缘计算与内容分发结合的课题受到广泛关注的原因。图 4-4 描述了边缘计算移动网络下的动态自适应视频流传输的主要流程，需要注明的是，图中类似于"1~5s V12"的表述中，符号"V"是"Video"的简称，代表视频，1~5s 表示视频第 1~5s 的时间片段。"V"后的第一个数字代表视频的编号，"V"后的第二个数字代表速率版本的编号。因此，"1~5s V12"代表编号为 1 的视频的第 1~5s 时间片段，且该片段的速率版本编号为 2；同理，"5~8s V11"代表编号为 1 的视频的第 5~8s 的时间片段，且该片段的速率版本编号为 1，以此类推。另外需要注明的是，在本例中，对于视频片段的速率版本而言，假定编号越小，速率越高，如速率版本编号为 1 的视频片段的质量高于速率版本编号为 2 的视频片段。为了避免读者产生误解，还需要说明的一点是，图中虽然将边缘计算服务器的缓存功能独立展示出来，但缓存功能依旧是边缘计算服务器本身就可以提供的，此处只是为了方便向读者展示而已。

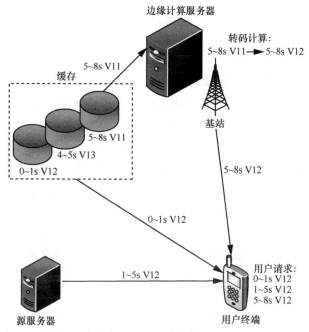

图 4-4　边缘计算移动网络下的动态自适应视频流传输示意

接下来描述整个视频请求和响应的过程：用户通过基站向边缘计算服务器发起 0~1s V12 的请求，服务器首先检查自己的缓存，发现缓存中刚好有对应的内容，即缓存命中，于是直接将对应内容传送给用户；然后用户发起 1~5s V12 的请求，通过检查，服务器发现自己的缓存中没有该视频第 1~5s 的片段，即缓存不命中，于是将用户的请求重定向到源服务器（假定源服务器可以满足所有视频请求），由源服务器对用户请求进行响应；最后，用户发起 5~8s V12 的视频请求，同样地，边缘计算服务器首先检查自己的缓存，然后惊喜地发现自己的缓存中虽然没有 5~8s V12 的片段，但是有 5~8s V11 的片段。本书中将这种情况称为转码命中。于是，边缘计算服务器调动自己的计算能力对这一高版本的视频片段 5~8s V11 进行转码，得到用户希望的 5~8s V12，再分发给用户。以上过程基本上描述了边缘计算移动网络背景下的动态自适应视频分发应用中，在用户请求和响应过程中所能出现的所有情况，显而易见，整个视频分发的过程在边缘计算服务器的协助下变得更加智能。

通过上述应用的案例发现，上文中对数据传输能耗、任务计算能耗和缓存能耗的分析和计算方式完全适用于图 4-4 的应用场景。由于在实际情况中，边缘计算服务器的缓存能力、计算能力都是受限的，因此能耗问题本质上是一个条件受限环境下的最优化问题，也可以说是一个背包问题，这类问题的求解有一套非常成熟的体系，如贪婪算法、退火算法、遗传算法、蚁群算法等都是非常常见的算法，具体的算法描述不是本书关注的重点，感兴趣的读者可以自行了解，本书不再详细叙述。

4.2.3 面向协作机制的资源管理

由于边缘计算面向的是局部网络，相对云计算而言，用户量和业务量通常不会很大，因此，为了避免资源的闲置和浪费，部署在边缘节点的计算、存储和网络资源相对有限。然而，由于网络的随机性和突发性，当本地的用户数量和业务量突然爆发性增大时，边缘计算中有限的计算、存储和网络资源可能无法满足用户和业务需求，从而造成时延增大、网络服务不稳定、用户体验质量差等问题。

边缘计算主要采用分布式的方式部署，而且每个 MEC 节点具有一定的计算、存储能力，为连接到该节点的终端提供相应服务。当某节点数据和计算量突然增大时，会出现节点超载等问题，或者流量、计算分布不均，某一节点有较大处理压力而相邻节点大量计算存储资源闲置的问题。这种情况下，单独增加某一节点的计算存储能力或临时配置新增服务器并不能完全解决问题，而对单一节点进行负载均衡的方案虽然可以保证单一节点不会超载，但是会对网络的性能产生影响，尤其在时延和计算性能方面。

因此，基于 MEC 分布式的部署方式，加强边缘计算节点之间的协作显得非常重要。相邻的 MEC 服务器之间可以协作进行缓存和计算，当本地 MEC 服务器没有相应缓存内容或计算资源紧张时，可以调用其他空闲 MEC 服务器，此类分布式协作的方式可以有效减少网络运营成本，提高网络性能。因此，不同 MEC 节点之间如何协作共享资源（主要包括计算和缓存资源）成为重要的研究问题。例如，当用户请求的目标视频内容在本地 MEC 服务器没有缓存时，如何在其他缓存有相应内容的 MEC 节点中选择最优的节点；当本地 MEC 服务器的计算负荷过载时，如何将本地的计算任务卸载至其他 MEC 节点，这都需要 MEC 节点之间的协作。因此，研究基于分布式的多 MEC 协作的资源共享机制，以提高资源的利用率和用户的体验也是进行资源联合优化的重要方向。相关学者也做了大量的研究，如业界提出了移动边缘资源感知的资源调度方法，该算法可以根据终端设备的位置状态和资源需求状态，在边缘计算环境中找到与之匹配的计算、存储和网络资源节点进行协同，完成对应流任务的处理。

再以 MEC 在计算卸载方面为例，将计算密集型任务卸载到单个 MEC 服务器的执行效率明显低于两个协作的 MEC 服务器的执行效率，并且在时延方面，MEC

服务器可以通过原始数据提取相应计算特性作为另一个 MEC 服务器计算资源的输入,通过这种方式来减少计算时间,降低时延。此外,在视频缓存方面,在相邻 MEC 服务器之间可以进行协同缓存及传输转码。在相邻 MEC 服务器上存储不同码率类型的相同视频文件,基于用户的网络状态、设备能力以及特定请求从不同 MEC 节点上获取视频,使用 MEC 服务器的计算能力解码传输,可以有效提高缓存命中率和实现网络中的负载均衡处理。缓存资源的协同还可以使用博弈论等多种方式,依照不同 MEC 服务器的容量、价格等多种因素进行资源分配,做到更优的资源利用。

现有的 MEC 节点协同方案更多是从云计算、雾计算或无线通信等的节点协作方案改进而来。例如,雾计算中可以通过 SDN 平面协调各个雾计算节点的计算与数据预处理能力,针对雾节点和云平台的运行成本,调整雾节点的计算量,平衡各个节点的计算;也有方法通过资源请求者的报价与节点提供资源所获取的回报进行比较,确定资源请求由哪个节点来满足;或者根据节点自身的资源大小分配计算任务,能者多劳,确保不会有节点承担过度的任务;无线通信中往往通过中继节点来缓解过重的任务量。然而,MEC 的节点资源协同应依据自己的特点有所改进,MEC 服务节点的资源主要以计算资源和存储资源为主,存储资源可以更多参考 ICN/NDN 等的缓存分配方案,如根据流行度预测等将相关缓存资源放置在使用率较高的终端附近的 MEC 服务器上,计算资源的协同需要对计算需求的分配有更多考虑。例如,是简单地将计算资源进行拆分还是采取分级处理,先进行预处理再由下一个节点进行计算,此外,节点之间的网络状态、网络带宽等有时也会成为影响计算资源协同的瓶颈,这些也需要考虑在内。

MEC 节点的协同不仅可以提升节点资源的利用率,还可以有效提升计算能力和存储性能等,ETSI 本身在提出 MEC 架构时有留出相应平台互联接口。然而,在协同协议的制定、互联性和安全等多个方面仍然存在不完善的地方,尤其是节点协作所带来的身份验证问题,如何确认节点身份并交换彼此信任信息,以及是否可以获取用户信息来提供定制服务,这都需要在今后的部署与实践过程中进一步完善。

节点间协同和资源共享的优势是显而易见的。网络提供商在提供 MEC 服务时往往出于竞争目的部署大量独立基础设施,然而这对起始投资要求过高,在有协同的情况下,MEC 服务器在减少部署数量和降低单个服务器性能要求时,也能达到网络所需性能要求。此外,节点间的相互协同可以进一步拓展到不同供应商设备间的互通,在拥有必要协作协议的情况下,忽略节点设备的设备商和部署位置等信息,允许相邻节点提取必要信息。更重要的是,节点协作可以有效避免某一节点承担大量任务而部分节点过度闲置的问题,降低节点的过度损耗。

加强边缘计算节点之间的资源协作需要实现如下几个目标。（1）高效自动化，即整个系统在尽量少甚至完全不需要人工干预的情况下，自动完成各项服务功能，以及资源调度、故障检测与处理等功能。边缘计算资源协作通常可以提升网络的自动化水平。（2）分布式资源优化，通过多种资源调度策略对系统资源进行统筹安排。（3）简洁高效管理，由于边缘计算需要维护的集群设备很多，各种虚拟资源更是数不胜数，为了提高运维效率，降低人力劳动强度，需要以一种简洁的方式对所有系统资源进行管理。（4）虚拟资源与物理资源的整合，虚拟资源是在物理资源上实施虚拟化技术后产生的。虚拟化技术能够令一台服务器主机同时运行若干操作系统而其承载的应用不互相干扰。因此，动态地对虚拟资源进行管理尤为重要。

此外，边缘计算和云计算之间的协作也是今后发展的重点。云计算适用于非实时、长周期数据、业务决策场景，而边缘计算在实时性、短周期数据、本地决策等场景方面有不可替代的作用。边缘计算与云计算是行业数字化转型的两大重要支撑，两者在网络、业务、应用、智能等方面的协同有助于支撑行业数字化转型更广泛的场景与更大的价值创造。此外，边缘计算在网络数据聚合方面具有天然优势，而云计算在数据分析方面优势明显；边缘计算更加适合微服务或微应用，而云计算可以应对大连接、高并发、重量级的服务和应用。

🔍 4.3　主要挑战

在网络边缘部署 MEC，可以有效降低传输时延并节省网络资源。如何综合考虑网络各方面因素，均衡各项资源，从而使系统整体性能最优，有多方面的挑战和研究难点，主要包括以下几个方面。

（1）缓存转码带宽资源优化与 QoE 优化的均衡问题

QoE 是一种以用户认可程度为标准的服务评价方法，直接反映了用户在一定客观环境中对适用的服务或业务的整体认可程度。自适应流媒体的发展是探索增强 QoE 有效方法的关键驱动力，从而通过对用户提供差异化服务来保障用户体验。MEC 中缓存转码带宽资源的优化与 QoE 优化的均衡问题是非常有意义的研究方向，从视频内容提供商的角度出发，对系统的优化一般要考虑两个维度：一方面要降低缓存、计算和网络的运营成本，另一方面要保证终端用户的 QoE。因此，如何权衡 MEC 缓存转码带宽资源的租赁成本与终端用户的 QoE 保证，是今后研究的一个重要方向。

（2）缓存转码带宽资源的能量效率优化问题

MEC 的部署将原本位于云端的存储和计算资源下沉到网络边缘，一方面使网络边缘可以对用户请求进行响应，一方面可以减少回传资源的浪费。在 MEC 的网络优化方面，能量效率问题是关注的重点问题之一。在 MEC 的部署场景中，内容的缓存，MEC 的计算以及 MEC 之间、MEC 与用户之间的通信都会产生大量能耗，从而带来极大的能耗成本。因此，建立能量高效的资源优化机制，对缓存、计算和通信资源进行有效调度，对于减少系统能耗、提高系统性能有重要意义。在面向视频流的 MEC 缓存转码带宽资源的联合优化中，目前主要关注缓存能耗、转码能耗和传输能耗，如何联合考虑 MEC 的计算、转码和传输，优化提供视频流业务的能量效率是今后研究的一个重点。

（3）MEC 中基于深度增强学习的缓存和转码

深度增强学习是将深度学习和增强学习结合起来从而实现端到端学习的一种全新的算法，是通用的人工智能框架，目前已经成为网络优化的重要方法和工具。结合深度增强学习的方法，对自适应视频流内容进行缓存是一个重要研究方向。在基于 ABR 视频流缓存系统中，每个视频块都有多个比特率版本，考虑到边缘网络缓存系统的容量限制，缓存所有比特率的视频块会造成缓存资源利用率降低和网络成本增加。通过部署在网络无线接入侧的 MEC，可以实时对网络信息进行感知，包括网络链路状况和用户行为等数据，利用深度增强学习的方法对这些信息进行分析和学习，可以预测视频内容的流行度，以及用户对响应视频块比特率版本的请求状况，提前进行资源分配和调度，对相应视频内容和比特率版本进行缓存，从而提高缓存命中率和缓存资源的利用率。

（4）基于 NFV、SDN 和网络切片等新型技术的资源分配问题

在自适应视频流场景中，不同的网络环境和用户能力可以动态适配视频流的比特率版本，而不同类型的视频业务和不同等级的用户对 QoE 保障有着差异化的需求；另外，由于单 MEC 服务器的计算和存储资源有限，分布式多 MEC 场景下的资源协同也面临很大的需求和挑战。如何针对不同业务场景，利用新型网络技术实现资源的高效管理和分配是 MEC 面向视频流业务的重要研究课题。网络切片技术可以针对不同应用场景，将物理网络切割成多个虚拟网络，从而应对不同场景中传输时延、移动性、可靠性、安全性以及计费方式的差异性，利用边缘计算的计算、存储和通信能力，构建业务所在无线接入网络内的接入网切片，可以实现业务的本地处理，缓解核心网压力，减少传输时延，改善业务性能。除此之外，未来的 5G 网络还提出了如下演进目标：基于 SDN/NFV 进行虚拟化，进行扁平化扩展与增强，其中，NFV 和 SDN 是实现网络切片的基础，NFV 提供了按需分配的可配置资源共享池，可以极大地方便资源的统一管理，同时 SDN 实现了集中式的控制平面，并通过为用户提供的编程接口，使用户可以根据上层业务和应用个性化地定制网络资源来满足其特有的需求。针对不同的业务场景，进行有效的网络业务切片和划分，并通过 SDN 全局管

控和对 NFV 虚拟资源合理调配，对优化整体资源效率和网络性能具有重要研究意义。

4.4 本章小结

　　资源管理是边缘计算的关键技术之一，边缘计算的资源管理与传统云计算的资源管理有一定的相似性，然而，由于应用场景的变化，边缘计算在资源管理方面存在一些独特的地方。本章主要从 QoE 优化、能效优化和协作机制这 3 个角度介绍边缘计算的资源管理和优化技术。首先，在网络边缘部署边缘计算，很重要的一点就是降低时延，改善用户的 QoE，因此，从 QoE 的角度，我们介绍了计算和缓存的资源管理优化。然后，由于大量部署边缘计算节点，将带来极大的能量消耗成本，从能效的角度管理和优化边缘计算的资源也是我们关注的重点。此外，考虑到边缘计算的分布式特性和资源有限性，边缘计算的协作机制也是优化资源管理的重要方面。

参 考 文 献

[1]　HACHEM J, KARAMCHANDANI N, DIGGAVI S. Content caching and delivery over heterogeneous wireless networks[C]//IEEE Computer Communications. 2014:756-764.

[2]　XIE R, LI Z, HUANG T, et al. Energy-efficient joint content caching and small base station activation mechanism design in heterogeneous cellular networks[J]. China Communications, 2017, 14(10):70-83.

[3]　ZHAO P, TIAN H, QIN C, et al. Energy-saving offloading by jointly allocating radio and computational resources for mobile edge computing[J]. IEEE Access, 2017,(5): 11255-11268.

[4]　ZHANG K, MAO Y, LENG S, et al. Energy-efficient offloading for mobile edge computing in 5G heterogeneous networks[J]. IEEE Access, 2017, 4(99): 5896-5907.

[5]　MAO Y, ZHANG J, LETAIEF K B. Dynamic computation offloading for mobile-edge computing with energy harvesting devices[J]. IEEE Journal on Selected Areas in Communications, 2016, 34(12): 3590-3605.

[6]　邓晓衡, 关培源, 万志文, 等. 基于综合信任的边缘计算资源协同研究[J]. 计算机研究与发展, 55(3): 449-477.

[7]　Cisco Mobile VNI. Cisco visual networking index: global mobile data traffic forecast update, 2016–2021 White Paper[J]. White Paper. 2017.

[8]　STOCKHAMMER T. Dynamic adaptive streaming over HTTP: standards and design principles[C]//ACM Conference on Multimedia Systems. 2011:133-144.

[9]　YIN X, JINDAL A, SEKAR V, et al. A control-theoretic approach for dynamic adaptive video

streaming over HTTP[C]//ACM Conference on Special Interest Group on Data Communication. 2015: 325-338.

[10] LI Y, FRANGOUDIS P A, HADJADJ-AOUL Y, et al. A mobile edge computing-based architecture for improved adaptive HTTP video delivery[C]//IEEE Standards for Communications and Networking. 2016:1-6.

[11] WANG C C, LIN Z N, YANG S R, et al. Mobile edge computing-enabled channel-aware video streaming for 4G LTE[C]//IEEE Wireless Communications and Mobile Computing Conference. 2017:564-569.

[12] TIMMERER C, GRIWODZ C. Dynamic adaptive streaming over HTTP: from content creation to consumption[C]//ACM International Conference on Multimedia. 2012:1533-1534.

[13] AHLEHAGH H, DEY S. Adaptive bit rate capable video caching and scheduling[C]//IEEE Wireless Communications and Networking Conference. 2013:1357-1362.

[14] PEDERSEN H A, DEY S. Enhancing mobile video capacity and quality using rate adaptation, ran caching and processing[M]. IEEE Press, 2016.

[15] WANG Z, SUN L, WU C, et al. Joint online transcoding and geo-distributed delivery for dynamic adaptive streaming[C]//IEEE Infocom.

[16] WANG Z, SUN L, WU C, et al. A joint online transcoding and delivery approach for dynamic adaptive streaming[J]. IEEE Transactions on Multimedia, 2015, 17(6):867-879.

[17] ZHENG Y, WU D, KE Y, et al. Online cloud transcoding and distribution for crowdsourced live game video streaming[J]. IEEE Transactions on Circuits & Systems for Video Technology, 2016, (99):1.

[18] TRAN T X, HAJISAMI A, PANDEY P, et al. Collaborative mobile edge computing in 5G networks: new paradigms, scenarios, and challenges[J]. IEEE Communications Magazine, 2017, 55(4):54-61.

[19] TRAN T X, PANDEY P, HAJISAMI A, et al. Collaborative multi-bitrate video caching and processing in mobile-edge computing networks[C]//IEEE Wireless on Demand Network Systems and Services. 2017:165-172.

[20] XU X, LIU J, TAO X. Mobile edge computing enhanced adaptive bitrate video delivery with joint cache and radio resource allocation[J]. IEEE Access, 2017, 5(99):16406-16415.

[21] LIANG C, HU S. Dynamic video streaming in caching-enabled wireless mobile networks[J]. arXiv:1706.09536, 2017.

[22] ZHAO X P, ZHANG X, YANG D C, et al. Research on optimization of wireless network resource scheduling base on QoE[J]. Mobile Communications, 2014(22):8-13.

[23] LI C, TONI L, ZOU J, et al. QoE-driven mobile edge caching placement for adaptive video streaming[J]. IEEE Transactions on Multimedia, 2017, (99):1-1.

[24] XIANG H Y, XIAO Y W, ZHANG X, et al. Edge computing and network slicing technology in 5G[J]. Telecommunications Science, 2017, 33(6):54-63.

[25] GPPP E B. QoE-oriented mobile edge service management leveraging SDN and NFV[J]. Mobile Information Systems, 2017.

第5章
边缘计算移动性管理

🔍 5.1 概述

移动性管理指的是移动系统跟踪用户设备（User Equipment，UE）并将其与适当的基站（Base Station，BS）关联通信，使移动系统能够交付服务的能力。移动性管理在传统的异构蜂窝网络中受到了广泛的研究。传统蜂窝网络已经能够实现动态移动性管理并保证高数据速率和低误码率。然而，这些研究不能直接应用于边缘计算，因为它们忽略了边缘服务器上计算资源对切换策略的影响。例如，在车联网中，车辆需要实时地上传位置、车速和方向等信息，边缘计算服务器需要对区域内车辆信息进行汇总计算并给出指导或警告。如果车辆从原边缘计算区域移动到新的区域，相关的服务程序及数据也应该迁入新的边缘计算服务器。因此，边缘计算中的移动性管理不同于传统移动通信，需要重新设计。

边缘计算移动性管理是指随着 UE 在移动边缘主机（Mobile Edge Host，MEH）的范围内移动或是在不同的 MEH 之间移动时，MEH 均能和 UE 通信，并能够为其提供连续而又高质量的移动边缘服务能力。

在无线环境中，移动性是移动边缘计算的一个重要特征，这是因为底层网络中的 UE 不断移动，会导致 UE 进入与当前提供服务的 MEH 不同的主机范围，从而需要移动边缘系统做出相应的服务调整。宏观来说，边缘计算移动性管理需要支持以下几点。

（1）服务的连续性。

（2）应用程序的移动性，即支持应用程序的迁移。

（3）应用程序中与 UE 相关的信息的移动性，即支持 UE 状态信息的迁移。

为 UE 提供移动边缘服务的是运行在 MEH 的虚拟机中的应用程序，每个虚拟机是为特定的应用程序搭建的。因此，每当 UE 进入一个新的 MEH 区域，MEH 若要为 UE 提供移动边缘服务，就需要新建虚拟机并安装当前服务对应的特定应用程序，然后获得 UE 运行在原 MEH 上应用程序的状态信息以便继续为 UE 提供服务。因此，一个新的 MEH 要想为 UE 提供服务，既需要安装应用程序，又需要获取与 UE 相关的状态信息。在这个过程中，应用程序的移动性体现为原 MEH 将应用程序信息发送给 UE 所在区域的 MEH，以便其重建此应用程序。由于应用程序是运行在虚拟机上的，因此应用程序的迁移主要是进行虚拟机的封装、传输和重建。UE 状态信息的移动性体现为原 MEH 将 UE 的相关信息发送给新 MEH。服务连续性需要应用程序移动性和 UE 状态信息移动性的共同支持。

在移动性管理的过程中有很多步骤，其中，服务迁移是最为关键的步骤流程之一。其他很多步骤都是为了服务迁移做铺垫，也可以说，整个移动性管理都是围绕着服务迁移展开的。为了便于理解服务迁移的过程，下面对描述服务迁移流程的术语做基本介绍。

（1）迁移决策：根据 UE 的需求和移动边缘系统的整体状况，判断是否需要进行服务迁移。具体的标准需要由移动边缘编排器（Mobile Edge Orchestrator，MEO）、应用提供商、服务使用者和其他因素共同决定。

（2）迁移指标：衡量迁移过程的标准。主要的衡量要素有迁移时间、迁移中传输数据大小、服务连续性、服务中断时间长短、是否支持应用程序 IP 地址更改等。

（3）迁移触发：启动迁移过程的事件。它包括负载平衡、性能优化、策略一致性和按需迁移请求。

（4）迁移阶段：逻辑上，服务迁移过程分为以下几个阶段，即迁移起始阶段、迁移决定阶段、迁移准备阶段、迁移执行阶段和迁移完成阶段。通常，这些迁移阶段应该按顺序执行。当然，在一些特殊情况下，其中一部分阶段可以跳过或并行执行。

一般来说，在移动性管理中，有 3 个角色是必不可少的，移动性管理也主要是围绕这 3 个角色展开的，这 3 个角色就是分别运行在 3 个平台上的应用程序，如图 5-1 所示。应用程序 A 是运行在用户设备上的客户端应用程序。在 UE 的移动过程中，应用程序 A 首先和 B 通信，在服务迁移完成后与 C 通信。边缘计算应用程序 B 运行在 S-MEH（源移动边缘主机，即迁移前的主机），为 UE 提供移动边缘服务，服务迁移时向其他主机发送应用程序信息和 UE 状态信息。边缘计算应用程序 C 运行在 T-MEH（目标移动边缘主机，即迁移后的主机），为 UE 提供移动边缘服务，服务迁移时接收应用程序信息和 UE 状态信息。

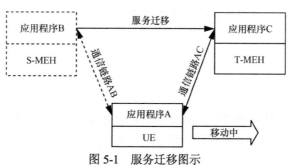

图 5-1　服务迁移图示

为了进一步地说明上述应用程序在移动性管理过程中的任务分配和参与情况，给出如图 5-2 所示的迁移流程。

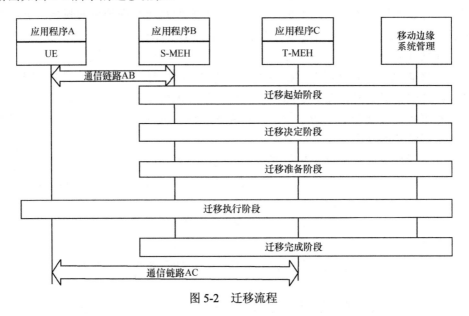

图 5-2　迁移流程

（1）迁移起始阶段：在这个阶段，管理平台应该注意到所有可能导致迁移过程的迁移触发情况。如果有触发事件发生，则进入迁移决定阶段。

（2）迁移决定阶段：边缘计算主机根据自身资源情况、网络状况和用户需求等因素决定是否迁移。系统管理会根据迁移要求（如所需资源）和迁移策略收集所有的迁移指标并加以判断。如果条件均满足，那么系统管理将做出最终迁移决定。

（3）迁移准备阶段：同步应用程序 B 主机与应用程序 C 主机之间的应用程序相关环境。

（4）迁移执行阶段：根据最终迁移决定指示的迁移流程，执行迁移过程。具体流程之后会详细探讨。

（5）迁移完成阶段：视情况关闭应用程序 B 并释放相应资源。同时更改路由及流量规则，将通信链路 AB 改为通信链路 AC。

🔍 5.2　关键技术

移动边缘系统移动性管理的整个流程涉及很多部分，包括底层网络中的基站等无线接入点、边缘移动平台的功能组件和移动边缘程序及其提供的服务。由此看出整个移动性管理的过程十分复杂。实际上，移动性管理的每个阶段都有详细的通信流程。为了完整地展示移动性管理的具体流程和各个功能模块的参与情况，本节给出了如图 5-3 所示的详细流程，呈现了将一个移动边缘主机中的应用程序及其提供的服务迁移到另一个移动边缘系统主机中从始至终的完整过程。图中涉及的功能模块在之前的章节做过介绍。

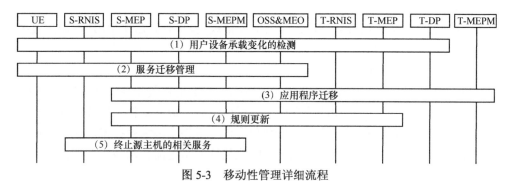

图 5-3　移动性管理详细流程

（1）用户设备承载变化的检测

一个用户设备在底层网络中移动会导致其承载路径改变，存在如下两种情况导致承载路径的改变。

• 用户设备仍位于为其提供服务的移动边缘主机区域中，只是由于 UE 从一个基站移动到另一个基站时引起了承载路径变化。但由于这两个基站与同一个 MEH 连接，因此用户设备可以继续使用服务。

• 用户设备离开了为其提供服务的主机区域到了另一个主机的范围内。

检测用户设备承载路径的改变有以下方式。

• 检测用户设备的 IP 地址是否发生了改变。

• 如果 MEH 与底层网络的 S1 接口有通信，那么承载路径变化会被 RNIS 检测到。

• 如果数据平面模块使用了流量过滤或监测功能，则可以判断 UE 发来的数据包的目的 IP 地址是否属于其他移动边缘主机，从而得知该 UE 是否从其他主机范围刚进入本主机范围，进而判断承载路径是否变化。

（2）服务迁移管理

在此步骤中，用户设备承载路径变化将会触发以下过程。

• 如果 S-DP 或 S-RNIS 检测到用户设备承载路径改变，它们会通知 S-MEP。S-MEP 判断后如果确定需要服务迁移，则会与 MEO 沟通。

• MEO 进行应用程序迁移的管理和安排。

• 如果 T-MEH 的数据平面通过检测数据包的目的地址判断出这是送往其他移动边缘主机的数据包，那么 T-MEH 可以与其他主机进行通信以获得用户设备的状态信息。如果需要，T-MEH 可以与 MEO 沟通，以进行与用户设备相关的服务迁移。

（3）应用程序迁移

在此步骤中，如果有必要，将会把应用程序从 S-MEH 迁移到目标主机。同时也会根据应用程序的类型决定是否迁移用户状态信息。这部分会在下文详细讨论。

（4）规则更新

这一步骤包括更新针对此用户设备的流量规则，并且开启 T-MEH 对用户设备的新服务。

（5）终止源主机的相关服务

S-MEH 根据应用程序的类型和使用情况，决定是否关闭并清除此应用程序。

在对移动性管理的总体流程进行了宏观介绍后，接下来将介绍移动性管理中的迁移决策、迁移执行、更新流量规则和终止应用程序等关键技术。这些关键技术在移动性管理总体方案中不可或缺，因此从技术实施流程和技术关键点等方面做具体介绍。

5.2.1 迁移决策

上文提到过，移动边缘服务迁移可能是由用户设备在底层网络中的传递路径变化触发的，或者移动边缘系统为了降低提供给用户设备的服务时延而进行的系统优化。之后需要进行是否迁移的决策。迁移决策与以下几个因素有关。

• 底层网络的拓扑结构。
• 服务于 UE 的应用程序的类型。
• 应用程序是否有状态。

底层网络的拓扑结构主要指的是基站类的无线接入点和 MEH 的连接情况。如果一个用户设备在底层网络中移动，途中经过了很多个基站，但它仍然位于为其提供服务的移动边缘主机的覆盖范围内。在这种情况下，移动边缘系统不需要进行服务迁移。但是，如果一个用户设备从一个移动边缘主机的覆盖区域移动到另一个移动边缘主机的覆盖区域，那么可能会出现服务中断。为了保证提供用户设备的服务连续性，移动边缘系统需要进行服务迁移。

进行移动边缘服务迁移决策时也需要进一步考虑应用程序的类型。应用程序按照服务对象可以分为专用应用程序和共享应用程序。专用应用程序指的是为特定的用户设备提供服务的移动边缘应用程序。当用户设备移动到与当前主机不同的主机范围时，需要把为用户设备提供移动边缘服务的应用程序从当前主机转移到新的主机，以便用户在新的移动边缘主机区域内能继续接受移动边缘服务。并且，当应用程序的迁移结束后，如果 S-MEH 的移动边缘应用程序没有为其他用户设备提供服务，那么会经过判断决定是否将此应用程序关闭并删除。

共享应用程序提供的服务并不仅仅针对特定的用户设备，相反，它可能服务于多个用户设备或者此移动边缘主机范围内的所有程序（如广播服务）。在这种情况下，当用户设备移动到一个新的移动边缘主机的范围时，并不需要进行应用程序的迁移，因为此应用程序已经运行在目标主机上了。需要注意的是，此时仍然需要进行 UE 状态信息的转移，即把 UE 正在源主机的应用程序上处理的数据传送到目标主机的应用程序中。例如，在广播服务场景中，正在使用移动边缘主机提供的广播服务的用户设备移动到一个新的移动边缘主机区域，那么与用户相关的广播服务数据会从正在提供服务的源主机传送到新的主机中，这样，该用户设备就能够在新的移动边缘主机区域内继续接受广播服务。值得注意的是，由于 S-MEH 的应用程序仍然需要服务其他用户设备，所以在用户数据的传送结束后，S-MEH 的应用程序并没有被关闭或删除。

此外，移动边缘系统的移动性管理还需要考虑应用程序是否有状态。无状态应用程序不需要记住服务状态，也不需要记录用户设备的数据以便在下一个服务会话中使用；有状态应用程序可以在不同会话期间记录有关服务状态的信息。状态信息可以存储在移动边缘主机的应用程序中或者存储在用户设备的应用中，这些状态信息可以用于在会话转换期间保证服务的连续性。对于无状态的应用程序，移动性管理不需要将用户状态信息传输到新主机的应用程序；而对于有状态的应用程序，则需要传输用户设备的状态信息以支持服务连续性。

表 5-1 总结了对于不同 UE 移动区域、不同应用程序类型和不同应用程序状态下的应用程序迁移决策。这 3 个因素是迁移决策要考虑的基本问题。但进一步考虑，迁移问题还会对系统耗能、用户体验、主机的资源利用率等指标造成影响，因此，这些指标也应该纳入迁移决策的考虑范围。实际上，迁移决策是一个复杂的问题，具体的标准也应该根据实际所需来决定。

表 5-1　对于不同类型的应用程序的迁移决策

UE 移动区域	类型	状态	应用程序迁移
相同主机范围	任何	任何	无
不同主机范围	专用应用程序	无状态	应用程序迁移
		有状态	UE 状态信息传输 应用程序迁移
	共享应用程序	无状态	应用程序迁移
		有状态	UE 状态信息传输 应用程序迁移

5.2.2　迁移执行

当迁移决策完成后，需要解决的另一关键技术问题是移动边缘系统如何执行迁移过程。关于具体的执行方式，有两种思路：第一种思路是常规思路，信息的迁移主要依靠 S-MEH 和 T-MEH 通信；第二种思路是利用用户设备进行信息迁移。两种方式各有优劣，下面具体介绍并阐述。

（1）MEH 主导迁移

本方案主要利用用户设备上可用的位置信息，但关于这些信息如何被用户设备知晓并使用以及这些信息的格式类型等属于通信网络的底层问题，本书不做具体介绍。MEP 需要利用 UE 的上一次服务位置来得到源移动边缘主机的 IP 地址和身份。这一方案的前提是 S-MEH 和 T-MEH 能够通过网络连接，并且 T-MEP 能够根据用户设备提供的位置信息获取 S-MEH 的地址。假设 UE 能够知晓自己的位置并可以以通用格式将位置信息发送。此方案的具体过程如下。

① S-MEP 观察到服务中断，请求 S-MEPM 冻结应用程序，即冻结应用程序所在的虚拟机，并存储虚拟机状态。

② UE 通过 T-AP 建立了网络连接，向 T-MEH 请求服务。在请求中，UE 提供其最后一次使用服务时的位置信息。利用这个信息，T-MEP 定位到 S-MEP 并建立连接。紧接着，T-MEP 向 S-MEP 发送服务迁移请求。

③ S-MEP 在接收到服务迁移请求后，将保存的虚拟机状态和提供服务所需的 UE 标识符一起发送给 T-MEP。

④ T-MEP 从 S-MEP 接收虚拟机状态，发送资源分配请求到 T-MEPM。在接收到确认后，T-MEP 要么启动应用程序并提供请求的服务，要么拒绝请求的服务，这取决于 T-MEPM 是否已经确认资源分配。

⑤ S-MEP 收到 T-MEP 的服务开始确认后，删除存储的虚拟机状态和 UE 相关的信息。

本方案的优点是不需要 RNIS，也不需要知道网络状况。缺点是 MEH 需要从用户设备提供的位置信息中解析前一个 MEH 的地址，这实际上需要向上一级查询才能得到，并且根据用户的地理位置确定所在区域的 MEH 也缺乏准确性。

（2）UE 辅助迁移

本方案的创新之处是利用 UE 的存储能力传送服务迁移所需信息。当 UE 离开 MEH 的范围时，MEH 会将应用程序信息和 UE 状态信息打包发送到 UE 的应用程序上并由其存储。当 UE 进入新的移动边缘区域并向新的 MEH 请求服务时，它会把存储的内容发给 MEH，再由 MEH 接收并重建，然后向 UE 提供服务。具体过程如下。

① 移动边缘应用程序从 S-RNIS 接收关于 UE 移动事件通知，表明 UE 即将离开 S-MEH 的服务区域。

② 移动边缘应用程序在服务中断前的最后一个包中把包含应用程序状态的信息封包，并将其发送到用户设备的客户端应用程序。

③ 当用户设备在新的移动边缘区域请求服务时，用户设备的客户端应用程序将向网络转发请求信息。根据 T-MEH 的流规则设置，T-MEH 可以检测发来的信

息，这些信息引发 T-MEH 的后续行动。

- 如果 T-MEH 正在运行此应用程序，则 T-MEH 转发该信息给此应用程序。

- 如果 T-MEH 没有此应用程序，T-MEH 会通知 T-MEPM 进行资源分配。经 T-MEPM 确认后，T-MEP 启动应用程序。如果 T-MEPM 没有确认资源分配，T-MEP 拒绝被请求的服务。

④ T-MEH 应用程序检查由用户设备的客户端应用程序发出的第一个数据包，以获得应用程序信息，从而为用户设备提供服务。

这一方案的优点是 T-MEH 重建应用程序的速度比较快，只需要从 UE 得到相应的状态信息就能够开始为用户设备提供服务。缺点也很明显，需要将信息存到 UE 的客户端程序，这一过程会消耗较大的带宽资源，也会占用客户端应用程序的内存资源。

5.2.3　更新流量规则

当移动边缘主机可能连接多个无线访问节点；当用户设备从一个无线访问节点移动到另一个，或在用户设备状态改变之后，移动边缘主机应该能够通过正确的无线访问节点和正确的通道将流量路由到用户设备。将流量导向错误的无线访问节点会对 UE 的服务体验造成严重影响，为此，及时更新流规则是必要且有效的。

图 5-4 介绍了迁移完成后更新流规则的流程，其中涉及的功能模块前面章节中已简单介绍。为了加深理解，这里再特别介绍这些模块在移动性管理中的作用。源无线网络信息服务（S-RNIS）是提供源移动边缘主机区域内无线节点的信息服务，而目标无线网络信息服务（T-RNIS）是提供目标移动边缘区域无线节点的信息服务。数据平面支持 IP 流量的封装，将其传递到网络中，然后从网络接收封装的 IP 流量并路由到授权的移动边缘主机。MEP 负责控制规则。S-RNIS、T-RNIS 和 MEP 位于源和目标无线节点相对应的移动边缘主机上。整个流程如下。

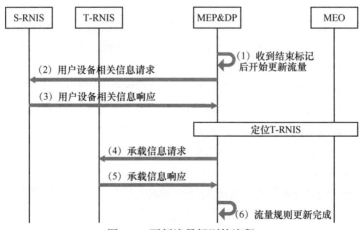

图 5-4　更新流量规则的流程

（1）MEP 在接收到结束标记时开始更新流量规则。在数据流中插入的结束标记表示应用程序切换已经结束，准备开始流量规则更新。此时边缘计算平台可以提取承载信息，包括源基站的端口、TEID 和 IP，SGW IP 和端口。

（2）MEP 向 S-RNIS 发送一个用户设备相关状态请求消息。S-RNIS 能够提供源无线节点的信息。TEID 可以用来确认 S-RNIS 的用户状态信息，包括 UE ID 和 UE 承载 ID。

（3）基于在用户设备状态信息请求中接收到的 TEID，S-RNIS 找到相应的用户设备 ID、相关的承载 ID 和目标无线节点 ID，并将它们返回到请求该消息的 MEP 中。然后，MEP 向 MEO 查询 T-RNIS。MEO 找到 T-RNIS 并将信息返回给 MEP。

（4）MEP 向 T-RNIS 发送承载信息请求，其中包含 UE 的 ID 和承载 ID。用户设备 ID 和承载 ID 能够帮助 T-RNIS 找到具体的承载，并获得相应的新承载信息，包括目标基站的端口、TEID 和 IP，SGW IP 和端口。

（5）T-RNIS 在对 MEP 的响应中返回新的承载信息。

（6）MEP 更新流量规则，并且把承载信息保存下来。

5.2.4　终止应用程序

终止应用程序主要指的是在服务迁移结束后，把 S-MEH 上运行移动边缘应用程序的虚拟机关闭并删除，同时把平台中与 UE 相关的数据进行清理。这一过程因应用程序的类型不同而有所不同，下面分两类做具体介绍。

（1）终止专用应用程序的服务

有一些应用程序会向特定的用户设备提供专用服务。在这种情况下，当服务被迁移到新的移动边缘主机并在那里服务用户时，源主机中的服务应该被终止，相关的资源也应该被释放。图 5-5 显示了终止提供专用服务的应用程序并释放其相关资源的流程。

① S-MEPM 接收一个终止应用程序请求。终止应用程序请求可以来自 MEO，也可以来自 T-MEP。当服务于用户设备的应用程序被迁移到 T-MEH 后，T-MEP 会向 S-MEPM 发出终止应用的消息。

② S-MEPM 转发终止应用程序请求到 S-MEP，以启动终止应用程序的过程。MEO 可以查询应用程序信息，它能够从 MEPM 中获取应用程序的 ID。

③ S-MEP 发送终止请求到 S-app（S-MEH 应用程序）以终止应用程序。

④ S-app 发送注销请求到 S-RNIS。

⑤ S-RNIS 告知 S-app 注销请求被同意。

⑥ S-app 向 S-MEP 发送一条流量规则请求关闭与应用程序相关联的流量服务。

⑦ 当 S-MEP 成功地取消了应用程序的交通规则，会向 S-app 发送响应。

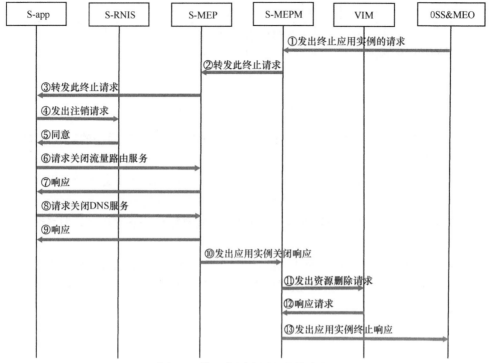

图 5-5　终止专用应用程序的流程

⑧ S-app 向 S-MEP 发送一个 DNS 规则请求关闭与应用程序相关联的 DNS 服务。

⑨ 当 S-MEP 成功地取消了应用程序的 DNS 服务，会向 S-app 发送一个响应。

⑩ 一旦计时器终止，S-MEP 向 S-MEPM 发送一个终止应用程序响应，触发释放应用程序关联资源的过程。

⑪ S-MEPM 向 VIM 发送一个资源删除请求，以删除应用程序的资源。

⑫ VIM 成功地释放资源，并向 S-MEPM 发送资源删除响应。

⑬ S-MEPM 向终止应用程序的发起者发送终止应用程序响应。

（2）终止共享应用程序的服务

共享应用程序提供的服务可以由多个服务使用者共享。在这种情况下，当应用程序已经被迁移到新的主机上运行时，移动边缘系统需要决定是否终止源主机上的应用程序并释放相关资源，当然这主要取决于该应用程序此时是否仍在服务其他用户设备。

图 5-6 显示了由 T-MEP 发起的用以终止源主机上共享应用程序的流程。假设一个用户设备移动到 T-MEH 的覆盖区域并请求移动边缘程序的服务，进而触发应用程序迁移到 T-MEH。下一步 T-MEP 可以向 S-MEP 发送终止应用程序请求。

图 5-6　终止共享应用的流程

① S-MEP 接收到来自 T-MEP 的终止在 S-MEH 运行应用程序的请求。S-MEP 检查应用程序是否由多个服务使用者共享。

② 如果有多个服务使用者订阅此应用程序，则 S-MEP 不会终止应用程序。如果没有，它向 S-app 发送一个清理用户设备状态信息的消息，用于删除应用程序中与用户设备相关的内容。如果 S-MEP 没有找到任何服务使用者，则终结此应用程序。

③ S-app 清理用户设备的状态信息之后，S-MEP 会继续在 MEP 中清理用户设备的相关信息，并向 T-MEP 发送一个终止应用程序的响应，表明用户设备的相关信息已被清理。

5.3　主要挑战

随着研究人员的不断努力，移动性管理的方案流程逐渐清晰，相关的关键技术也逐渐明确。但是在移动性管理从理论到实践的道路上，还有很多挑战。本节主要介绍移动性管理方面的关键问题和研究进展，包括基于能量高效和用户体验的迁移决策以及针对延迟敏感应用的预迁移和迁移组方案。

5.3.1　迁移决定策略

在移动性管理中，需要考虑的关键问题之一是如何保证用户在移动过程中获得服务的连续性。如前所述，当 UE 正在使用 MEH 虚拟机的边缘移动应用程序服务时，如果 UE 的地理位置从 S-MEH 区域移动到 T-MEH 区域，为了保证服务的可持续性，有两种选择：第 1 种是 S-MEH 通过回程链路与 UE 进行通信，这适用于用户和 S-MEC 距离不太远的情况，以免用户获得服务的延迟过高；第 2 种是进行服务迁移。S-MEC 将用户正在使用的应用程序信息发送到 T-MEC，并关闭虚拟机，T-MEC 开启虚拟机接收数据并重建应用程序，继续向用户提供计算服务。相比第 1 种选择，第 2 种选择传输虚拟机数据的成本较高，但却降低了用户获得服务的延迟。为了从系统成本和用户服务延迟中取得较好的平衡，需要制定科学合理的迁移决定策略。

Taleb 等将蜂窝网络中的用户移动描述为马尔可夫链模型，分析了各状态之间的转化关系，并在此基础上计算了虚拟机迁移到最佳 MEH 之后，用户和最佳 MEH 的平均距离、用户获得服务的平均时延、进行虚拟机迁移的平均成本和虚拟机迁移的平均时延等数据。仿真结果表明，与应用程序 50%和 10%的部分迁移相比，全体迁移成本最高，但用户服务延迟最低。

Ksentini 等将蜂窝网络简化为一维移动模型，进一步将迁移策略制定为连续时间马尔可夫决策过程（Continuous-time Markov Decision Processes，CTMDP），并尝试在启动服务迁移时找到最佳阈值策略。该策略允许在用户体验质量和服务迁移产生的成本之间取得良好平衡。仿真结果表明，与其他两个基本策略相比，所提出的服务迁移决策机制总是达到最大的期望收益。

Wang 等通过研究 UE 移动性的模式来解决辅助移动性的机会计算卸载问题。首先利用定义为接触时间和接触率的移动性统计特性制定最优的机会卸载模型，然后利用凸优化的方法确定要卸载到其他设备的计算量。此方案的效率在各种设置下比基准情况下能获得更高的计算成功率。

Nadembega 等通过预测用户的移动进一步优化服务迁移策略，提出了基于移动性的服务迁移预测方案，在成本和服务质量之间采取了折中。该方案有 3 部分：（1）提前估计用户在整个网络漫游时可以从各个 MEH 接收到的吞吐量；（2）估计用户执行切换时的时间窗；（3）根据吞吐量选择最优的 MEC 服务器。该方案相对 Ksentini 等提出的方案能够将延迟降低 35%，但迁移成本更高并且需要采集信息预估吞吐量。

5.3.2　预迁移

由于移动边缘系统中的用户移动是不可避免的，因此向用户提供移动边缘服务的主机必然会切换，应用程序或者用户数据的迁移也肯定会发生。如果能够提前对用户将要进入的移动边缘主机区域进行预测，就能避免在用户设备进入新的移动边缘主机区域后才开始进行服务迁移。这将会大大减少用户设备的服务等待时间，提高服务迁移时的用户体验。在这一过程中，降低失败率是提高体验质量的关键。迁移失败有 3 种情况：迁移过晚、迁移过早、迁移到错误的主机。因此，准确预测对于移动边缘的服务迁移和移动边缘系统的移动性管理而言是一个重要问题。

例如，对于具有高机动性的用户设备（如汽车），主要考虑由于用户设备的高速移动而导致迁移太晚的可能性。如果用户设备的移动信息是可用且准确的，那么移动边缘系统可以主动预测切换的时间，做出最优的迁移时刻决策，保证无缝平稳的服务过渡，这样用户设备可以一直接受到最优的服务质量。图 5-7 为汽车使用移动边缘服务时的切换预测示例。车辆在每个区域内的运行速度和路线等信息可以通过汽车端的应用程序（如汽车导航系统）获得，定位服务可以通过检索汽车的位置信息进行服务切换时间的预测。

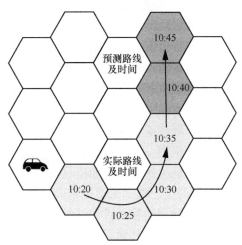

图 5-7　汽车移动中服务切换时间预测

如图 5-8 所示，在汽车的移动场景中，移动边缘应用程序迁移到另一个主机这一过程在用户进入新的主机区域之前完成。移动边缘系统预测切换时间，并通知应用程序，该应用程序启动服务迁移到最优主机上。提前搬迁的目的主要是克服汽车在高机动性时的通信延迟和迁移延迟，以提升服务质量。

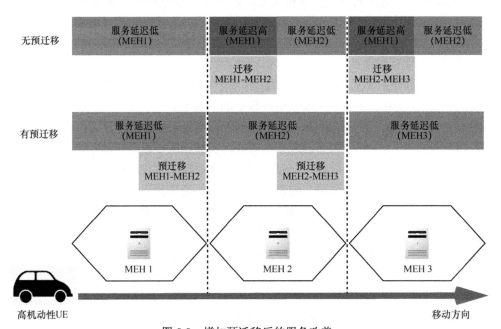

图 5-8　增加预迁移后的服务改善

5.3.3　迁移组

低延迟应用程序，如工业物联网和自动驾驶汽车，要求通信链路具有非常高的可靠性和可用性以及非常低的毫秒级的端到端时延。为了支持如此低的时延，当用户从一个移动边缘主机区域移动到另一个区域时，移动边缘应用程序需要立即迁移到新的主机。而迁移过程本身可能会对应用程序的服务延迟产生负面影响。例如，当用户设备进入新的区域而应用程序还没有迁移到新的主机时，用户设备仍然需要和原来区域的移动边缘主机进行通信以获得服务，这会导致较大的延迟。因此，为了支持低延迟应用程序，移动边缘系统的服务迁移过程需要将延迟降到最低。

在服务迁移的步骤中，收集无线网络信息，进行迁移决策并完成迁移，这些过程并不复杂也不会用时太久，但是通常难以满足用户设备处于最坏情况下的需求。例如，当车辆的速度过高而侦测系统并没有高准确度时，将会导致预迁移过程失败，进而大大增加移动边缘服务的延迟。因此，对于低延迟需求应用程序的迁移决策需要做出更有力的保障措施。

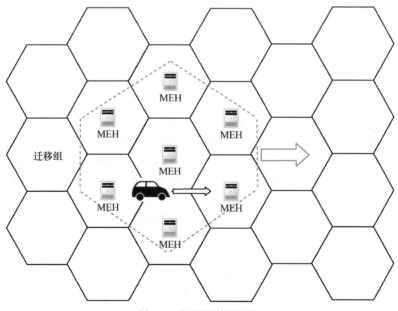

图 5-9　预配置的迁移组

在这种情况下，可以适当地预先配置一组移动边缘主机。如图 5-9 所示，当用户在这些主机中移动时，允许应用程序在这些主机上同时运行。这组移动边缘主机可以称为迁移组。迁移组的创建和选择可以依据主机的拓扑结构或者实际位置，此外，也需要参考用户设备需要的移动边缘服务延迟有多严格，这会影响迁移组的大小。当然，迁移组的创建和配置也可以根据应用程序的类型和相关的政策。

迁移组中的所有主机都可以共享用户设备和应用程序信息，以便当用户设备移动中发生区域变化时，移动边缘系统可以快速设置迁移组的主机和用户设备的通信。在用户设备的移动过程中，移动边缘系统会一直维护关于此设备的目标主机列表。另外，根据延迟等需求，移动边缘系统可以将应用程序或用户设备状态信息转移到一个或多个主机上。

5.4 本章小结

作为边缘系统，移动性管理是边缘计算中不可忽视的重要功能。本章首先介绍了移动性管理的基本定义和相关概念，然后介绍了移动性管理的流程，尤其重点介绍了迁移决策、迁移执行、更新流量规则和终止应用程序等关键技术环节，最后对移动性管理的最新学术研究方向和挑战进行了简单介绍。作为保证服务质量的重要手段，相信移动性管理的相关理论会更加完善，也会在未来绽放出更夺目的光彩。

参 考 文 献

[1] TALEB T, KSENTINI A. An analytical model for follow me cloud[C]//2013 IEEE Global Communications Conference (GLOBECOM). 2013:1291-1296.

[2] KSENTINI A, TALEB T, CHEN M. A Markov decision process-based service migration procedure for follow me cloud[C]//2014 IEEE International Conference on Communications (ICC). 2014:1350-1354.

[3] WANG C, LI Y, JIN D. Mobility-assisted opportunistic computation offloading[J]. IEEE Communications Letters, 2014,18(10): 1779-1782.

[4] NADEMBEGA A, HAFID A S, BRISEBOIS R. Mobility prediction model-based service migration procedure for follow me cloud to support QoS and QoE[C]//2016 IEEE International Conference on Communications (ICC). 2016: 1-6.

第6章

边缘计算安全与隐私保护技术

🔍 6.1 概述

安全与隐私的保护问题一直是所有网络技术面临的重要挑战之一。在传统的网络中，存在防火墙、数据加密、病毒防御与清除技术等与安全与隐私保护相关的技术，但在 MEC 中，由于任务不只限于在数据中心这样具有安全措施的场所中运行，同时由于移动网络终端的高移动性，使原本用于云计算的许多安全解决方案很难适用于 MEC。MEC 虽然带来了多种崭新的服务方式，但它的新特征也带来了全新的安全和隐私保护问题。首先，MEC 先天的异构特性使传统的鉴权与认证机制不再适用；其次，MEC 所支持的多种通信方式以及其网络管理上的软件性带来全新的安全挑战；除此之外，在未来，MEC 必然会成为网络窃听者和攻击者的"重点关照"对象，因此，目前的 MEC 亟需有效的安全及隐私保护方案。在介绍具体的安全与隐私保护技术之前，需要分析能够威胁到 MEC 的网络攻击和信息窃取技术，以及它们能够造成的损失。

由于 MEC 的异构特性，整个 MEC 系统，包括网络设施、服务设施、虚拟化设施及用户终端是由多个所有者共同拥有的。这种情况的结果是整个 MEC 系统中的任何一部分都能成为网络攻击和隐私窃取的目标。事实上，一些类似的网络架构，如物联网，也面临着同样的问题。幸运的是，尽管针对 MEC 的攻击能够从系统中的任何一部分发起，但是传统网络攻击中的"anywhere"原则在 MEC 中并不完全适用。这主要是由 MEC 节点部署的位置决定的。由于提供计算和存储能力的节点部署在网络边缘距离用户较近的一侧，因此节点主要为附近的用户提供服务（如一个基站所服务的移动用户）。尽管有一些例外的情况，如用于代理服务器的虚拟机、卸载到远端的计算任务、需要远端提供特定支持的服务等，但一个 MEC 节点所服务的对象仍然以其部署的物理位置附近的用户为主。这种部署和服务方式是一把双刃剑，一方面，它把网络攻击的破坏范围限制在了较小的范围内；另一方面，一旦攻击者成功控制了节点，整个节点所服务的地区都将面临瘫痪的风险。

服务本地化的另一个后果是 MEC 受到的攻击会更加多样化。不仅传统的"外部"攻击者（不控制系统中任何一部分的攻击者）继续存在，控制用户终端、网络设施、服务设施和虚拟机中一个或多个部分的"内部"攻击者也会出现。这与目前因特网所面临的情况类似，攻击者能够控制网络设施中的一部分或部署自己的网络设施。需要注意的是，这些攻击者既是"外部"的又是"内部"的，因为他们只是控制了整个系统的一部分而不是全部，但是他们仍有可能继续攻击系统中其他仍然健康的部分，如虚假信息的注入、部署恶意的虚拟机等，这些攻击会寻找被攻击主机的薄弱之处。

在介绍了潜在攻击者的特性及分类之后，我们按照上文介绍的 MEC 所包含的设施列举出 MEC 所面临的攻击类型。其中，某些攻击是传统数据中心同样面临的，因为它们有一些共同的部分（如服务器集群、基础网络设施等）。当然，考虑到 MEC 的去中心化、分布式特征以及对移动性的支持、位置感知等特性，MEC 在传统攻击下的结果有很大不同，新型的攻击方式也越来越多。具体的攻击途径如下。

（1）网络设施的攻击：MEC 的接入和传输具有多样性，从无线接入网到移动核心网再到因特网都有涉及，因此针对网络设施的攻击有以下 3 种。

• 拒绝服务（Denial of Service, DoS）攻击：所有的网络在分布式拒绝服务（Distributed Denial-of-Service, DDoS）攻击和无线干扰（Wireless Jamming）这样的 DoS 攻击面前都是很脆弱的。然而，DoS 攻击对 MEC 所造成的影响是有限的。对 MEC 节点的攻击仅仅能够影响该节点所服务的区域；对核心网的攻击或许不会影响到 MEC 节点的功能，因为这些节点的协议和服务可以被设计成在自治或半自治的方式下工作。

• 中间人（Man in the Middle）攻击：攻击者首先控制网络中的一部分，接着对这一部分两侧的部分进行窃听或流量注入等攻击。例如，如果对一台连接着 4G 网络和 WLAN 网络的网关进行中间人攻击并获得成功，4G 网络和 WLAN 网络都将受到影响。这种攻击非常隐蔽同时危险性很大，因为它能影响到连接在中间人上的所有网络节点。

• 恶意网关（Rogue Gateway）攻击：MEC 的开放原则使用户设备也能成为整个系统的参与者（如私有云、终端集群等）。因此，攻击者可以将自己的恶意网关加入系统中并对网络节点或终端发动攻击。尽管攻击方式不尽相同，但恶意网关攻击与中间人攻击对 MEC 造成的危害是类似的。

（2）服务设施攻击：在 MEC 中，服务设施最主要的是部署在网络边缘的 MEC 节点，节点中通常管理着虚拟化服务等许多相关的服务。对于外部攻击来说，攻击服务设施是非常合适的，因为从提供服务的 API 到 Web 应用都可以作为攻击的切入点。对服务设施的攻击主要有隐私泄露（Privacy Leakage）、权限升级（Privilege Escalation）、服务复制（Service Manipulation）和恶意节点（Rogue Data Center）4 种。

- 隐私泄露：攻击者可以对在节点间传输的数据流进行截获从而造成用户隐私泄露。然而，由于 MEC 的本地服务特性，这种攻击所造成的影响依然是比较有限的。节点存储的信息绝大多数都是其服务的附近用户的信息，同时由于对内容感知的实现，一些 MEC 节点能够对用户的敏感信息进行抽取和加密。

- 权限升级：一种理想的攻击方式为攻击者试着通过提升自己的权限控制整个服务或节点。这是由于节点的权限管理机制不够健全，甚至节点有可能由缺乏安全知识的人员管理的。由于不正确的配置或缺乏恰当的保护机制，攻击者能够获得权限漏洞从而得到管理员的权限进而发动攻击。

- 服务复制：一旦攻击者通过权限升级的方式获得节点某项服务的控制权，就可以对节点的服务进行复制并制造出虚假的服务。利用虚假服务，攻击者可以发动有选择性的 DoS 攻击或对节点间传输的信息截获并篡改。

- 恶意节点：攻击者一旦通过各种攻击方式获得整个节点的控制权，这个节点就变成了恶意节点。这是一种十分危险的情景，因为攻击者获得了节点的所有权限和所有服务，他可以对所有传入和传出节点的信息进行截获，复制节点与外部系统的所有交互操作或部署自己的恶意服务等。

（3）虚拟化设施攻击：在 MEC 节点中，虚拟化设施负责网络边缘云服务的部署。同其他设施一样，虚拟化设施会被多种方式攻击。对虚拟化设施的主要攻击手段如下。

- 拒绝服务攻击：一个恶意的虚拟机会设法耗尽整个节点的资源（计算、存储和网络）。在某些情况下，这种攻击的后果是十分严重的，因为绝大多数节点都没有可供其他云服务设施使用的资源。

- 资源的错误使用（Misuse of Resources）：一个恶意的虚拟机可以执行多种针对远端节点而不是本地节点的恶意程序。例如，恶意虚拟机可以搜寻附近的 IoT 设备并对其攻击或执行一些破解密码、运行僵尸网络服务的程序。

- 隐私泄露：由于设计上的要求，部署在边缘节点的绝大多数虚拟机都不是完全独立于物理机的，虚拟机往往会调用一些有关物理环境或逻辑环境的 API，如本地网络状态等。然而，如果这些 API 没有有效的防护，虚拟机就有可能得到有关其执行环境和节点周围环境的敏感信息，从而造成隐私泄露。

- 权限升级：恶意的虚拟机会试着寻找物理主机的弱点。这种攻击会产生多种结果，从复制其他虚拟机造成的隔离失败，到虚拟机能够控制主机部分或所有功能的权限升级。此外，MEC 所允许的虚拟机迁移会加重这种攻击的后果。

- 虚拟机复制（VM Manipulation）：一个被攻击者控制的主机能够对运行于其中的虚拟机发动从信息抽取到复制运算密集型任务等多种形式的攻击。此外，攻击者也能够通过具有逻辑炸弹（Logic Bomb）、恶意代码或其他有害因素的虚拟机在不同节点之间的迁移对其他节点造成损害。

（4）用户终端攻击：用户控制的终端设备在整个 MEC 系统中也是非常重要的一部分。终端不仅消费服务，同时也可以在各个层级上参与系统架构的构建并提供相应的数据。然而，恶意用户会通过多种方式对服务进行破坏。需要注意的是，这种攻击的威胁是很有限的，因为一个用户仅仅能够影响到其周围的节点和服务。具体的攻击方式有信息注入和服务复制两种。

• 信息注入（Injection of Information）：任何被攻击者控制的终端都能够被用来散布虚假的数据（如车辆报告错误的数据、用户给众包服务提供虚假数据等）。

• 服务复制：在一些情况下，终端设备能够参与服务的实现中。例如，由部署在 MEC 节点的虚拟机控制的终端集群能够实现分布式计算平台的功能。然而如果攻击者控制了其中的一台设备，服务产生的结果就能够被复制。

基于上述介绍，本章结合现有资料，重点对 MEC 安全与隐私保护技术进行介绍与分析。

6.2 关键技术

为了应对针对 MEC 多种形式的攻击和隐私窃取，设计出一种有效的安全与隐私保护方案，同时应用多种安全服务与防御机制是非常必要的。本节介绍能够应用在 MEC 中的安全服务与隐私保护关键技术，并分别简要介绍这些技术的要求和挑战。首先，所有的安全机制都有一些共有的要求和限制，如尽量减少操作的时延，支持移动设备和其他可移动实体（虚拟机），实现技术、功能和语义上的互操作性，以及提供离线操作的支持等。具体所需要的关键技术如下。

（1）身份验证与鉴权技术：MEC 是一个由包括终端用户、服务提供商、设备提供商在内的多种参与者，包括虚拟机、容器在内的多种服务，以及包括用户终端、边缘数据中心、核心架构在内的多种模块共同存在的交互式系统。这种复杂的异构特征带来了许多挑战，不仅需要对每一个实体进行身份认证，还需要实现不同实体之间的身份互相认证。如果没有这种身份鉴权技术，来自外部的攻击能够轻易定位到可以攻击的资源或实体，来自内部的攻击能够在攻击后不留任何痕迹。

因此，开发一种联合的身份认证机制和鉴权系统是十分必要的。由于在时延、中心服务器可用性上多种多样的要求，设计一种无需中心服务器验证的去中心化身份验证方法十分必要。另外，由于在某些情况下系统的一部分是由用户控制的（如私有云），在身份验证与鉴权技术中也需要应用分布式相关的机制。

（2）协议与网络安全技术：如果 MEC 的网络架构没有受到严格的保护，整个系统都会受到外部和内部攻击的威胁，因此需要对 MEC 应用到的种种通信技术和协议进行有效防护。例如，MEC 应用于服务用户的无线通信技术可能有多种（Wi-Fi、802.15.4、5G、4G、LoRa 等），在系统中要对上述所有的无线通信技术进行有效防护。此外，MEC 系统还需要对网络架构的其他部分（因特网、移动核心网等）进行安全防护的配置和部署。更进一步，在虚拟化设施中还需要对不同租户之间进行网络隔离，针对不同租户的需求配置不同的网络安全方案。

（3）信任管理技术：安全与隐私防护机制中另一个非常重要的关键点是对信任的管理。在 MEC 中，信任管理不仅仅包括对实体身份的验证，还包括对交互实体数量和具体行为的管理。这是因为每个实体都需要和不同数量的其他实体进行通信或交互操作。在用户的附近可能有多个服务提供商，服务提供商可以选择不同的网络设备提供商等。但在实际中，实体与实体之间的交互或许不符合它们的预期，可能会出现过高的时延、过高的错误检测率、传输的数据不正确，甚至存在自私或恶意的实体等。

因此，在 MEC 中部署信任管理机制是必不可少的。其优点是可以提高实体之间交互的成功率和准确率；提高对个人数据的管理（如减小信息传输的粒度）等。然而，信任管理技术仍然存在很多挑战，所有的信任管理设施都需要在彼此之间交换信息，即使在不同的信任域中也需要这么做。另外，由于信任信息需要在任何时刻任何地方都是可访问的，在信任信息的存储和传播上也有一些问题需要解决。

（4）入侵检测技术：来自外部和内部的攻击能够在任何时间攻击 MEC 中的任何实体。因此，如果没有有效的入侵检测和预防技术，任何成功的攻击都将是不可探查的，并会慢慢对整个系统的功能进行侵蚀。幸运的是，由于 MEC 节点主要为本地提供服务的特性，绝大多数攻击的危害都被限制在节点附近的区域中，因此，MEC 节点能够对其中的网络连接、虚拟机状态等节点所拥有的部分进行监控。此外，本地设施也能够互相协作或同更高层次的核心网设施进行协作，这样就能在较大的范围内对入侵进行有效的检测。

在 MEC 这种异构、去中心化和分布式的系统中运行互联的入侵检测和预防机制仍然面临许多挑战。首先需要充分了解一些特定的攻击方式，如果采用数据库记录所有已知类型的攻击，那么这个数据库需要随时保持更新并得到有效保护。此外，在本地防御机制和全局防御机制之间需要找到一个平衡点，同时还需要建立一个全局监控机制。更进一步，上述所有的防护机制，无论它们的位置在哪，都需要互相交互信息，这些信息需要永远都是可访问的并能够用于检测更多潜在的威胁。最后，这些检测机制需要尽可能地以自治的方式运行，并减少对各种资源的占用。

（5）隐私保护技术：除了恶意的攻击外，还存在一些"好奇"的攻击会对用户的隐私信息进行窥探。这些攻击通常由授权的实体（如其他 MEC 节点或设备提供商）发起，它们的目的是了解被攻击实体的信息以应用在自己的服务中。这些隐私信息有多重用途，如用户行为分析、位置追踪、敏感信息的发掘等，因此所有这些攻击都是对用户隐私的威胁。不幸的是，包括 MEC 在内，目前所有的边缘计算平台都是开放的交互式系统，这意味着多个信任域被不同的设备拥有者所管理。在这种情况下，想要预先知道一个服务提供商是否尊重用户的隐私是不可能的，因此，用户的隐私保护是非常严重的问题。

这个领域存在很多挑战。首先，个人数据在用户控制范围之外的实体中处理和存储。因此，提供给用户多种能够保护他们的信息并允许用户进行查询和处理的机制是基本要求。其次，需要在匿名和责任之间寻找一个平衡点，在 MEC 这样的动态系统中，用户必须拥有保护自己身份和个人信息的权利，还需要有诚实的责任。最后，需要考虑人类的移动特性，通常来说它是可预测的，我们经常去同样的地方，遵循同样的时间表。因此，用户通常会反复使用同一个 MEC 节点为自己服务，这就使保护用户的位置信息及常用服务的使用情况变得更加重要。

（6）错误容忍与恢复技术：没有任何一个系统能够保证百分百的安全、百分百对攻击免疫，MEC 也是如此。错误的配置、顽健性不足的代码、旧版本的软件和其他不足都有可能被恶意的攻击利用，进而控制系统的某些部分，或是整个系统。因此，应用一些能够让服务设施继续服务的机制和方案是十分必要的，如冗余的操作、故障转移机制和严重错误的恢复机制等。然而，在 MEC 中应用这样的错误容忍与恢复技术是一把双刃剑。一方面，这种保护机制能够利用多种设备提供商在同一个地方都可用的优点；另一方面，由于服务是在本地提供的，有可能出现没有替代服务可用的情况。

6.3 主要挑战

前文介绍并分析了 MEC 在安全和隐私方面所面临的威胁类型以及相应的安全和隐私防护技术。本节着重介绍 MEC 安全与隐私保护技术在实现与部署中所面临的一些挑战。

（1）身份鉴权

到目前为止，尚未有对 MEC 整个系统范围内属于不同公司和个人设备和数据中心进行身份验证与鉴权的研究成果。或许可以在相关领域寻找一些可能的解决方法，如联合云计算（Federated Cloud Computing）和 P2P 计算等。事实上，目前已经有一些方法被应用于云系统之间的身份管理系统。这些方法使用多种标准（如 SAML 或 OpenID）提供实现云之间的单点登录鉴权机制。在 P2P 计算领域，也有一些不用连接到中央鉴权服务器的互相鉴权机制。由于这些方案有一些是与 MEC 相兼容的，因此这些方法能够解决 MEC 系统中不同信任域之间节点的鉴权问题。另外，目前已经有一些为边缘计算系统在同一信任域内的鉴权问题设计的鉴权机制。例如，Donald 等为移动云计算（Mobile Cloud Computing, MCC）设计了中心化的鉴权机制，但这种方法需要鉴权服务一直是可访问的，可用性受到了限制。Ibrahim 等提出了一种允许任何雾计算用户和雾计算节点相互认证的鉴权系统，但是这个系统强制所有节点都要存储信任域中所有用户的证书信息。更具体地讲，在用户鉴权领域，由于边缘的节点位于近用户侧，研究者提出了多种利用特定位置信息的鉴权机制。Shouhuai 等提出了情景鉴权（Situational Authentication）的概念，基于不同的时间、地点和交互对象等情景使用不同的鉴权方法。其他的研究学者，如 Bouzefrane 等提出利用近场通信（Near Field Communication, NFC）技术鉴别终端设备能否卸载到可信任的节点上。而在用户的移动性领域，业界提出了利用一些协议在切换过程中实现安全和有效的鉴权，但是这些协议通常都需要接入集中式的鉴权服务器，因此在性能上有一定的提升空间。

（2）协议与网络的安全

在 MEC 系统中应用的通信技术既有 TCP/IP 栈、Wi-Fi 这样成熟的技术标准，也有 5G、Sigfox 这些目前正在被学术界和工业界广泛研究的技术。它们各自都有属于自己的安全协议和保护机制，因此一个主要的挑战是如何使属于不同通信技术的安全保护机制协同工作。在网络方面，需要考虑的是虚拟网络设施的安全，即部署在网络边缘 MEC 节点中虚拟机所使用的网络。在目前的一些研究中已经得到证明，SDN 和 NFV 能够在 MEC 的安全防护中得到充分应用。SDN 和 NFV 能够应用在多个方面，如在被攻击的状态下隔离不同类型的流量、隔离不安全的网络设备、引导流量到达安全的网络设备、实现系统的实时配置更新等。SDN 和 NFV 最初的目标是通过在网络设备中应用可编程的控制和操控逻辑实现路由功能的虚拟化以简化网络的管理，然而这两种技术在边缘计算中也大有可为。

（3）安全态势感知、安全管理与编排

网络边缘侧接入的终端类型广泛、数量巨大，承载的业务繁杂，被动的安全防御往往不能起到良好的效果。因此，需要采用更加积极主动的安全防御手段，包括基于大数据的态势感知和高级威胁检测，以及统一的全网安全策略执行和主动防护，从而更加快速响应和防护。结合完善的运维监控和应急响应机制，能够最大限度保障边缘计算系统的安全、可用、可信。

（4）数据安全

MEC 需要对数据的访问控制进行加强，用户使用数据需要进行严格授权，数据存储也需要严格检查。数据安全包含数据加密、数据隔离和销毁、数据防篡改、隐私保护（数据脱敏）、数据访问控制和数据防泄露等。其中，数据加密包含数据在传输、存储和计算时的加密；另外，边缘计算的数据防泄露也与传统的数据防泄露有所不同，因为边缘计算的设备往往是分布式部署，需要特别考虑这些设备被盗以后，相关的数据即使被获得也不会泄露。

6.4 本章小结

即使目前有关 MEC 安全及隐私保护的相关研究数量很少，但这并不意味着需要从零开始开发新的安全机制。一些为其他相关领域设计的性能良好的安全机制能够为设计 MEC 安全机制提供基础。在未来的研究中，一些研究点需要得到足够的重视。首先，对于一些特定类型的攻击，如 DoS 攻击、恶意节点、恶意虚拟机等所造成的后果需要充分研究以便做好预防准备；其次，入侵检测和防护技术需要检测并追踪到恶意攻击及其来源；在 MEC 系统中必须建立多种不同并能协同工作的身份管理框架等。只有在安全与隐私保护的各个方面都做到充分的研究并应用成熟可靠的防护机制后，移动边缘计算才能够更好地为用户提供强大快速的计算和存储能力。

参 考 文 献

[1] DONALD A, AROCKIAM L. A secure authentication scheme for mobicloud[C]//International Conference on Computer Communication and Informatics(ICCCI). 2015: 1-6.

[2] IBRAHIM M H. Octopus: an edge-fog mutual authentication scheme[J]. International Journal of Network Security, 2016, 18(6): 1089-1101.

[3] XU S, RATAZZI E P, DU W. Security architecture for federated mobile cloud computing[M]// Mobile Cloud Security. Berlin: Springer, 2016.

[4] BOUZEFRANE S, MOSTEFA A F B, HOUACINE F. Cloudlets authentication in NFC-based mobile computing[C]//IEEE International Conference on Mobile Cloud Computing, Services, and Engineering. 2014: 267-272.

[5] ROMAN R, LOPEZ J, MAMBO M. Mobile edge computing, fog et al.: a survey and analysis of security threats and challenges[J]. Future Generation Computer Systems,2016, 78: 680-698.

第7章
边缘计算部署方案

🔍 7.1 概述

边缘计算作为一种新兴的网络模式和技术，其部署方案一直是产学研各界广泛研究的课题，到目前为止，边缘计算在 4G 以及 4G 之前的网络环境下的部署技术已经发展到一个较为成熟的阶段。随着 5G 的提出和推进，边缘计算更是被视为 5G 的关键技术之一，因此，边缘计算在 5G 环境下的部署也是极具价值的研究课题。边缘计算的部署方案，归根结底是研究边缘计算服务器在网络中部署位置的问题。理论和实践表明，边缘计算服务器在网络中的部署位置较为灵活，如可以部署在 LTE 宏基站（eNodeB）侧、3G 无线网络控制器（Radio Network Controller，RNC）侧、多无线接入技术（Multi-Radio Access Technology，Multi-RAN）蜂窝汇聚点侧或核心网边缘等，即在部署方面只要符合"边缘"这一广泛概念即可。

本节主要以 MEC 这一边缘计算模式为例，对边缘计算服务器在 4G 和 5G 架构下的部署方案展开介绍，并对不同方案进行简要比较。

🔍 7.2 4G 架构下的 MEC 部署

4G 是第 4 代移动通信技术，该技术包括 TD-LTE 和 FDD-LTE 两种制式，LTE 的网络架构如图 7-1 所示。整个 LTE 网络从接入网和核心网方面分为 E-UTRAN（Evolved Universal Terrestrial Radio Access Network）和 EPC（Evolved Packet Core）两大部分，E-UTRAN 由多个 eNodeB 组成，eNodeB 间基于 X2 接口进行互通。EPC 由 MME（Mobility Management Entity）、S-GW（Serving GateWay）、P-GW（PDN GateWay）、PCRF（Policy and Charging Rules Function）组成，EPC 与 E-UTRAN 间使用 S1 接口。

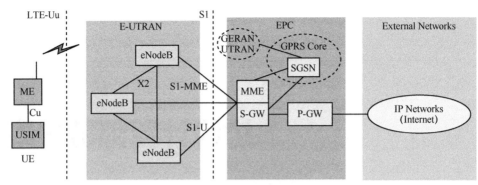

图 7-1　LTE 网络架构

在 E-UTRAN 中，eNodeB 之间底层采用 IP 传输，在逻辑上通过 X2 接口互相连接，即形成 Mesh 型网络。这样的网络结构设计主要用于支持 UE 在整个网络内的移动性，保证用户的无缝切换。而每个 eNodeB 通过 S1 接口和移动性管理实体/接入网关连接，一个 eNodeB 可以和多个 MME/S-GW 互联，反之亦然。在 E-UTRAN 网络中，由于没有了 RNC，整个 E-UTRAN 的空中接口协议结构与原来 UTRAN 相比有较大的不同，特别是不同功能实体的位置出现了很多变化。原来由 RNC 承担的功能被分散到了 eNodeB 和 MME/S-GW 上。

EPC 架构秉承了控制与承载分离的理念，将分组域中 SGSN 的移动性管理、信令控制功能和媒体转发功能分离出来，分别由两个网元完成。其中，MME 负责移动性管理、信令处理等功能，S-GW 负责媒体流处理及转发等功能，P-GW 则仍承担 GGSN 的职能。LTE 无线系统中取消了 RNC 网元，将其功能分别移至基站 eNodeB 和核心网网元，eNodeB 直接通过 S1 接口与 MME、S-GW 互通，简化了无线系统的结构。

在 4G 网络下部署边缘计算服务器有 SCC（Small Cell Cloud）、MMC（Mobile Micro Cloud）、FMPC（MobiScud）、FMC（Fllow Me Cloud）、CONCERT 等多种不同方案，以下分别对这些方案进行介绍。

（1）SCC 部署方案

SCC 的核心思想是通过额外的计算和存储能力增强小基站（如微蜂窝、微微蜂窝或毫微微蜂窝）的功能，提供云端化的 SCeNB（Small Cells）来支持边缘计算。

为了将 SCC 概念完全平滑地整合到移动网络架构中，引入了一个称为小基站管理器（Small Cell Manager，SCM）的新实体来控制 SCC。SCM 负责 SCeNB 计算和存储资源的管理。计算资源通过位于 SCeNB 的 VM 进行虚拟化。关于 SCC 架构的一个重要方面是如何部署 SCM（如图 7-2 所示）。SCM 可以以集中的方式部署在无线接入网（Radio Access Network，RAN）侧，靠近 SCeNB 的集群，或作为对 MME 的扩展部署在 CN 侧，如图 7-2（a）所示。此外，SCM 也可以以分层方式进行部署，其中，本地 SCM（L-SCM）或虚拟 L-SCM（VL-SCM）管理附近 SCeNB 群集的计算和存储资源，而远程位于 CN 的 SCM（R-SCM）具有连接到 CN 的所有 SCeNB 资源，如图 7-2（b）所示。

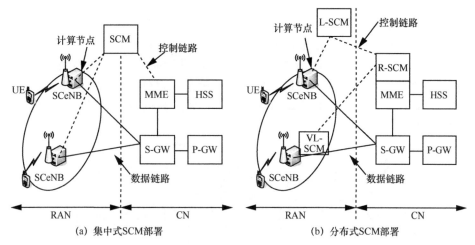

图 7-2　SCC 部署方案

（2）MMC 部署方案

MMC 部署的核心思想也是将 MMC 部署在基站侧，使用户访问时能获得低延时，将 MMC 部署在基站（eNodeB），如图 7-3 所示。但是 MMC 部署没有引入任何控制实体，控制功能直接扩展在 MMC 服务器上，和 SCC 以分层方式部署在 SCeNB 的 VL-SCM 一样，直接在 MMC 服务器上扩展。各个 MMC 之间是互联的，在 VM 迁移时能够更好地保证业务的连续性。但由于没有集中式控制实体，会导致信令开销过大的问题。

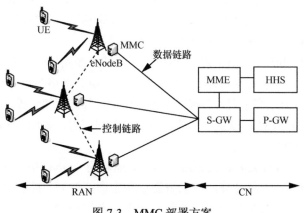

图 7-3　MMC 部署方案

（3）FMPC（MobiScud）部署方案

MobiScud 架构通过 SDN 和 NFV 技术将云服务与移动网络进行融合，相比 SCC 和 MMC 部署方案，MobiScud 中的云服务资源不是直接部署在接入节点 eNB 或 SCeNB，而是部署在接近 RAN 侧的运营商云。SDN 控制器直接连接各个基站、运营商云和服务网关，保障基站和云之间的通信。如图 7-4 所示，与 SCC 类似，FMPC 也是分布式部署，引入了一个新的控制实体 MC（MobiScud Control），与移动网络、SDN 交换机和云服务器进行通信。MC 具有两个功能：一是监控移动网络网元之间控制平面的信令消息，以便了解 UE 的动态，如切换等；二是在支持 SDN 的传输网络内编排和转发数据业务，以便于应用卸载和 VM 迁移。

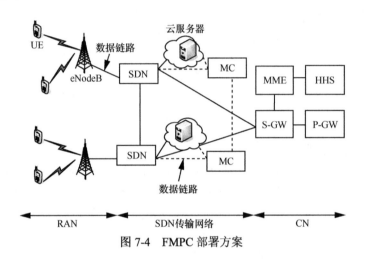

图 7-4　FMPC 部署方案

（4）FMC 部署方案

FMC 的关键思想是，边缘服务器部署在分布式数据中心（Data Center，DC），在网络中分布式部署。与先前的 MEC 服务器部署相比，计算/存储资源离 UE 更远，进入 CN 网络。但是仍然以分布式方式部署。

与 SCC 和 MobiScud 一样，FMC 也引入了新的控制实体——FMC 控制器（FMC Control，FMCC），采用 NFV 技术，FMCC 可以是在现有网络节点并置的功能实体，也可以是在 DC 上运行的软件。FMCC 管理 DC 的计算和存储资源，并决定将哪一个 DC 关联到 UE。FMCC 可以集中部署，也可以分层部署，如图 7-5 所示。

（5）CONCERT 部署方案

Liu 等提出了融合云和蜂窝系统的概念，缩写为 CONCERT。CONCERT 利用 NFV 原理和 SDN 技术将计算和存储资源呈现为虚拟资源。控制平台由 Conductor 组成，是管理 CONCERT 架构的通信、计算和存储资源的控制实体。Conductor

可以以集中或分层方式部署，以便在 SCC 或 FMC 中实现更好的可扩展性。如图 7-6 所示，数据平面由 eNodeB、SDN 交换机和计算资源的无线接口设备（Radio Interface Equipment，RIE）组成。计算资源用于基带处理和应用程序级处理（如卸载应用）。对于一些计算性能低的服务器，像SCC和FMC一样直接部署在基站，如果计算资源不够，则部署在远程集中式 MEC 服务器。CONCERT 通过在网络中分层地放置资源可以灵活和弹性地管理网络和云服务。

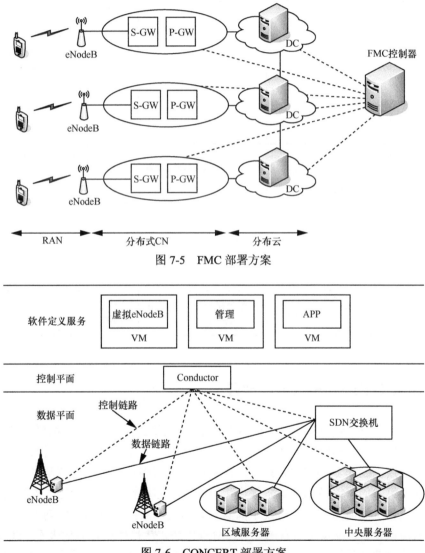

图 7-5 FMC 部署方案

图 7-6 CONCERT 部署方案

在 4G 网络下部署边缘计算服务器的各方案对比如表 7-1 所示。

表 7-1　在 4G 网络下部署边缘计算服务器的各方案对比

方案	服务器部署位置	控制实体	控制实体部署位置	部署方式	优缺点
SCC	SCeNBs	SCM	① 部署在靠近 RAN 侧或作为 MME 的扩展部署在 CN 侧 ② 分层式部署本地 SCM（L-SCM）和位于 CN 的 SCM（R-SCM）	分布式部署	优点：靠近网络边缘；有较低时延 缺点：① 安装成本高；② 在边缘部署会引入鉴权和认证及安全等问题
MMC	eNodeB	无	—	分布式部署	优点：① 靠近网络边缘，减小终端时延；② MMC 服务器互联，在 VM 迁移时能保证业务连续性 缺点：① 无集中式控制实体会增大信令开销；② 边缘部署会引入鉴权和认证以及安全问题
FMPC	接近 RAN 的运营商云（Cloud）	MC	在 SDN 传输网络中分布式部署	分布式部署	优点：① 有较低时延；② 引入 SDN，信令开销小；③ 减小基站压力
FMC	CN 侧	FMCC	在分布式 CN 后以集中方式部署	分布式部署	优点：网络接入的鉴权认证和安全问题得到解决 缺点：① 有相对较高的时延；② 占用核心网资源
CONCERT	eNodeB 或者 CN	Conductor	在控制平面以集中或分层方式部署	分层式部署	优点：分层放置资源可以灵活和弹性地管理网络和云服务

7.3　5G 架构下的 MEC 部署

相比 4G，5G 架构从根本上做出了革新。从宏观的网络逻辑角度讲，5G 由接入平面、控制平面和转发平面 3 个功能平面组成。其中，接入平面引入多站点协作、多连接机制和多制式融合技术，构建更灵活的接入网拓扑；控制平面基于可重构的、集中的网络控制功能，提供按需接入、移动性和会话管理，支持精细化资源管控和全面能力开放；转发平面具备分布式的数据转发和处理功能，提供更动态的锚点设置，以及更丰富的业务链处理能力。从整体逻辑架构来看，5G 网络采用模块化功能设计模式，并通过"功能组件"的组合，构建满足不同应用场景需求的专用逻辑网络。对应上述 3 层逻辑划分，图 7-7 是 3GPP 5G 标准中给出的

3 层 5G 系统架构。最下层涵盖接入层（UE、AN）和用户平面功能（User Plane Function，UPF）、数据网络（Data Network，DN）等数据层相关的组件，中间层是以认证服务器功能（Authentication Server Function，AUSF）、接入管理功能（Access and Mobility Management Function，AMF）和会话管理功能（Session Management Function，SMF）为代表的控制核心层，最上层则提供网络功能贮存功能（NF Repository Function，NRF）、策略控制功能（Policy Control Function，PCF）、统一数据管理（Unified Data Management，UDM）等管理编排相关的服务和以网络切片选择功能（Network Slice Selection Function，NSSF）、网络开放功能（Network Exposure Function，NEF）、应用功能（Application Function，AF）等为代表的与网络能力开放相关的服务。

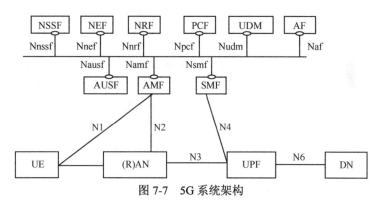

图 7-7　5G 系统架构

与 4G 时期相比，5G 网络具备更贴近用户需求、定制化能力进一步提升、网络与业务深度融合以及服务更友好等特征，而边缘计算可以实现网络从接入管道向信息化服务使能平台的关键跨越，天然地与 5G 基于服务的设计理念相贴合，因此，边缘计算成为 5G 具有代表性的网络服务能力。

值得一提的是，5G 还将接入侧 AN 功能进行了进一步划分，包括中心单元（CU）和分布单元（DU）两级功能单元，CU 主要提供接入侧的业务汇聚功能，DU 主要为终端提供数据接入点，包括射频和部分信号处理功能。这为边缘计算的部署提供了更进一步的指导意义。

随着边缘计算在 4G 场景下部署技术的成熟以及 5G 的不断推进，边缘计算在 5G 场景下如何部署成为一个重要的探索方向。

图 7-8 是一个较为宏观的 5G 网络 MEC 架构。MEC 部署在接入网和远端网络之间，在控制平面的作用下，为网络提供业务链控制、服务和内容相关的网络辅助功能。

图 7-9 是一个更为详尽的 MEC 在 5G 架构下的部署方案。MEC 位于核心网与接入网融合的部分，通过网络开放功能（NEF）接入 5G 网络。用户请求通过

用户平面功能（UPF）到达 MEC，在策略控制功能（PCF）的管控下，MEC 为用户提供各种各样的缓存、计算和网络服务。MEC 在具体部署方式上也非常灵活，既可以选择集中部署，与用户面设备耦合，提供增强型网关功能，也可以分布式地部署在不同位置，通过集中调度实现服务能力。

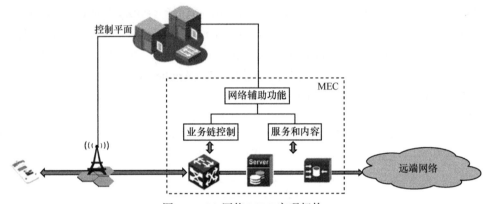

图 7-8　5G 网络 MEC 宏观架构

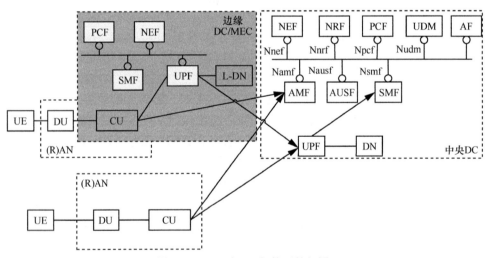

图 7-9　MEC 在 5G 架构下的部署

最后，由于 5G 的各项工作还在不断推进之中，距离实际部署还有很长的一段路要走，因此，当前边缘计算的部署方案也尚未成熟，其落地实施还需要等待 5G 实际使用后才能进行更进一步的探索。另外，在 5G 实现完全商用之前，必然存在与 4G 网络共存的局面，因此，边缘计算的实际部署还需要考虑 5G 与 4G 甚至更早代网络的兼容。

🔍7.4　本章小结

本章主要介绍了 4G 和 5G 架构下 MEC 部署方案的问题。首先针对 4G EPC 架构下的多种边缘计算部署方案进行了介绍和比较分析,其次针对 5G 架构下的边缘计算的部署进行了说明和展望。由于 5G 架构相比 4G 架构有较大的变革,边缘计算的具体部署方案还需要进一步的研究与探索。

参 考 文 献

[1] CHOCHLIOUROS I P, GIANNOULAKIS I, KOURTIS T, et al. A model for an innovative 5G-oriented, architecture, based on small cells coordination for multi-tenancy and edge services[C]//IFIP International Conference on Artificial Intelligence Applications and Innovations. Springer International Publishing. 2016:666-675.

[2] WANG S, TU G H, GANTI R, et al. Mobile micro-cloud: application classification, mapping, and deployment[C]//Annual Fall Meeting ITA (AMITA). 2013: 1-7.

[3] WANG K, SHEN M, CHO J, et al. MobiScud: a fast moving personal cloud in the mobile network[C]//The Workshop on All Things Cellular: Operations, Applications and Challenges. 2015:19-24.

[4] TALEB T, KSENTINI A. FRANGOUDIS P. Follow-me cloud: when cloud services follow mobile users[J]. IEEE Transactions on Cloud Computing, 2016, (99):1-1.

[5] LIU J, ZHAO T, ZHOU S, et al. CONCERT: a cloud-based architecture for next-generation cellular systems [J]. IEEE Wireless Communications, 2014, 21(6):14-22

第8章
边缘计算使能技术

🔍 8.1 概述

随着网络技术的不断发展和变革，许多新的技术，如软件定义网络（Software-Defined Networks，SDN）、网络功能虚拟化（Network Function Virtualization，NFV）、信息中心网络（Information Centric Networking，ICN）、网络人工智能、云计算和数据中心网络、大数据以及区块链等引起了广泛关注，为新一代网络提供了资源开放、管理开放和网络开放等能力，并针对大视频、物联网、车联网等新型业务场景提供了有效的解决方案。

与此同时，随着边缘计算技术的快速发展以及在学术界和产业界的广泛研究，边缘计算的具体实现和实际部署也面临着多样化的需求，这些需求驱动了相关网络新技术在边缘计算中的应用，同时也促进了边缘计算的发展，不仅促进移动性、安全性、干扰管理、网络缓存处理和组播通信问题的解决，还为移动边缘网络提供了灵活性、可扩展性和高效性。

本章对以上使能边缘计算发展的网络新技术分别进行概述，并详细介绍其在边缘计算中的意义和典型的实现方案。

🔍 8.2 软件定义网络

SDN 是一种新型的网络体系架构，其核心思想是将网络设备的控制平面与数据平面分离，将控制平面集中实现，并开放软件可编程能力。

SDN 与传统网络最大的区别在于可以通过编写软件的方式灵活定义网络设备的转发功能。在传统网络中，控制平面功能是分布式地运行在各个网络节点中的，因此，新型网络功能的部署需要所有相应网络设备的升级，导致网络创新难以实现。而 SDN 将网络设备的控制平面与转发平面分离，并将控制平面集中实现，这样，新型网络功能的部署只需要在控制节点进行集中的软件升级即可，从而实现快速灵活地定制网络功能。另外，SDN 体系架构还具有很强的开放性，它通过对整个网络进行抽象，为用户提供完备的编程接口，使用户可以根据上层的业务和应用个性化地定制网络资源来满足其特有的需求。由于其开放可编程的特性，SDN 有可能打破某些厂商对设备、协议以及软件等方面的垄断，从而使更多的人参与到网络技术的研发工作中。SDN 不仅是新技术，而且变革了网络建设和运营方式，从应用的角度构建网络，用 IT 的手段运营网络。

SDN 技术使网络变得智能化、可编程和更加开放。SDN 的优势包括在通用硬件上实现网络控制面功能、通过 API 开放网络功能、远程控制网络设备，并且可以在逻辑上将网络智能解耦到不同的基于软件的控制器中。

目前，各大厂商对 SDN 的系统架构都有自己的理解和认识，而且也都有自己独特的实现方式，其中最有影响力的开放网络基金会（Open Networking Foundation，ONF）在 SDN 的标准化进程中占有重要地位。图 8-1 给出了 ONF 定义的 SDN 系统架构，它认为 SDN 的最终目的是为软件应用提供一套完整的编程接口，上层的软件应用可以通过这套编程接口灵活地控制网络中的资源以及经过这些网络资源的流量，并能按照应用需求灵活地调度这些流量。从图 8-1 中可以看到，ONF 定义的架构由 4 个平面组成，即数据平面（Data Plane）、控制平面（Control Plane）、应用平面（Application Plane）以及右侧的管理平面（Management Plane），各平面之间使用不同的接口协议进行交互。

（1）数据平面

由若干网元构成，每个网元可以包含一个或多个 SDN Datapath，是一个被管理资源在逻辑上的抽象集合。每个 SDN Datapath 是一个逻辑上的网络设备，它没有控制功能，只是单纯用来转发和处理数据，它在逻辑上代表全部或部分的物理资源，包括与转发相关的各类计算、存储、网络功能等虚拟化资源。

（2）控制平面

SDN 控制器是一个逻辑上集中的实体，它主要承担两个任务。一是将 SDN 应用层请求转换到 SDN Datapath，二是为 SDN 应用提供底层网络的抽象模型。一个 SDN 控制器包含北向接口代理、SDN 控制逻辑以及控制数据平面接口驱动 3 个部分。SDN 控制器只要求逻辑上完整，因此它可以由多个控制器实例协同组成，也可以是层级式的控制器集群。从地理位置上讲，既可以是所有控制器实例在同一位置，也可以是多个实例分散在不同位置。

（3）应用平面

由若干 SDN 应用构成，SDN 应用是用户关注的应用程序，它可以通过北向接口与 SDN 控制器进行交互，即这些应用能够通过可编程方式把需要的网络行为提交给控制器。一个 SDN 应用可以包含多个北向接口驱动，同时 SDN 应用也可以对本身的功能进行抽象、封装，来对外提供北向代理接口，封装后的接口形成了更高级的北向接口。

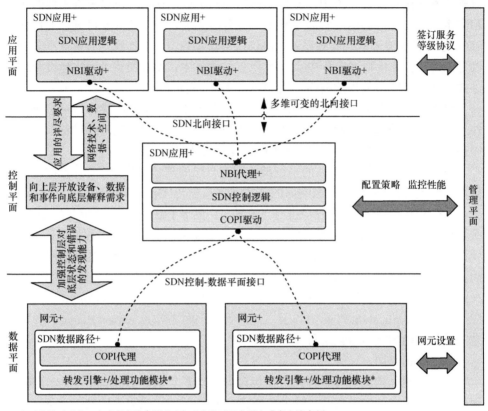

+表示此处可以有一个或多个该实例 | *表示此处可以有零个或多个该实例

图 8-1　ONF 组织提出的 SDN 系统架构

（4）管理平面

该平面主要负责一系列静态的工作，这些工作比较适合在应用、控制、数据平面外实现。例如，进行网元初始配置、指定 SDN Datapath 控制器、定义 SDN 控制器以及 SDN 应用的控制范围等。

SDN 系统架构采用集中式的控制平面（通常是控制器）和分布式的转发平面，两个平面相互分离，控制器位于上层应用与物理设备之间，控制器首先负责把网络中的各种功能进行抽象，建立具体的操作模型，并向上提供编程接口，上层应用着重根据业务需求通过控制器与物理设备进行交互，网络中的设备通过控制器向应用平面传递信息。控制器利用控制–转发通信接口对转发平面上的网络设备进行集中控制，并向上提供灵活的可编程能力，为网络提供了可编程性和多租户支持，从而实现新型服务的快速部署，极大地提高了网络的灵活性和可扩展性。

在 SDN 架构中，控制平面的控制器通过控制–转发通信接口对网络设备进行集中控制，这部分控制信令的流量发生在控制器与网络设备之间，独立于终端之间通信产生的数据流量，网络设备通过接收控制信令生成转发表，并据此决定数据流量的处理，不再需要复杂的分布式网络协议来决策数据转发。

除此之外，云 SDN 控制器可以与 RAN 数据/控制平面逻辑合并，在这种情况下，单个 SDN 控制器能够处理所有数据转发任务。例如，为支持 MEC 边缘服务，处理从 eNodeB 到核心网或经过云化 RAN 的数据。这可以显著提高网络的灵活性，从而提高 QoS/QoE。从这个意义上说，可以采用诸如 CSI 等技术增强边缘业务中的无线资源利用。

边缘计算的基础是联接性。所联接物理对象的多样性及应用场景的多样性，需要边缘计算具备丰富的联接功能，如各种网络接口、网络协议、网络拓扑、网络部署与配置、网络管理与维护。联接性需要充分借鉴吸收网络领域先进研究成果，如实时网络（Time Sensitive Network，TSN）、SDN、NFV、Network as a Service、WLAN、NB-IoT、5G 等，同时还要考虑与现有各种工业总线的互联互通。

其中，将 SDN 应用于边缘计算的独特价值如下。

• 支持海量联接

支持百万级海量网络设备的接入与灵活扩展，能够集成和适配多厂商网络设备的管理。

• 模型驱动的策略自动化

提供灵活的网络自动化与管理框架，能够将基础设施和业务发放功能服务化，实现智能资产、智能网关、智能系统的即插即用，大大降低对网络管理人员的技能要求。

• 端到端的服务保障

对端到端的 GRE、L2TP、IPSec、Vxlan 等隧道服务进行业务发放，优化 QoS 调度，满足端到端带宽、时延等关键需求，实现边缘与云的业务协同。

• 架构开放

将集中的网络控制以及网络状态信息开放给智能应用，应用可以灵活快速地驱动网络资源的调度。

以 MEC 为例，在 MEC 的设计中首先需要考虑网络开放的需求，即 MEC 可提供平台开放能力，服务平台上集成的第三方应用或部署在云端的第三方应用，为运营商打开垂直应用市场提供无限可能。同时能力开放也是 MEC 关键技术研究的重要方面，即通过公开 API 的方式为运行在 MEC 平台主机上的第三方 MEC 应用提供包括无线网络信息、位置信息等多种服务，这也是 MEC 平台有别于其他通信系统网络设备的重要特征。对其而言，应综合考虑第三方应用平台在系统架构及业务逻辑方面的差异性，实现网络能力的简单友好开放，还应保证网络能力的开放具有足够灵活性，随着网络功能的进一步丰富，可向第三方应用实现持续开放，而不必对第三方平台及网络系统自身进行复杂的改动。

为了满足视频、游戏等对时延、带宽有高要求的业务体验，无线网络侧和应用服务侧可以跨层交互，实现无线应用和网络的协同优化：（1）无线网络侧实时提供空口传输质量状态，通知应用服务，应用服务依据空口传输质量及时调整应用层发送机制，提升业务体验；（2）应用服务侧告知无线网络侧应用的相关信息，如应用数据的优先级信息或者应用特征信息，无线网络依据应用数据的不同优先级，调整无线协议策略，优先保证高优先级业务信息的传递，或者适配应用特征，调整无线协议参数。能力开放子系统从功能角度分为能力开放信息、API 和接口。API 支持的网络能力开放主要包括网络及用户信息开放、业务及资源控制功能开放。具体来说，信息开放包括单个蜂窝的负载信息、链路质量的实时及统计信息（CQI、SINR、BLER）、网络吞吐量的实时及统计信息、移动用户的定位创新研究报告信息等。控制功能开放主要指短消息业务能力、业务质量调整（QCI）及路由优化等。

在移动网络中，SDN 主要关注网络可编程、高效资源共享和实时网络控制，当为更大覆盖范围提供边缘服务时，MEC 可以充分发挥以上 SDN 的优势。目前，由于异构的硬件设备、平台、后拉技术以及配置接口的存在，如何协调服务的动态分配过程成为一大难点，尤其在边缘网络以分布式方式进行分配时，困难更为显著。SDN 范式的引入提供了一个简单有效的解决方案，为 MEC 平台或跨异构无线网络和跨不同传输网络的 MEC 之间提供网络连接和服务管理。特别地，SDN 可以解决当前与 IP 地址转换有关的路由问题、控制信令开销、隧道开销和动态资源管理问题，如通过调整或改变无线微波链路的编解码方案等。

SDN 对专有的基于固件的网络交换机和路由器进行修改组成简单的数据层，在网络的出入点对其进行控制。在移动网络中，SDN 的引入为移动网络和传输系统之间的跨层操作带来了一定优势。例如，更新交换机和路由器中的流表时，不需要将流量重定向到新的移动锚点，从而避免了 IP 地址的转换和隧道的建立，这在用户移动的情况下尤其有利，特别是在 MEC 平台之间移动时，位于网络边缘的移动性管理可以运用接入网分析，从而减少核心网的拥塞。

总体来说，MEC 可以在移动网络边缘引入应用感知服务和处理能力，此类服务和操作可以开放给第三方服务提供商或组织，同时 SDN 可以通过 API 开放网络能力，向上开放软件编程能力，因此在 MEC 中应用 SDN 可以为授权租户提供可编程能力，同时支持灵活有效的服务管理和服务测试功能。SDN 将控制平面和数据平面解耦，利用通用 API 进行通信，实现逻辑上的集中控制，从而可以方便地建立虚拟网络实例，抽象化底层网络设备，运用到 MEC 中时，利用 SDN 的集中控制功能，可以实现对 MEC 相关的 VNF、虚拟机和容器进行动态分配和重定位。因此，SDN 支持在符合特定性能需求的条件下，实现灵活的服务链接，通过 MEC 服务和 VNF 之间的交互，实现服务资源的供给，同时通过允许应用提供商和第三方引导网络设备从而支持服务的迁移。SDN 技术可以解决大规模部署服务器和应用的管理复杂性，在 MEC 平台中提供所需的多层次管理，以控制和管理分布式 MEC 服务器和存储互联的网络，建立动态和按需的网络连接来链接 VNF 并提供服务。

SDN 将为 MEC 带来以下好处。

- 通过北向 API 开放网络功能，支持第三方应用程序。
- 集中控制和管理来自多个供应商的网络设备。
- 维持网络状态的全局视图。
- 自动建立和快速（重新）配置按需编程网络的连接性。
- 通过对不同层面运用策略实现细粒度的网络控制。
- 通过网络虚拟化支持多租户。
- 改进 QoE。

当前，SDN 技术在 MEC 中的运用已经成功应用于智能楼宇、智慧电梯等多个行业场景。SDN 在非移动网络方面取得的显著成功使其有望应用于 LTE 的核心网络（CN）。相关文献提出，CN 中的移动性管理实体（MME）、服务网关的控制平面（SGW-C）和分组网关控制平面（PGW-C）作为潜在的 MEC 应用，可以利用 SDN 中控制和数据平面的分离，实现编程和虚拟化。MEC 利用 SDN 提供的北向接口，通过授权控制决策促进其在 RAN 中的可编程性。SDN 和 MEC 是相辅相成的概念，都需要通过下发相关规则来控制数据平面。相关文献提出了基于 SDN 的低时延 MEC 框架，即 LL-MEC，通过 SDN 在 MEC 框架中的运用，实现了在 LTE 网络中提供端到端的网络可编程性。LL-MEC 采用数据平面 API，按照 SDN 原则提供控制平面和数据平面之间的端到端分离，还提供了在 LL-MEC 上部署的实际案例。

图 8-2 给出了 LL-MEC 的高层次框架，主要由 MEC 应用、MEC 平台和抽象层 3 层组成。该平台可运行在由多个 LTE eNodeB 和 OpenFlow 交换机组成的软件定义的移动网络上，并将数据平面与控制功能完全分开。此平台上实现的实体和接口遵循 ETSI MEC 规范，以支持 Mp1 和 Mp2 接口提供的全部功能，同时保持与 3GPP 的兼容性。

在 LL-MEC 中，抽象层通过统一的接口为底层网络建模并公开所需的操作。抽象层包括无线 API 和数据面 API 两个实体，分别作为移动网络控制平面和数据平面的抽象层，为 MEC 应用和 MEC 平台的开发提供必要的信息。除了监控之外，它们还允许对 RAN 基础设施进行灵活的可编程控制。

MEC 平台作为 MEC 应用和真实无线网元之间的核心实体驻留在 LL-MEC 中。

它构成了 LL-MEC 的控制中心、控制事件触发和注册等基本服务，并提供低延迟支持和库的集成。此外，MEC 平台还通过简化核心组件和服务的重用，实现创建 MEC 应用所需的构建模块，这使应用开发人员可以专注于其特定 MEC 应用程序，而不是基础网络的详细功能。目前，LL-MEC 尚不支持与其他 MEC 平台进行通信的 Mp3 参考点。

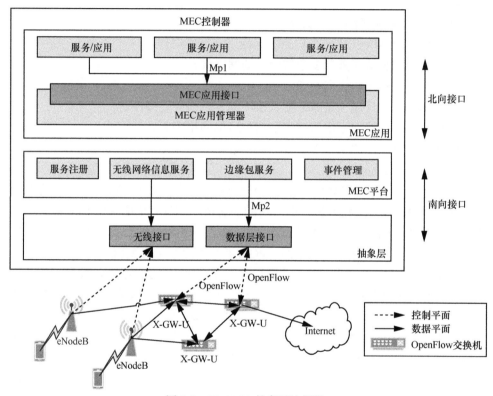

图 8-2　LL-MEC 的高层次框架

由于 SDN 控制和数据平面分离的特性，可以在不了解底层网络详细知识的情况下，以任何特定目的开发 MEC 应用。在所提出的 MEC 框架中，MEC 应用通过北向接口（MEC APP API）与 MEC 平台进行通信，映射为 ETSI MEC 架构中的 Mp1 参考点。北向接口允许 MEC 应用访问从网络抽象和组织的信息，或将控制决策能力委托给网络。MEC 应用不仅可以通过提供的 API 与 MEC 平台进行交互以使用和提供移动边缘服务，还产生其他应用程序可能感兴趣的信息和消息，如作为 eNodeB 产生结构化的无线信息。

图 8-3 为 LL-MEC 与 EPS 交互以处理用于建立承载的 UE 初始附着过程的基本步骤。序列图始于从 X-GW-C 通过 EPS 发送到 X-GW-U 的消息呼叫。一旦 UE

正确连接到网络，MME 和 X-GW-C 已经知道 GTP 信息，则 X-GW-C 启动将 UE 信息（UE 建立规则）发送到 LL-MEC，然后基于这些规则，EPS 能够在相应的交换机中设置 OpenFlow 规则。通过集成 OpenFlow 交换机，将 SDN 的概念引入 LTE 中，可以在 UE、eNodeB 和 X-GW-U 之间建立默认承载，如序列图的最后一个步骤所示。一旦 UE 完成初始附着过程，可以通过配置 OpenFlow 规则，使 UE 正常访问互联网。

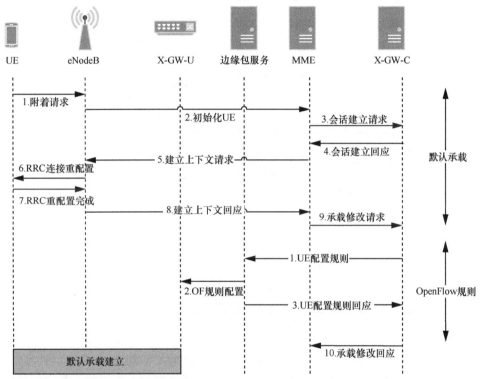

图 8-3　默认承载建立时序

🔍 8.3　网络功能虚拟化

　　NFV 技术允许运营商将网络功能和服务（如分组数据网关/服务网关、防火墙、域名解析服务和缓存等）与专有硬件设备解耦，将功能运行在软件上，进而整合到符合行业标准的通用硬件设备上，并提供优化的管理平面，实现网络功能的虚拟化，提高管理大量异构设备的能力，增强网络的可扩展性和灵活性，缩短了业务上线部署时间。NFV 实现了新的网络设计和部署，将网络功能和服务与云平台相结合，节省了网络运营商的资本支出和运营费用。NFV 可以根据不同的服务需求扩大和减小分配的资源，从而实现控制面和数据面的灵活管理。NFV 的应用改变了电信业的前景，带来了很多优势，包括缩短进入市场的时间、实时优化网络配置和拓扑、支持多租户等。

图 8-4 为 NFV 的通用参考架构，NFV 框架中定义了以下 3 个域。

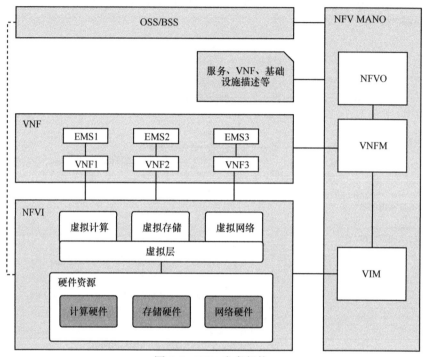

图 8-4　NFV 参考架构

（1）虚拟网元功能（Virtualized Network Function，VNF）

VNF 是网络功能的软件实现，是传统电信设备在网络功能虚拟系统中的展现形式，可以在同一硬件设备上或同一虚拟环境（如 VM）中配置多个功能实例。VNF 在云基础设备中部署时，可以部署在单个虚拟机中或者分布部署在多个虚拟机中，提供电信系统所需要的功能要求，VNF 所提供的网元功能与非虚拟化时的网元功能应保持一致，与其他网元实体的接口应与非虚拟化时的接口保持一致。网元管理系统（Element Management System，EMS）通过北向接口与网管系统相连，提供配置管理、告警管理和性能管理等功能。

（2）NFV 基础设施（NFV Infrastructure，NFVI）

NFVI 为 VNF 的部署提供网络环境的硬件和软件资源，如 CPU、存储和虚拟层等，包括硬件资源和虚拟资源。

硬件资源分为计算资源、存储资源和网络资源 3 部分。计算资源是指本地通用物理服务器，通用物理服务器包含 CPU、内存、本地磁盘和网卡等，也包含加速的硬件（如硬件加解密、包交换、包转发加速）。存储资源是指外接用于存储的磁盘阵列或者分布式存储。网络资源通常是指交换机和路由器等网络通信连接设备。

　　虚拟资源主要体现形式为虚拟机。虚拟机包含虚拟计算资源（如虚拟 CPU（vCPU））、虚拟存储资源（如虚拟内存、虚拟磁盘）以及虚拟网络资源（如虚拟网卡）等。虚拟机有不同规格，虚拟机规格由资源模板描述，虚拟机规格可配置、可管理。虚拟机由虚拟机管理器（Hypervisor）在硬件资源中的通用物理服务器上提供，Hypervisor 将通用物理服务器与上层软件应用分开，多个虚拟机可以在同一个物理服务器上运行，最大化地利用硬件资源，即一个物理服务器的硬件资源可以被多个虚拟机共享。Hypervisor 可以与云管理系统交互实现对虚拟机的创建、删除等操作以及故障管理、性能管理等功能。

　　（3）NFV 管理编排（NFV Management and Orchestration，NFV MANO）

　　NFV MANO 对 NFVI 的物理资源及虚拟资源进行组织和管理，并负责管理 VNF 的生命周期。NFV MANO 为持续服务提供生命周期管理和故障管理，如在故障发生时进行虚拟机的切换。同时，NFV MANO 还可以在不同位置的 MEC 平台之间提供连续性保障，尤其是当 NFV 集成了 SDN 来执行服务链时。例如，当 MEC 应用中因突发事件造成拥塞时，NFV 可以从另一个 MEC 平台分配额外的资源来解决拥塞，这样的操作可以更加系统地运用于高峰时期、常规情况或特殊需求等多种情景中。

　　NFV MANO 中包括虚拟基础设施管理器（Virtualization Infrastructure Manager，VIM）、VNF 管理器（VNF Manager，VNFM）和 NFV 编排器（NFV Orchestration，NFVO）。

　　VIM 负责虚拟化基础设施管理，主要功能是实现对整个基础设施层资源的管理和监控，包括硬件资源的管理和虚拟资源的管理两大类。硬件资源的管理包括以下内容：配置并管理机框等设备，监控机框电源、风扇等关键部件状态；配置并管理路由器、交换机、防火墙和负载均衡器等设备，包括添加、删除、更改和查询路由器、交换机、防火墙和负载均衡器等设备信息；监控路由器、交换机、防火墙和负载均衡器的运行状态及使用情况；自动或手动识别、配置并管理物理服务器，包括添加、删除、更改和查询物理服务器等设备信息；监控物理服务器 CPU、内存、磁盘以及网卡等关键部件的状态及 CPU 利用率、内存利用率、网络入口带宽、网络出口带宽、磁盘读取速率、磁盘写入速率、CPU 温度等信息；接入并管理外接磁盘阵列（包括 IP-SAN 等），包括增加、删除、更改和查询外接磁盘阵列等设备信息；监控磁盘的状态及容量使用情况；采集硬件资源的告警信息，并上报到 NFVO。虚拟资源的管理包括以下内容：配置并管理虚拟机，包括虚拟机的创建、删除和查询等；虚拟机镜像文件的管理，包括添加、修改、删除和查询等；监控虚拟机的运行状态、虚拟机的 vCPU 占用率、虚拟内存使用率、虚拟磁盘占用率、虚拟网卡的吞吐率等；VIM 可选支持虚拟机迁移；支持采集虚拟资源告警信息后能够上报到 NFVO。

VNFM 负责 VNF 实例的管理，VNFM 包括以下功能：VNF 实例的生命周期管理，包括实例化、删除、查询、扩容/缩容、终结等，VNFM 应提供基于业务容量模型的 VNF 自动部署和手动部署能力，能够自动或手动完成 VNF 的实例化；VNFM 支持 VNF 软件包管理，VNF 软件包包括 VNFD、GUESTOS 镜像文件以及 VNF 软件镜像文件，VNF 包管理包括 VNF 包的上载、更新和删除；VNFM 应根据 VNF 的资源利用情况，发起扩容/缩容等操作；VNF 所用虚拟资源，以及虚拟资源的性能数据/事件的采集；VNF 业务所使用虚拟机故障信息的采集。

NFVO 为网元功能虚拟化协调，负责提供硬件资源和虚拟资源的视图，硬件资源和虚拟资源的监控，性能统计和故障管理，并控制 VNFM 实现 VNF 软件包的管理，以及 VNF 实例的创建、更新、终结和弹性伸缩；提供管理接口供操作员进行云管理系统的本地维护；支持网络服务的加载、部署，并可与 OSS 协同，完成对网络服务的管理。

除此 3 个域之外，NFV 的架构中还包括 OSS 和业务支撑系统（Business Support System，BSS）。

NFV 与 SDN 既有联系又有区别：联系在于，它们的核心思想都是软件化、开放化、标准化，从而降低成本提高灵活性，也能够相互促进；区别在于，SDN 更注重网络系统的可编程，即 OSI 参考模型的 3 层及以下，而 NFV 更注重网元层面的虚拟化以及网络上层的软件化，即 OSI 参考模型的 4~7 层。

MEC 提供开放的无线网络边缘平台，允许授权的第三方利用存储和处理能力，以灵活的方式按需引入新业务，从而促进多业务和多租户业务。考虑到 MEC 业务的多样性以及各垂直行业不断变化的业务新需求，系统的资源开放和管理开放可以为 MEC 业务提供灵活的资源部署和管理能力，是 MEC 关键技术研究的重要方面。

资源开放主要包括 IT 基础资源管理、管理开放控制以及路由策略控制。其中，IT 基础资源管理指基于 OpenStack 的虚拟化资源规划及业务编排，即传统数据中心的资源管理机制在 MEC 平台系统内的实现。管理开放控制包括平台中间件的创建、消亡以及第三方调用授权。路由策略控制指通过设定路由控制内的路由规则，对 MEC 平台系统的数据转发路径进行控制，并支持边缘云内的业务编排。IT 基础资源管理通过虚拟机监控器对系统内的物理和虚拟 IT 基础结构进行集中管理，实现资源规划部署，动态优化及业务编排，其主要功能包括对 MEC 平台系统中的 IT 资源池（如计算能力、存储及网络等）进行管理、对虚拟化技术提供支持。

平台管理系统通过对路由控制模块进行路由策略设置，可针对不同用户、设备或第三方应用需求，实现对移动网络数据平面的控制。平台管理系统对能力开放子系统内特定的能力调用请求进行授权，即确定是否可以满足某项能力调用请求。平台管理子系统以类似传统云计算平台管理的方式，按照第三方应用的要求，对边缘云内的 IT 基础设施进行规划编排。平台管理子系统通过向计费系统上报数据流量及能力调用统计信息，支持面向 MEC 平台的计费功能。

管理开放系统包括 MEC 实例生命周期管理，如 APP 的创建、消亡、注册、授权等，MEC 平台网元的管理和 MEC 平台生命周期管理代理。MEC 平台应用生命周期管理包括 MEC 平台应用的加载（On-Boarding）过程、MEC 平台应用的实例化、MEC 平台应用实例的终结、MEC 平台应用实例的迁移等流程。同时，MEC 平台系统提供完整的第三方应用合规审查、仿真、运行和在线排障功能。这些功能集合而成的平台可以在 MEC 平台内部，也可以独立部署在 MEC 平台系统之外。

基于对 MEC 资源开放和管理开放需求的考虑，NFV 成为 MEC 研究中的关键技术之一，负责处理与特定应用和服务相关的虚拟实例，保证了服务的灵活性、可扩展性和可移植性，使多个第三方应用和功能可以在同一 MEC 平台下部署，极大地方便了 MEC 的统一资源管理。例如，在 MEC 平台中，当需要增加一个热门应用的所需资源时，可以简单地通过添加软件实例或者增加特定的资源（如 CPU 电源或存储资源）来实现。将 NFV 的动态分配特性运用于 MEC 具有以下优势：（1）可移植性，即所有服务的独立模块可以移植到另一个不同网络的云环境中；（2）可以对分布式协作的虚拟网络之间的功能移植提供支持；（3）对于特定应用，可以通过切片实现虚拟网络的分区；（4）提供按需分配的可配置资源共享池。

图 8-5 是 MEC 与 NFV 架构功能模块的比较。在目前 ETSI 正推动的 MEC 平台和接口标准化工作中，MEC 平台定义了移动边缘主机、MEPM、MEO、VIM 等功能模块。ME 主机模块实现了移动边缘平台能力开放、虚拟基础设施的数据面转发能力开放和移动边缘应用的部署。MEPM 模块实现了移动边缘平台网元管理、移动边缘应用生命周期管理、移动边缘应用规则和需求管理。MEO 模块实现了移动边缘应用在全局范围内的部署和实例化标准化。VIM 模块实现了基础设施的虚拟资源统一分配、管理、配置及虚拟资源性能和故障的收集与上报。

ME 主机进一步由 ME 平台（ME Platform）、ME 应用（ME Application）和虚拟化基础设施（Virtualization Infrastructure）组成。虚拟化基础设施是基于网络功能虚拟化（NFV）的硬件资源和虚拟化层架构，可以为 ME 应用提供计算、存储和网络资源，并且为 ME 应用持续提供存储和时间相关的信息，它包含一个数据转发平面，为从 ME 平台接收到的数据执行转发规则，并在各种应用、服务和网络之间进行流量的路由。ME 平台从 ME 平台管理器、ME 应用或 ME 服务处接收流量转发规则，并且基于转发规则向转发平面下发指令。ME 应用是运行在 ME

虚拟化基础设施上的虚拟机实例，将 MEC 功能组件层封装的基础功能进一步组合形成虚拟应用，包括无线缓存、本地内容转发、增强现实、业务优化等应用，并通过标准的 API 和第三方应用 APP 实现对接。

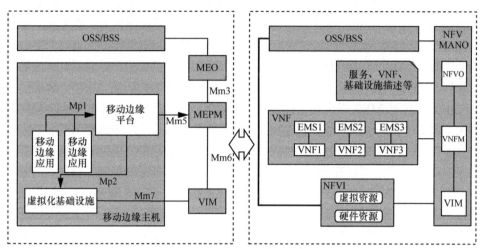

图 8-5　MEC 与 NFV 架构功能模块比较

　　MEPM 具有 ME 平台元素管理、ME 应用生命周期管理以及 ME 应用规则和需求管理等功能。ME 应用生命周期管理包括 ME 应用程序的创建和终结，并且为 MEO 提供应用相关事件的指示消息。ME 应用规则和需求管理包括认证、流量规则、DNS 配置和冲突协调等。ME 平台和 MEPM 的交互实现平台和流量过滤规则的配置，并且负责管理应用的重定位和支持应用的生命周期程序。OSS 和 MEPM 的交互实现 ME 平台的配置和性能管理。MEO 和 MEPM 的交互为应用生命周期管理和应用相关的策略提供支持，同时为 ME 的可用服务提供时间相关的信息。

　　MEO 是 ME 提供的核心功能，MEO 宏观掌控 ME 网络的资源和容量，包括所有已经部署的 ME 主机和服务、每个主机中的可用资源、已经被实例化的应用以及网络的拓扑等。在为用户选择接入的目标 ME 主机时，MEO 衡量用户需求和每个主机的可用资源，为其选择最为合适的 ME 主机，如果用户需要进行 ME 主机的切换，则由 MEO 触发切换程序。MEO 与 OSS 之间的交互触发 ME 应用的实例化和终结。MEO 与 VIM 之间进行交互来管理虚拟化资源和应用的虚拟机映像，同时维持可用资源的状态信息。

　　VIM 用于管理 ME 应用的虚拟资源，管理任务包括虚拟计算、存储和网络资源的分配和释放，软件映像也可以存储在 VIM 上以供应用的快速实例化。同时，VIM 还负责收集虚拟资源的信息并上报给 MEO 和 MEPM 等上层管理实体。

　　从架构分析的角度来看，MEC 的管理单元与 NFV 的 MANO 管理单元非常一致，平台基础设施的使用和定义也高度一致。从 MEC 平台管理和协调器的角度来看，MEO 可以对应 NFVO，MEPM 可以对应 VNFM，虚拟化基础设施（VI）及管理单元（VIM）可以对应 NFV 架构中的 NFVI 及其管理单元。

🔍 8.4　信息中心网络

随着互联网的应用方式、接入方式的变化以及互联网与实体经济的深度融合，基于 TCP/IP 的互联网体系架构在可扩展性、可控性、安全性、服务质量（QoS）保障、移动性、绿色节能、内容分发能力等方面面临前所未有的挑战。另外，人们的需求也转变为对海量内容的获取，且互联网上视频业务量的爆炸式增长，对互联网的内容分发能力提出了更高的要求，对当前互联网体系架构进行变革已经成为学术界和产业界的共识。因此，学术界和产业界开始积极探索互联网体系架构的变革，起初只是在现有互联网的基础上提出一些演进的解决方案。例如，利用覆盖网络，即 P2P 或 CDN 等技术，来缓解持续增长的带宽需求以及提升用户体验。然而，这些解决方案将缓存的内容推至网络边缘，性能上的瓶颈仍然存在。针对以上互联网面临的挑战，人们提出了许多革命性的网络体系架构方案。在这些方案中，信息中心网络（Information-Centric Networking，ICN）能较好地满足当前网络信息传递需求的网络架构，进而引起了广泛的关注，并成为研究热点。

ICN 的核心思想是以信息命名方式取代传统以地址为中心的网络通信模型实现用户对信息搜索和信息获取，是一种专门针对天然支持海量内容分发而提出的未来网络架构，相比传统 TCP/IP 网络关注内容存储的位置，ICN 更加注重内容本身，旨在增强互联网安全性、支持移动性、提高数据分发和数据收集的能力、支持新应用与新需求。

ICN 与传统 TCP/IP 网络相比主要有以下不同点。

（1）通信模式

传统的体系结构中，通信模式为主机到主机，通过 IP 中的源地址及目的地址获得传输路径，ICN 则采用主机到网络的通信模式，通过信息名字获取通信路径。

（2）安全性

传统 IP 网络中，安全取决于主机是否可信，若主机不可信，则存储在主机上的信息被认为是不可信的。但信息是否安全与存储信息的主机是没有必然联系的。ICN 从信息出发，直接对信息实施安全措施，因此安全策略粒度可粗可细。

（3）高效性

当今流媒体占据着主导地位，而且用户关注的不再是信息从哪来，而是信息内容本身。传统 IP 网络根据 IP 地址进行分组转发，必须解析到目的主机才能够实现通信。而 ICN 采用信息命名路由，不需要解析到 IP 地址（如 NDN）或者解析与路由合并（如 DONA），减少了冗余。ICN 在路由中添加了缓存功能，使转发机制从传统的存储转发变为缓存转发，实现了更为高效的传输。

（4）移动性

ICN 是一种支持内容的请求/应答模型，由此带来的好处之一是更加适合移动性。在 ICN 中请求分组经过路由器时，路由器会自动记录需求分组的轨迹，数据分组按轨迹返回给用户。当客户端发生移动时会产生新的轨迹，因此网络中不需要维护客户端的位置信息，支持主机的移动性，解决了海量信息的高效传输问题。由于对移动性的固有支持，ICN 被视为 5G 潜在的关键技术。

自从信息中心网络提出以后，世界各国纷纷布局，启动了一系列相关项目研究。美国学术界率先启动了面向内容的网络体系架构相关项目研究，包括内容中心网络（Content Centric Networking, CCN）、命名数据网络（Named Data Networking, NDN）、DONA（Data-Oriented Network Architecture）等，随后欧盟也陆续启动了 NetInf（Network of Information）、PURSUIT/PSIRP、POINT（IP Over ICN-The Better IP）等相关项目研究。

（1）DONA

DONA 项目于 2006 年启动，时间持续两年，是美国加州大学伯克利分校 RAD 实验室提出的一种面向数据的网络架构。该项目提出使用自我验证的命名，加入了高级缓存的功能。项目的架构设计还考虑了命名、命名解析、安全因素、互联网寻址等问题，阐述了服务器选择、移动性和多宿主、会话初始化、组播状态建立机制等基本功能实现，以及在内容分发、延迟容忍网络、接入规则和中间设备等方面的扩展应用。项目架构的名字解析与 DNS 工作机制类似又不完全相同，DONA 设计了一个基于 URL 构建的扁平化命名机制，实现了内容的注册发布和获取。而且，使用命名系统中的命名解决持续性和可靠性问题，命名的扁平结构确保不变性；新提出的自我验证使安全模式变得简单；且按名称寻找路径的命名解析方式解决了有效性问题。目前该项目已经结束，但是其研究成果为后续各种信息中心网络体系架构的设计提出奠定了基础。

（2）NDN

2009 年，PARC 研究中心的 Jacobson 提出了 CCN，并开展了 CCNx 项目。命名数据网络借鉴了 CCN 的思想，是美国国家科学基金会于 2010 年 8 月宣布支持的未来互联网架构方面的科研项目之一。NDN 力图改变当前互联网以主机为基础的点对点通信架构，实现向以命名数据为中心的新型网络体系结构转变。NDN 将关注的重点从现有网络的"在哪里"转移到"是什么"，即用户和应用关注的内容，探索以内容/服务为中心的网络体系架构；将内容从保护主机中解耦出来，直接保护内容，让通信机制从根本上实现可扩展；其架构采用名字路由，参考了当前 IP

网络的沙漏模型，将内容块取代 IP 放置在细腰部分，而原来的 IP 层下移，并且通过为所有命名数据签名的方式，在细腰部分构建了基本的安全模块，在实现全球互联的同时，支持网络层以外各层的繁荣发展。然而，其路由完全依赖内容名字，从而也带来了路由可扩展性问题。

（3）"移动优先"（MobilityFirst）

MobilityFirst 项目启动于 2010 年 9 月，属于美国国家科学基金 FIA 计划的一部分，旨在直接应对大规模无线接入和移动设备使用的挑战，同时为新兴的移动互联网应用提供新的组播、选播、多路径方案，以及新型的情境感知服务。项目致力于对无缝平滑移动性的支持，它以支持移动节点间的通信为主，而不再是把对移动性的支持当成互联网连接中的一种特殊情况。这一体系结构使用"全面延迟容忍网络（GDTN）"提供通信稳定性，关注于移动性和可扩展性的平衡，以及充分利用网络资源实现移动端点间的有效通信，主要的技术包括分布式的命名服务和延迟容忍的路由和传输等。

（4）PSIRP/PURSUIT

PSIRP（Publish/Subscribe Internet Routing Parading）是欧盟 FP7 项目资助的未来网络项目，该项目主要针对当前互联网过于信任信息的发送者而产生的诸多问题（如分布式拒绝服务攻击（DDoS）等），提倡以信息为中心的发布–订阅网络模型作为未来互联网架构。其发布–订阅网络模型的主要思想即"发布–订阅"，如果没有表达兴趣订阅，则不能收到任何信息，因此具有很大的灵活性。PURSUIT（Publish Subscribe Internet Technology）是其后续项目，进一步对 PSIRP 的架构进行了探索，并在 PSRIP 架构的基础上，利用 PSRIP 累积的经验改善现存组件及构建新的组件，并提出了提供各种原型和开发 API 的目标。

（5）NetInf

NetInf 是众多有代表性的 ICN 架构之一，其项目参与成员主要来自欧盟，是欧盟 FP7 支持的重大项目之一。第一阶段为 2008 年 1 月至 2010 年 6 月的 4WARD 阶段，在此阶段，主要发布了 NetInf 初步架构的描述并对其进行了完善，提出了以信息为中心的网络架构模型，确定了在此架构中信息对象的重要地位，并提出简化了处理信息对象（Information Object，IO）的 IO 模型。第二阶段为从 2010 年至今的 SAIL 阶段，该阶段主要设计 NefInf 内容分发和业务模型，提出了一种服务放置的优化策略，并设计描述了其命名方案。NetInf 提出了信息中心网络，将信息进行了分类，通过不同类型定义信息名字，同时给出了两种名字的解析方式。NetInf 是基于标识和定位分离模式构建而成，旨在独立于位置处理数据，通过递归查找的方式实现信息对象和存储位置的解析。

（6）POINT

PONIT 是欧盟 Horizon2020 新设立的项目，主要以 FP7 中 PURSUIT 项目研

究的 ICN 核心实验平台 Blackadder 为基础，旨在研究一个解决方案——在运营商或某一企业网络提供基于 IP 的服务，而该网络完全是基于 ICN 的原则建立的。POINT 的最终目标是相比当前 IP 网络，提供改善性能（定量和定性）的基于 IP 的服务。

以上项目虽然在侧重点、术语、协议和优势上各有不同，但是各种信息中心网络的设计本质十分相似，均采用发布–订阅范式作为主要的传输模型，基本思想都是命名数据与网内缓存。近些年，由于 NDN 方案的可行性以及该项目取得的令人瞩目的发展，国际上，学术界与产业界均非常看好 NDN 的前景，并将 NDN 作为 ICN 未来网络架构中的主流。

NDN 中有两种数据报文，其中，请求数据报文称为兴趣包（Interest），响应报文称为数据包（Data）。NDN 的路由表保留了类似 IP 路由的转发信息库（Forwarding Information Base，FIB），在此基础上增加了待处理请求表（Pending Interest Table，PIT）和数据分组缓存（Content Store，CS）这两个表项。NDN 路由使用存储在 FIB 和 PIT 中的信息进行匹配转发，从而完成对 Interest 分组请求信息的响应和 Data 分组内容数据的转发，并最终完成请求的转发和数据的获取。兴趣包和数据包的处理流程如图 8-6 所示。

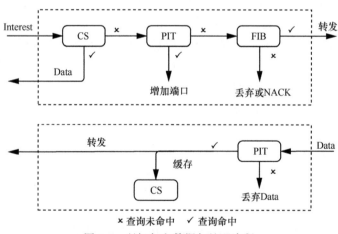

图 8-6　兴趣包和数据包处理流程

将 ICN 应用于边缘计算中，对于改善边缘网络的性能具有重大意义。仍以 MEC 为例，2016 年，5G Americas 组织发布了关于信息中心网络与移动边缘计算的白皮书，该白皮书建议 5G 支持基于移动性、安全性和内容缓存的新网络体系结构和协议，而随着 ICN 和 MEC 的不断发展，其在未来移动网络中的作用越来越受到关注。MEC 和 ICN 目前处于不同的发展阶段，它们不相互依赖，可以独立进行部署，并且是互补的概念。

MEC 可以减少时延节省带宽，同时进行内容感知和计算卸载，满足时延要求高的应用需求，然而，当前 MEC 基于粗粒度的 VM 部署，非常依赖于底层传统的基于主机的网络架构，ICN 可以有效解决具有高度移动性的用户所带来的移动性问题。基于以上特点，华为提出了在车联网中应用 ICN 和 MEC 的研究方向，旨在为车辆提供道路状况预览，从而车辆可以进行道路规划、自动驾驶、车灯调整等操作，研究难点包括移动性、内容命名、缓存、安全、内容分发、海量数据处理等问题。韩国 BcNLab 也提出了将 ICN 与 MEC 结合应用于车辆应用，针对实时应用的低时延需求、分布式无连接的通信需求、信息分析和高计算能力需求等，利用 ICN 增强 MEC 的内容缓存。美国国防部高级研究计划局（Defense Advanced Research Projects Agency，DARPA）资助的基于内容的移动边缘网络（Content-Based Mobile Edge Networking，CBMEN）项目，设计了新型网络服务和传输体系架构，从而在移动 ad hoc 网络环境中实现高效透明的内容分发，该体系的主要特征包括：基于连接建模和网络编码在中断的移动网络上进行路由和转发，在分布式策略性的边缘语义网上进行内容广播、查询发现和协作，通过功能性加密机制实现强大的细粒度安全和访问控制，在移动 ad hoc 网络中实现分布式内容部署和共享。

在 MEC 中，虽然 MEC 架构本身有诸多优点，但是它并没有定义客户端与边缘云上运行实例的通信方式，在一般情况下，这个过程仍然通过传统的 IP 完成，因此 MEC 采用的依旧是主机间的通信模型，如果客户端移动，那么这种模式就会出现诸多问题，如 IP 地址维护等。为了克服这些问题，采用将 MEC 和 ICN 进行融合的方式解决。ICN 用来建立访问命名数据的通信模型。在此种 ICN 模型中，通过使用内容标识将内容从其位置分离出来，从而形成一个松散耦合的通信模型。这样，可以使内容独立于一个特定的物理位置，不再受限于 MEC 服务器位置，有效促进移动性、网络缓存/处理和组播通信问题的解决。

在 MEC 与 ICN 的融合网络中，终端向网络提交的数据请求，不再基于主机的 IP 地址，而是依据相应命名规则独立于物理位置的数据包，实际的内容解析与传输是由网络执行的。在终端与边缘节点的数据交换中，得益于以主机为中心的通信模型和基于网络的 ICN 内容解析，ICN 可以隐式地从最接近的 MEC 组件中收集数据。在这样的情况下，终端移动引起的问题，如频繁断开连接和重新连接到不同的网络接入点，都是隐式解决的。在边缘节点与 Internet 的连接问题上，ICN 的好处在于它允许对节点感兴趣的内容进行直接寻址，而不是搜索数据时在主机基础上探索网络。

在 MEC 与 ICN 的融合中，还有诸多问题需要解决。例如，ICN 中命名规则有重要地位，而在融合网络中，数据的命名规则可能需要多方提供关键信息，数据的提供者和使用者如何共同制定命名规则需要依据具体服务来规定。此外，移动过程中命名规则的迁移也需要考虑在内。虽然 ICN 简化了网络的功能和服务的访问，但是资源的配置和管理需要重新进行讨论，确保网络资源的使用效率。

8.5 网络人工智能

（1）人工智能概述

人工智能（Artificial Intelligence，AI）是有半个多世纪历史的技术。1950年，图灵提出了著名的"图灵测试"：如果一台机器能够通过电传设备与人类展开对话而不被人类辨别出机器的身份，那么就称这台机器具有智能。在1956年的达特茅斯（Dartmouth）会议上，与会者确定了"人工智能"一词为这一领域的名称。因此，达特茅斯会议被看作是人工智能正式诞生的标志。

在之后的十几年，人工智能技术得到了快速发展，在此期间出现了神经网络、联结主义、自然语言处理（Natural Language Processing，NLP）、搜索式推理等研究方向。但是，到20世纪70年代中期，计算复杂度、运算能力和数据量等方面的困难开始显现出来，人工智能陷入了第一次低潮。20世纪80年代，人工智能再次兴起，但因为计算机硬件计算资源的匮乏，依然没有发挥出人们期待看到的能力。因此，在20世纪80年代晚期，人工智能再次遭遇经费危机，陷入了第二次低潮。

如今，人工智能终于实现了它最初的一些目标。2005年之后，随着大数据技术的广泛发展和从互联网获取到的海量数据，结合此时出现的深度学习技术，通过组合底层特征对更加抽象的高层特征进行抽象，能够发掘数据的分布式特征表示。深度学习的出现大大提升了机器视觉、语音识别、机器翻译等领域的准确率。2016年和2017年，围棋智能AlphaGo分别击败了围棋世界冠军李世石和柯洁；各大手机厂商都在手机中内置了语音助手；自动驾驶技术也在快速发展并日渐成熟，这一切都在告诉人们人工智能时代的到来。未来，人工智能会应用在人类生活中的各个方面，在网络技术领域，人工智能也会带来巨大的变革。

如图8-7所示，目前人工智能技术主要分为以下类别。

① 机器学习（Machine Learning，ML）：机器学习是人工智能的核心，是研究如何使用机器获取新知识和新技能，并识别现有知识的一门学科。机器学习可以分成监督学习、非监督学习、深度学习、强化学习等。

② 自然语言处理：自然语言处理研究能实现人与计算机之间使用自然语言进行有效通信的理论和方法。自然语言处理的主要范畴有机器翻译、问答系统、语音识别、信息抽取、文本分类等。

③ 专家系统（Expert System）：专家系统是人工智能的一个重要分支，它可以看作是一类具有专业知识和经验的计算机智能程序系统，内部含有大量某个领域专家水平的知识与经验，模拟通常由领域专家才能解决的复杂问题。

④ 计算机视觉（Computer Vision，CV）：计算机视觉指用摄影机和计算机代替人眼对目标进行识别、跟踪和测量，并进一步做图像处理的人工智能学科，它主要包括如下分支：图像识别、机器视觉、目标跟踪、图像恢复、场景重建等。

⑤ 机器人学（Robotics）：机器人学是一项涵盖机器人设计、建造、运作以及应用的跨领域科技，主要研究机器人的控制与被处理物体之间的相互关系。

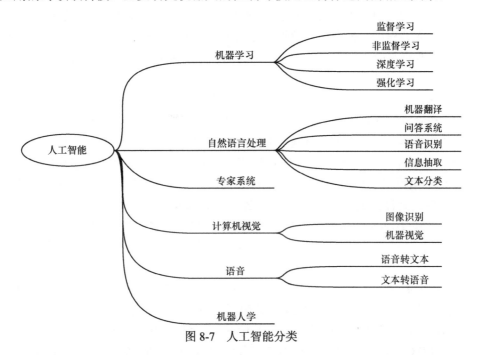

图 8-7　人工智能分类

（2）人工智能使能未来网络

经过几十年的不断发展，种类繁多且不断增加的网络协议、拓扑和接入方式使网络的复杂性不断增加，因此，通过传统方式对网络进行监控、建模及整体控制变得愈加困难。未来网络急需一种更强大更智能的方式来解决其中的设计、部署和管理问题。近年来，随着大数据与机器学习、深度学习的结合，人工智能在语音识别、文本处理、计算机视觉等领域的应用取得了突破。事实证明，这种利用大量数据学习规则的方式给很多问题带来了全新的解决方案，而利用人工智能管理网络就是其中之一。于是，网络人工智能应运而生，通过将人工智能技术应用到网络中实现故障定位、网络故障自动修复、网络模式预测、网络覆盖、容量优化等一系列传统网络中很难实现的功能。

典型的机器学习问题解决流程包括问题分析、数据获取、特征选取、模型训练、模型优化 5 个步骤。网络人工智能流程也一样，但网络数据的获取相比在典型机器学习问题中更加困难。网络人工智能需要以大量的数据为基础，除了少数数据可以公开获取外，绝大多数数据需要依靠网络测量与采集系统实时采集来获取。因此，网络测量与采集系统是网络人工智能的基础。

在传统网络中，网络测量主要依靠简单网络管理协议（Simple Network Management Protocol，SNMP）和 NetFlow。SNMP 是 IETF 定义的 Internet 协议簇的一部分，NetFlow 是由 Cisco 于 1996 年提出的一种基于数据流粒度的网络测量方法。在 SDN 发展初期，网络测量主要以控制平面主导的测量方法为主。在 P4 等控制平面编程语言提出后，数据平面的灵活性得到了极大扩展，测量方法也开始转向以数据平面为主导，同时，Marple 等网络性能查询语言和系统进一步简化了网络测量和信息采集过程。

在这种强大的数据收集能力的支撑下，人工智能技术被应用来解决诸多网络问题。在完成数据收集后，网络问题就与典型的机器学习问题非常相似，可以利用众多的机器学习框架解决问题。这些框架包括 Tensorflow、PyTorch、Keras、Caffe 等。其中，Tensorflow 是 Google 开源的第二代用于数字计算的软件库。它是基于数据流图的处理框架，同时支持异构设备分布式计算。Tensorflow 以其灵活、便携、高性能的特点一直处于机器学习框架中最火热的地位。PyTorch 是 Facebook 和 Twitter 主推的一个知名的深度学习框架。它包含大量机器学习、计算机视觉、信号处理及并行运算的库。PyTorch 的优势可以总结为：构建模型简单、高度模块化、快速高效的 GPU 支持。上述机器学习框架辅以 Hadoop、Spark 等开源框架的大数据处理能力，能够支撑网络所需要的智能化能力。通过这些开源机器学习框架和数据处理框架以及收集到的数据，很多网络问题都可以得到有效解决。

近年来，各标准化组织相继成立了网络人工智能工作组。2017 年 2 月到 11 月间，ETSI ISG ENI 工作组、3GPP SA2 工作组、ITU-T FG-ML5G 工作组相继成立。同时，工业界和学术界也针对网络人工智能展开了众多研究，主要包括基于人工智能的网络资源智能管控、基于人工智能的网络流量管理、基于人工智能的网络自动化运维、基于人工智能的网络安全 4 个方面。

① 基于人工智能的网络资源智能管控

基于人工智能技术的网络资源智能管控，可以让资源利用率得到提升。Google 一直在关注减少能源使用这一问题，通过在数据中心使用 DeepMind 的机器学习能力，Google 将冷却系统的能源消耗量减少了 40%。此外，MIT 和微软研究院联合设计了基于人工智能的网络资源管理平台 DeepRM。DeepRM 使用增强学习与深度神经网络结合的学习系统对网络中任务所使用的 CPU 资源与网络带宽进行训练，实现了对网络中 CPU 资源和网络带宽资源进行高效管理与智能分配，可以有效提高网络资源的利用率，缩短任务的完成时间。

② 基于人工智能的网络流量管理

由于网络服务于多种业务和多个不同的用户，因此需要在复杂的网络环境中，控制不同的业务流走不同的路径，动态调整路由。华为诺亚方舟实验室开发了 Network Mind 系统，目标是通过人工智能技术实现软件定义网络的网络流量控制。在网络视频流量管理与优化上，MIT 的研究者在顶级网络学术会议 Sigcomm 2017 上发布了 Pensieve 人工智能视频流量优化系统，通过对网络中视频流量占用带宽的学习与训练，对未来流量的带宽进行可靠的预测，从而为视频流选择最优的码率，减少视频流量在网络中的卡顿现象。

③ 基于人工智能的网络自动化运维

随着迅速增加的网络规模与不断丰富的网络应用，运维难度与运维成本与日俱增，传统的人工运维方式难以为继。Gartner 在 2016 年提出 AIOps 的概念，即通过人工智能的方式支撑日益复杂的运维工作。日本 KDDI 开发了基于 AI 的监视器实现智能运维。微软的 NetPoirot 是基于人工智能的数据中心故障定位系统。NetPoirot 可以只观察主机侧的 TCP 数据来定位故障的发生位置。同时，NetPoirot 对没有训练过的错误也具有很高的故障位置识别率。

④ 基于人工智能的网络安全

来自网络的安全威胁一直存在网络中，特别是随着云计算的普及，网络安全是首先要解决的问题。Oracle 将新的自适应访问功能添加到身份识别云服务（SOC）中，使用机器学习引擎进行分线监控，扩展其云接入安全代理服务（CASB），使其软件即服务（Software-as-a-Service，SaaS）产品具有自动检测威胁的功能。与此同时，亚马逊 AWS 也发布了云服务安全工具 Macie。Macie 使用机器学习对数据进行自动保护，它能够识别敏感数据，如个人身份信息或知识产权，并为用户提供仪表板和警报服务。

（3）人工智能使能边缘计算

人工智能对于未来网络的管理、优化和修复都有重要的意义，能够实现一系列传统网络中很难实现的功能。边缘计算作为一种异构、分布式、多用户共同拥有的系统，对边缘计算的管理、优化和修复更加复杂，因此，利用人工智能可以很好地实现对边缘计算的管理。此外，使用边缘计算节点计算能力和缓存能力实现的计算卸载及缓存功能，也可以利用人工智能技术进行优化，从而实现更好的性能。下面主要从计算卸载、主动缓存和安全防护 3 个方面介绍人工智能在边缘计算方面的应用。

① 基于深度学习技术的 MEC 计算卸载

针对 MEC 计算卸载在移动性、安全性和干扰管理方面的挑战，利用人工智能技术，尤其是深度学习技术能够较好地解决上述挑战。通过构建深度监督学习模型（Deep Supervised Learning，DSL）可以为使用 MEC 的用户获得最佳的计算卸载方案。具体的解决方式为，给定一定数量预先设置好的计算卸载策略，通过获取网络及需要卸载至 MEC 服务节点的应用状态计算出最适合的方案。因此，可以将 MEC 的计算卸载问题归纳为多标签的分类问题。

在计算卸载场景中，需要实现卸载的任务均可以按照执行的方法或线程切分为多个模块，每一个模块都可以在本地或 MEC 节点中执行。假设一个任务可以分为 n 个互相独立的模块，那么对这个任务共有 2^n 种不同的卸载方案。DSL 模型的输入为所有模块的网络状态观察值，决策值为一个 n 维向量。

整个模型分为 3 个阶段：初始阶段、训练阶段和测试阶段。初始阶段的目的是获得训练 DSL 模型的原始数据，通过设置多次完全随机的网络和模块状态，并记录下相应的最优卸载策略。在训练阶段，通过深度神经网络（Deep Neural Network，DNN）对模型进行训练。可以使用如图 8-8 所示的深度神经网络，该网络具有两层隐藏层（Hidden Layer），每层具有 128 个神经元，激活函数为线性整流函数（Rectified Linear Unit，ReLU），输出函数为 Sigmoid 函数并使用 dropout 作为正则（Regularization）方式。输出神经元的数量设置为 n，如果一个输出神经元的值大于 0.5，则视为将对应模块卸载至 MEC 节点，反之不卸载。测试阶段是对在训练阶段训练好的 DSL 模型使用全新的输入进行测试。

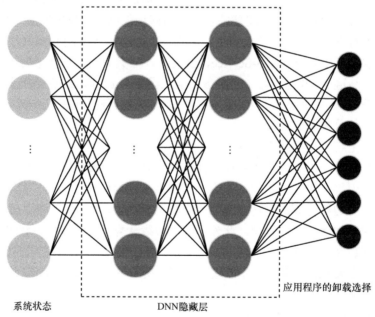

图 8-8 用于 MEC 计算卸载决策的 DSL 模型

② 基于迁移学习的内容 MEC 主动缓存

MEC 带来的分布式计算和存储能力能够支持更加智能的共享式网络边缘内容缓存。共享不同节点缓存信息的共享式缓存方案通常具有更好的缓存效果，但如何设计一种有效的缓存节点协作机制是极具挑战的难题。考虑到移动网络用户高度的移动性以及内容的庞大数量，如何在有限的缓存空间中选择缓存的内容是设计缓存方案的重点。传统的解决方式基本都是假设内容的流行度服从 Zipf 分布（Zipf Distribution），但现实中的内容流行度都是动态的，难以预先得知。通过大数据分析的方式可以得到预测内容的流行度，但通常此类分析方式有较大耗时，同时占用较大网络带宽。如果把迁移学习（Transfer Learning，TL）应用到内容流行度的预测中，预测的时间会大大减少。不同于传统的机器学习方法，迁移学习通过"举一反三"的方式，使用之前获得的知识对相似的任务进行学习，从而获得更好的学习效果，并能够显著减少耗时。

在使用 TL 对内容流行度进行预测之前，需要对内容进行 K-Means 聚类分析。假设内容被分成 K 个类别，即 $D = \{d_1, d_2, \cdots, d_k\}$。TL 模型中包含两个域，源域（Source Domain）和目标域（Target Domain）。TL 模型的目的是使用源域中的信息更好地学习目的域。假设内容 o_i 属于类别 d_k，并位于 MEC 节点 c_m 中，那么 o_i 在时间段 $[t, t + \Delta t)$ 内的流行度 $\hat{p}_{m,i}(t + \Delta t)$ 可以表示为

$$\hat{p}_{m,i}(t + \Delta t) = a_{m,k} p_{m,i}^T(t + \Delta t) + \sum_{l=1, l \neq m}^{M} a_{l,k} p_{l,i}^S(t)$$

其中，$p_{m,i}^T(t)$ 表示 MEC 节点 c_m 中的内容 o_i 时间段 $[t - \Delta t, t)$ 内的流行度；$p_{l,i}^S(t)(l \neq m)$ 表示在另一个 MEC 节点 c_l 中的内容 o_i 在时间段 $[t - \Delta t, t)$ 内的流行度；集合 $a_k = \{a_{1,k}, a_{2,k}, \cdots, a_{M,k}\}$ 表示在类别 d_k 中内容的学习因子。通过 TL 模型对 a_k 进行学习来获得最优化的学习因子可以准确预测内容的流行度。

③ 基于深度信念网络的 MEC 安全防护

安全防护是 MEC 实现与部署过程中需要着重考虑的难点之一。MEC 分布式的部署方式、多租户的实现方式和开源的代码使 MEC 的安全问题格外严重，需要设计合理有效的安全防护措施。本节利用人工智能技术，结合深度信念网络（Deep Belief Network，DBN）介绍 MEC 的安全防护方案。

方案主要包括两个模块：特征处理模块和威胁检测模块。以恶意软件的检测为例，对软件的特征检测包括 3 种类型：权限检测、敏感 API 检测和动态行为检测。待检测软件的文件会被解包，特征处理模块从中提取出相应的特征作为威胁检测模块的输入。威胁检测模块包含基于 DBN 的特征学习部分和基于 softmax 函数的输出部分。DBN 可以看作一种简单的非监督学习网络，如限制玻尔兹曼机（Restricted Boltzmann Machine, RBM），多层的 RBM 堆叠在一起，前一层 RBM 的输出作为后一层 RBM 的输入。对 DBN 模型的训练分为两个阶段：使用未标记样本的非监督预训练阶段和使用标记样本的调优阶段。预训练阶段使用对比散度（Contrastive Divergence, CD）算法进行训练，调优阶段使用反向传播（Back Propagation, BP）算法对预训练好的参数进行调整。图 8-9 为 DBN 模型的结构。

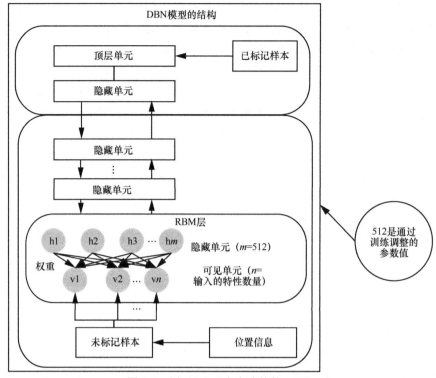

图 8-9　用于 MEC 安全防护的 DBN

🔍 8.6　云计算与数据中心网络

边缘计算的概念是云计算能力到网络边缘的延伸，推动传统集中式数据中心中云计算平台与边缘网络的融合,将原本位于云数据中心中的服务和功能"下沉"到网络的边缘，因此，研究云计算和数据中心网络技术对边缘计算的构建具有重要意义。

（1）云计算

云计算技术维护一个可以动态分配的资源共享池，从而减少软件和硬件的管理成本，提供高计算能力和高性能，保障资源的可访问性和持续可用性。云计算技术可以提供强大的处理能力和大量资源，使在高容量通用服务器上部署虚拟机更加容易，如在基站和网关之类的地方。云计算技术的产生使按需提供计算和存储资源成为可能，极大地增加了网络和服务部署的灵活性和可扩展性。云计算和物联网的结合已证实可以为新业务提供帮助。

云计算技术目前处于比较成熟的阶段，可以从技术模型与服务模型分类，其中，技术模型包括私有云、公有云、混合云和社区云 4 种模型，服务模型包括基础设施即服务（Infrastructure-as-a-Service，IaaS）、平台即服务（Platform-as-a-Service，PaaS）和软件即服务 3 种模型。

① 技术模型

• 私有云

私有云由防火墙内的企业完全拥有和维护，通过提供专用访问保障安全（如 RackSpace、Citrix 和 Google）。大型企业可以选择构建私有云，它既可以进行内部管理也可以通过外部服务进行管理，既可以在内部托管也可以在某个外部场所托管。私有云区别于企业数据中心的关键在于运行效率。与专用于公司某个群体的数据中心不同，私有云可以在企业各个群体之间共享。随着虚拟化服务和软件定义网络的使用，敏捷服务重新部署成为可能，这大大提高了资源利用率和效率。

• 公有云

公有云由云提供商提供的一个公共可访问的、基于按需付费方式的资源池组成（如 Amason、Microsoft 和 Dell）。较小的公司没有足够的用户数量来实践私有云，此时可以迁移到公有云上。公有云具有与私有云相同的规模经济优势和敏捷性，但由外部公司托管，且数据中心资源由多个企业共享。此外，公司可以按照自己的需求购买服务，当需求变化时，可以根据需要添加或删除计算资源。公有云服务提供商需要开发能够满足这些企业租户需求的数据中心。在某些情况下，它们可以提供物理上的隔离，在公有云内有效地托管一个私有云。在公有云域中，计算资源和网络资源的虚拟化使客户可以仅租赁他们需要的服务，并且可以即时扩展服务或减少服务。为了提供这种类型的敏捷性，同时降低运营费用，云服务提供商正在转向软件定义网络，将其作为一种手段来协调数据中心网络资源并快速适应不断变化的客户需求。

• 混合云

混合云为私有云和公有云的结合（如 VMWare、HP、IBM）。在某些情况下，由于潜在的安全问题，企业不愿意将他们的整个数据中心迁移到公有云。但在许多案例中，企业可以将敏感数据存放在其本地数据中心，并且开发利用公有云。这样既不需要在大型数据中心的基础设施上投资，又能够按照业务需求快速增加或减少资源，这种方法即混合云。

• 社区云

社区云包含若干云提供商的资源池，可以被一组用户共享。

② 服务模型

• 基础设施即服务

IaaS 提供虚拟化可扩展的计算、存储和网络基础设施（如服务器、存储器和网络等），以及虚拟机管理程序和负载均衡器等底层软件。服务提供商通常对外租赁原始数据中心的构建模块，包括服务器、存储器和网络，这种方式允许用户在服务提供商的基础设施内建立自己的虚拟数据中心，如托管公有云。服务提供商提供底层软件功能，如虚拟机管理程序、网络虚拟化服务和负载均衡等，而客户则需要安装自己的操作系统和应用程序。服务提供商负责维护硬件和虚拟机，而客户则需要维护和更新虚拟机上的所有软件层。IaaS 提供商有谷歌计算引擎、Rackspace 和亚马逊弹性计算云等。

- 平台即服务

PaaS 提供开发、管理和运行应用程序的平台，如操作系统和包括数据库及开发工具在内的 Web 服务器应用程序。该模型为客户端提供了一个计算平台，其中包括操作系统和对一些软件工具的访问，如 Web 托管服务。服务提供商不仅提供用户托管网站的操作系统，还提供对数据库应用程序、Web 开发工具和网站统计信息收集工具的访问。服务提供商提供一系列服务和多种托管选项，根据预期的网络通信量来增加硬件性能。PaaS 提供商有 Windows Azure 云服务、Google App Engine 以及各种 Web 托管公司。

- 软件即服务

SaaS 提供对云中软件的访问，为企业和个人提供基于 Web 的软件工具。云服务提供商通过 SaaS 运营模式为最终用户提供软件应用程序和数据库。在这种模式下，最终用户支付订阅费或基于使用情况按需支付软件服务的费用。服务提供商维护数据基础设施、系统和软件，而最终用户只需远程运行应用程序。这种方式将硬件和软件的维护都外包给 SaaS 提供商以降低企业的 IT 运营成本。SaaS 提供商有 Microsoft Office 360 和 Google Apps 等。从在大型机上运行分时共享软件发展到在大型云数据中心运行应用程序，这两种情况下客户端都使用远端终端来访问集中化的计算机资源。

云平台通常由多个物理机组成，每个物理机包含单个逻辑实体，可以在执行独立任务的不同参与者之间共享。实现云平台共享的方法之一是利用 Hypervisior 建立和运行 VM，每个 VM 上可以执行独立的任务。VM 的隔离属性可以为用户提供具有完整功能的独立系统，在不影响底层硬件的情况下，对任务和进程的实例化和终止过程进行细粒度控制，从而实现资源的灵活配置。

边缘计算的概念是云计算能力到移动网络边缘的延伸，边缘网络集成了云计算能力，为部署和管理业务提供了有效方案。边缘计算技术在网络边缘提供计算和存储资源，而 NFV 和云计算技术可以帮助边缘计算实现多租户的共建。由于边缘计算服务器的容量相对于大规模数据中心来说较小，不能提供大规模数据中心带来的可靠性优势，所以需要结合云技术引入云化的软件架构，将软件功能按照不同能力属性分层解耦地部署，在有限资源下实现可靠性、灵活性和高性能。

（2）数据中心网络技术

随着互联网规模的爆炸式增长，访问网络的人数、可用网站的数量以及平均数据下载量都呈指数级增长，像谷歌、亚马逊这样广受欢迎的互联网服务提供商需要建立大型的专用服务器仓库来满足扩大数据中心的需求，即云数据中心。在全世界，已经部署和正在建设的全新云数据中心都拥有数以万计的服务器，有时甚至拥有数十万台服务器，这些云数据中心有时被称作超大规模数据中心。由于云数据中心使用大量机架式服务器或箱式数据中心模块，因此将所有这些组件进行组网连接成为一种挑战，这种类型的网络被称作"云数据中心网络"，在云数据中心，这些服务器之间以及与相关存储器之间的高效通信都依赖先进的数据中心网络技术。

云数据中心网络中的设备依靠基础芯片模块得以正常运作，设计有效的交换架构可以弥补芯片模块参数方面的不足从而改善云网络的性能。从芯片级的角度，交换结构架构包括共享总线架构、共享内存架构、纵横式架构以及同步串行架构等，对于这些基本的网络构建模块，主要的缺陷就是端口数量问题，数据中心网络需要数以万计的高带宽端口，而最好的芯片技术只能提供大约 100 个高带宽端口，因此必须采用多级结构技术。基本的多级结构架构主要包括环型结构、网状结构、星型结构和 CLOS/胖树结构等，对于这些拓扑结构，需要采用恰当的拥塞处理方式，如流量控制、虚拟输出队列和通信量管理等。商用交换机芯片中适用的流行架构设计实例包括基于信元的设计、输入输出排队设计和输出排队共享内存设计等。

以上架构通常用于构建数据中心网络设备，而为了将作为数据中心基本构建模块的网络设备连接起来，以创建高效的云数据中心网络，需要从系统级的角度出发进行设计。传统数据中心网络所采用的层次结构包含 ToR 交换机、汇聚交换机或 EoR 交换机以及核心交换机，这种 3 层方式增加了大型云数据中心网络的成本、复杂性和延迟，还使数据中心的横向流量大幅增加，导致服务器之间的高延迟变化，进而导致数据中心的性能不可预知，因此数据中心网络的架构正逐步趋向于扁平化发展，对网络设备有新的要求，同时也倡导在新的机架规模产品和微服务器中分解网络设计。

存储器是大型云数据中心的重要组件。传统的企业数据中心可以有一个专用 SAN，它在物理上与数据网络相隔离，然而对于规模巨大的大型云数据中心而言，这是不可行的。为了应付这样的规模，数据中心管理员更倾向于部署基础性的统一构建模块，这样容易按容量需求的增长进行扩展。此外，由于成本限制，会保留单个融合性数据中心网络来支持存储通信和数据通信。另外，软件定义存储的运用可以实现对存储器配置的改进。在现代大型数据中心中使用了一些构建模块的策略，包括分布式存储、数据中心 POD、机架规模架构等。

分布式数据库系统是数据库技术和网络技术两者结合的结果。在大数据时代，数据种类和数量的快速增长使分布式数据库成为数据存储、处理的主要技术，并得到广泛应用。分布式数据库可以部署在自组织网络服务器或分散在互联网、企业网或外部网以及其他自组织网络的独立计算机上。由于数据存储在多台计算机上，分布式数据库操作不局限于单台机器，而允许在多台机器上执行事务交易操作，以此提高数据库访问的性能。

随着数据密集型应用对大数据处理能力需求的不断增加，分布式数据库已成为大数据处理的核心技术。按照数据库的结构，分布式数据库包括同构分布式数据库系统和异构分布式数据库系统，前者数据库实例的运行环境具有相同的软件和硬件，对单一数据库而言，同构分布式数据库具有单一的访问接口；后者运行环境中硬件、操作系统和数据库管理系统以及数据模型等均有所不同。按照处理数据类型，分布式数据库主要包括 SQL（关系型）分布式数据库、NoSQL（非关系型）分布式数据库、基于可扩展标记语言（XML）的分布式数据库以及 NewSQL 分布式数据库。其中，NoSQL 和 NewSQL 分布式数据库使用最为广泛。NoSQL 分布式数据库的出现主要为满足大数据环境下，大规模海量数据对数据库高并发、高效存储访问、高可靠性和高扩展性的需求，主要分为键值存储类（如 Redis）、列存储数据库（如 HBase）、文档型数据库（如 MongoDB）、图形数据库（如 Neo4J）等。SQL 分布式数据库是针对表式结构的关系型分布式数据库，典型代表有微软分布式数据库和 Oracle 分布式数据库。基于 XML 的分布式数据库主要存储 XML 格式的数据，本质上是一种面向文档的类似于 NoSQL 的分布式数据库。NewSQL 分布式数据是一种具有较强实时性、复杂分析、快速查询等特征的，面向大数据环境下海量数据存储的关系型分布式数据库，主要包括 Google Spanner、Clustrix、VoltDB 等。相比于边缘计算模型，分布式数据库提供了大数据环境下的数据存储，较少关注其所在设备端的异构计算和存储能力，主要用以实现数据的分布式存储和共享。分布式数据库技术所需的空间较大且数据的隐私性较低，对基于多数据库的分布式事务处理而言，数据的一致性技术是分布式数据库面临的重要挑战。相比分布式数据而言，边缘计算模型中数据位于边缘设备端，具有较高的隐私性、可靠性和高可用性。万物互联时代，"终端架构具有异构性并需支持多种应用服务"将成为边缘计算模型应对大数据处理的基本思路。

对于提供各种需要深度包检测和包处理的网络服务系统，网络设备是一个通用的术语。服务包括防火墙、入侵检测、负载均衡、网络监控、VPN 服务和广域网优化等。这些服务通常是通过模块化机箱或其他安装在机架上的设备构建的，其中的一些服务正在被迁移到云数据中心网络，数据中心管理员在数据中心内部标准的虚拟服务器上实现这些特定的网络应用，即 NFV。在实现过程中，可以采用一个虚拟交换机实现服务器内虚拟机之间的数据移动。采用标准服务器支持这些应用为数据中心管理员提供了很大的灵活性。对于公有云或 IaaS，可以按照需求为最终用户提供各种网络功能，同时不带来或带来极少的基础设施变化。当数据中心内的通信负载变化时，NFV 可以在数据中心内部不同的位置移动或扩展，进而优化数据中心资源。

数据中心虚拟化使数据中心管理员能够为大量租户精密分配数据中心资源，同时优化数据中心资源的利用率。数据中心虚拟化包括以下虚拟化组件，即服务器虚拟化、网络虚拟化和存储虚拟化。服务器虚拟化允许在一个物理服务器上运行多个虚拟机作为独立的虚拟服务器，使服务器资源的分配更加灵活。网络虚拟化实现了在多租户环境中通过虚拟网络为数据中心客户提供单独的虚拟网络。存储虚拟化技术可以在大型抽象存储池中为租户隔离虚拟存储池。

在多租户数据中心环境中，虚拟化服务、虚拟化网络和虚拟化存储所引入的复杂性增加了管理运行成本。此外，给定租户部署或修改这些数据中心资源所需的时间也会导致数据中心收益降低。软件定义网络和网络功能虚拟化的引入可以帮助改善这一现状，通过使用中央流程编排层来减少运营开支，该流程编排层可以为给定租户快速部署虚拟服务器、虚拟网络和虚拟存储，此外，该流程编排层还可以根据需要在整个数据中心部署 NFV 功能，包括防火墙、入侵检测以及服务器的负载均衡等。

边缘计算的工作在于推动传统集中式数据中心中云计算平台与移动网络的融合，将原本位于云数据中心中的服务和功能"下沉"到移动网络的边缘，在网络边缘为用户提供计算、存储、网络和通信资源，从而减少网络操作和服务交付的时延，提升用户体验。因此，在边缘计算中，要在网络边缘部署和运营数据中心，对数据中心网络技术的研究必不可少。

🔍 8.7 大数据

随着社交网络和多媒体业务的快速发展，以及云计算、物联网等技术的兴起，数据正以前所未有的速度不断增长和积累。特别在物联网中，根据思科全球云指数的预测，到 2019 年，物联网产生的数据 45%将在网络边缘进行存储、处理及分析，而全球数据中心总数据流量预计将达到 10.4 ZB。据思科研究报告，到 2020 年将会有 500 亿终端实现互联。

在物联网"万物互联"的场景下，云计算中心的部分应用服务程序将迁移到网络边缘设备中，网络边缘设备也将不只是数据消费者，而是重要的数据生产者，网络模式正由传统的数据消费向数据生产转变，造成网络中数据规模大幅增长，而且，通常情况下 IoT 装置的处理器和内存容量十分受限，因此，边缘计算可以作为物联网汇聚网关使用，利用靠近终端的计算和存储资源，将终端产生的海量数据进行汇聚、处理和分析，从而快速响应用户请求，同时支持新型服务的部署。在新型网络环境下，边缘计算的云平台将面临海量数据的存储和处理需求，对数据进行高效处理和分析是保障用户服务质量的重要前提，大数据技术为此类需求提供了利用商业计算资源进行跨数据库分布式查询和及时返回结果集的能力。

大数据的特点包括数据量（Volume）、时效性（Velocity）和多样性（Variety），即 3V 特点。目前，大数据处理已经从以云计算为中心的集中式处理时代（即大数据处理 1.0 时代）跨入以万物互联为核心的边缘计算时代（即大数据处理 2.0 时代）。在大数据处理 1.0 时代，更多的是集中式存储和处理大数据，其采取的方式是建造云计算中心，并利用云计算中心超强的计算能力集中式解决计算和存储问题。相比而言，在大数据处理 2.0 时代，网络边缘设备产生海量实时数据，并且这些边缘设备部署支持实时数据处理的边缘计算平台为用户提供大量服务或功能接口，用户可通过调用这些接口获取所需的边缘计算服务。

在大数据处理 1.0 时代，数据的类型主要以文本、音视频、图片以及结构化数据库为主，数据量维持在 PB 级别，云计算模型下的数据处理对实时性的处理要求不高。在万物互联背景下的大数据处理 2.0 时代，数据类型变得更加复杂多样，其中，物联网设备的感知数据急剧增加，原有作为数据消费者的用户终端已变成具有可产生数据的生产者终端，并且大数据处理 2.0 时代对数据实时性处理的要求更加强烈，此外，该时期的数据量已超过 ZB 级。针对此，在大数据处理 2.0 时代，由于数据量的增加和数据处理实时性的要求，需要将原有基于中心的云计算任务部分迁移到网络边缘设备上，以提高数据的网络传输性能，保证数据处理的实时性，同时降低云计算中心的计算负载。为此，大数据处理 2.0 时代的数据特征催生了边缘计算模型。然而，边缘计算模型与云计算模型并不是非此即彼的关系，而是相辅相成的关系，大数据处理 2.0 时代是边缘计算模型与云计算模型相互结合的时代，二者的有机结合将为万物互联时代的信息处理提供较为完美的软硬件平台支撑。

基于物联网平台的应用服务通常需要更短的响应时间，同时也会产生大量涉及个人隐私的数据。在此情况下，传统云计算模式将不能高效地支持基于物联网的应用服务程序，而在万物互联背景下，大数据处理 2.0 时代的边缘计算模型则可较好地解决这些问题。在边缘计算模型中，网络边缘设备已经具有足够的计算能力来实现原始数据的就地实时处理，并且仅需要将处理的结果发送给云计算中心。边缘计算模型不仅可以有效地降低数据传输过程中带宽资源的需求，同时能较好地保护隐私数据，降低原有云计算模型中因终端敏感数据从边缘端到云计算中心传输过程引起的隐私泄露的风险。因此，随着物联网的发展，边缘计算模型将为新兴物联网应用提供更好的支撑平台。

自边缘计算模型提出以来，就表现出强大的潜在优势。Shanhe 研究团队实现了一种面向面部识别应用的概念验证平台，将人脸识别应用的计算任务从云计算中心迁移到边缘，从云到边缘的响应时间由 900 ms 减少到 169 ms。在可穿戴认知协助应用中，Ha 等使用一种"小数据云"执行从云计算中心迁移的部分计算任务，实验结果显示，原有响应时间得到 80~200 ms 的改善，能耗相应约减少为原来的 30%。Chun 等研究表明，CloneCloud 在移动端和云端进行任务的分割、合并迁移以及按需实例化分区，该原型将测试程序的执行时间和能耗降低为原来的 $\frac{1}{20}$。

了解大数据技术在边缘计算上应用的必要性后，下面对大数据技术的实现过程及在边缘的应用方案进行简单介绍。

大数据技术从本质上来说是从类型各异、内容庞大的数据中快速获得有价值信息的技术。目前，随着大数据领域被广泛关注，大量新的技术开始涌现，而这些技术将成为或已经成为大数据采集、存储、分析、表现的重要工具。大数据处理的关键技术主要包括：数据采集、数据预处理（数据清理、数据集成、数据变换等）、海量数据存储、数据分析及挖掘、数据的呈现与应用（数据可视化、数据安全与隐私等）。图 8-10 展现了如何将大量数据最终转化成为有价值信息的一般步骤，基本囊括了大数据领域的关键技术。在数据分析中，云技术与传统方法之间进行联合，使一些传统的数据分析方法能够成功地运用到大数据的范畴中。

（1）数据的采集、预处理和存储

大数据技术的第一步，也是关键一步，是数据的采集。从传感器网络、社交媒体等数据源中获取结构化、半结构化和非结构化数据，并将数据主体进行预处理与存储是大数据环境下处理与分析数据的基础。大量数据在这一环节中被清理、集成和变换，成为"合格"的数据，从而被进一步分析与利用。

① 数据的采集技术

在大数据这一范畴下，数据是指通过传感器网络、无线射频数据、社交网络数据及移动互联网数据等方式获得的结构化、半结构化（或称为弱结构化）及非结构化的海量数据，是大数据分析挖掘的根本。

② 数据预处理技术

数据预处理技术主要包括数据清理、数据集成以及数据变换。数据清理可以去掉噪声数据以及异常数据，纠正数据中的不一致。而数据集成可以将来自不同数据源的数据合并成一致的数据存储。数据变换可以改进涉及距离度量的挖掘算法的精度和有效性，将不同度量下的数据归一化，使数据的应用比较有意义。这些数据预处理技术在数据分析之前使用，可以大大提高数据分析的质量，提高分析的速度与准确性。

③ 海量数据存储技术

在大数据的环境下，为保证高可用、高可靠和经济性，往往采用分布式存储的方式来存储数据，采用冗余存储的方式保证存储数据的可靠性，即为同一份数据存储多个副本。海量存储的关键技术包括并行存储体系架构、高性能对象存储技术、并行 I/O 访问技术、海量存储系统高可用技术、嵌入式 64 bit 存储操作系统、数据保护与安全体系、绿色存储等。广泛适用的分布式文件存储系统的设计思想不同于传统的文件系统，这类系统往往是针对大规模数据处理而特殊设计的。它们虽然运行在一些非常廉价的普通硬件上，但是却可以提供容错的功能，从而给用户提供总体上性能较高的服务。一个分布式集群一般由一个主服务器和大量块服务器构成，许多用户可以同时访问。主服务器包含所有的元数据，包括名字空间、访问控制信息、从文件到块的映射以及块的当前位置。主服务器还控制系统活动范围，定期通过心跳消息与每一个块服务器通信，并收集它们的状态信息。

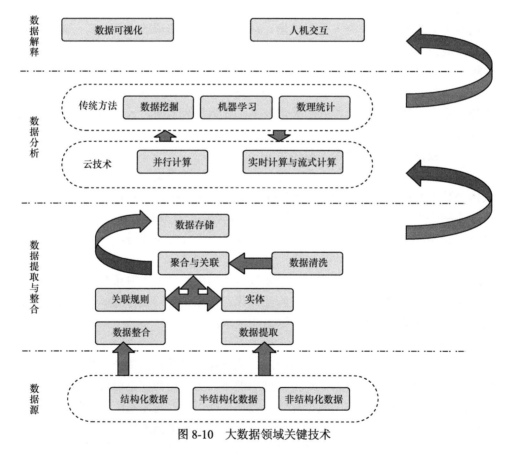

图 8-10　大数据领域关键技术

（2）数据的分析与挖掘

为了实现抽取大数据中有价值的信息，必须对经过预处理之后的数据进行分析与挖掘。目前，针对海量数据的分析方法主要有并行计算、实时计算与流式计算以及深度学习技术。

① 并行计算

并行计算是指同时使用多个计算资源完成运算。其基本思想是将问题进行分解，由若干个独立的处理器完成各自的任务，以达到协同处理的目的。在大数据时代下，串行的处理方式难以满足人们的需求，现在主要采用并行计算的方式。目前，在大数据环境下所提出的并行计算是指任务级别的并行计算，而指令或进程级别的并行计算模型具有更强大的处理大规模数据的能力，只是现有的图像处理器（Graphics Processing Unit，GPU）编程模型还不够完善。大量挖掘算法开始针对并行架构进行调整，使其能够利用并行的优势，对大规模的数据进行更好的处理。

② 实时计算与流式计算

传统的数据流处理受到数据采集速度和内存容量等因素的限制，往往只能处理小规模的数据流。但数据采集技术和数据传输技术的进一步发展，使短时间内积累大量历史数据成为可能。与此同时，目前大数据环境下对数据流处理的要求不断提升，使历史数据规模的增加也成为必然。

目前，关于数据流的处理研究主要分为两类：集中式和分布式。在集中式环境下，数据流的计算受到存储资源，特别是内存容量的限制，主要通过概要数据、准入控制和 QoS 降价等方法，以牺牲服务质量为代价最终实现伸缩性。而在分布式环境下，针对由多个算子组成的数据流处理网络，主要通过平衡在多个节点上的算子分布来最终实现伸缩性。实时计算同样为实时数据的挖掘奠定了基础，此时数据挖掘有了特定的对象——数据流。为了有效地处理数据流，需要建立新的数据结构，并将新的数据结构与传统的挖掘算法相结合。因为并不存在无限大的空间存储数据流，所以需要在正确性和存储空间之间进行平衡。常用的数据结构和挖掘技术有滑动窗口、多分辨率方法、梗概、随机算法等。

③ 深度学习技术

深度学习概念的出现，源自复杂数据结构处理以及复杂特征提取任务中与人工智能相关的问题，这些问题普遍需要对高阶抽象概念进行表述，具有非线性、语义性等特征。深度学习网络结构通常由多层非线性运算网络组成，每一层的输出作为下一层的输入，能够从海量数据中提取并学习到有效的复杂特征，进而用于数据的检索、分类、回归等问题中。

深度学习结构试图找到数据内部的结构特征，发觉数据间的真实关联规则。在处理实际任务的过程中，数据的表现形式、关系模式是多种多样的；与之对应，深度学习结构也发展出多种结构，以应对不同场景下的数据处理需求。目前有卷积神经网络（Convolutional Neural Network，CNN）和深信度网络（Deep Belief Network，DBN）两种主流的深度学习结构。在自然语言处理和信息检索领域，已经有大量的 DBN 应用案例。

（3）数据的隐私保护

在大数据时代，云端可以每时每刻对用户的信息进行采集，使每一个用户成为"透明人"，因此亟需针对大数据面临的用户隐私保护、数据内容可信验证、访问控制等安全挑战提出相应的解决方案。

对于大数据中的结构化数据而言，数据发布匿名保护是实现其隐私保护的核心关键技术与基本手段。实现方法包括基于裁剪算法的方案以及基于数据置换的方案等。社交网络具有图结构特征，其匿名保护技术与结构化数据有很大不同。其典型匿名保护需求为：用户标识匿名与属性匿名（又称点匿名），在数据发布时隐藏用户的标识与属性信息；用户间关系匿名（又称边匿名），在数据发布时隐藏用户间的关系。目前的边匿名方案有基于边的随机增删方案、基于节点聚集的匿名方案、基于基因算法的实现方案、基于模拟退火算法的实现方案以及先填充再分割超级节点的方案等。数据溯源（Data Provenance）基本出发点是帮助人们确定数据仓库中各项数据的来源，据此方便地验算结果的正确性，或者以极小的代价进行数据更新。数据溯源的基本方法是标记法，如通过对数据进行标记来记录数据在数据仓库中的查询与传播历史。后来，概念进一步被细化为 why 和 where 两类，分别侧重数据的计算方法和出处。除数据库以外，数据溯源还包括 XML 数据、流数据与不确定数据的溯源技术。数据溯源技术也可用于文件的溯源与恢复。

（4）数据中心体系结构

网络数据中心作为大数据服务的天然载体，是实现大数据分析的基础设施。云计算和大数据是结合在一起的。大数据为用户提供了处理跨多个数据集的分布式查询并及时返回结果集的能力。云计算通过使用 Hadoop（一种分布式数据处理平台）来提供底层引擎。云计算在大数据中的使用如图 8-11 所示，来自云和 Web 的大数据源被存储在分布式容错数据库中，并且通过大数据集的编程模型，利用并行分布式算法处理。在图 8-11 中，数据可视化的主要目的是查看通过不同图形进行视觉呈现的分析结果以做出决策。

大数据利用基于云计算的分布式存储技术，而不是基于计算机或其他电子设备的本地存储。另外，大数据评估是由使用虚拟化技术开发的、快速增长的、基于云的应用程序驱动的。因此，云计算不仅为大数据的计算和处理提供了便利，而且还可以作为服务模型。边缘计算是云计算能力在移动网络边缘的延伸，因此可以在边缘计算中应用大数据技术来高效处理海量数据。

🔍 8.8 区块链

区块链是分布式数据存储、点对点传输、共识机制、加密算法等计算机技术在互联网时代的创新应用模式。狭义来讲，区块链是一种按照时间顺序将数据区块以顺序相连方式组合成的一种链式数据结构，并以密码学方式保证的不可篡改和不可伪造的分布式账本。广义来讲，区块链技术是利用块链式数据结构来验证和存储数据、利用分布式节点共识算法来生成和更新数据、利用密码学方式保证数据传输和访问的安全、利用由自动化脚本代码组成的智能合约来编程和操作数据的一种全新的分布式基础架构与计算范式。区块链技术被称为是彻底改变业务乃至机构运作方式的重大突破性技术。

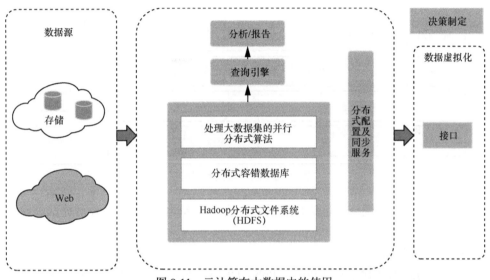

图 8-11 云计算在大数据中的使用

基于现有区块链系统的技术方案和需求，典型区块链技术架构如图 8-12 所示。区块链核心技术组件包括区块链系统所依赖的基础组件、协议和算法，进一步细分为通信、存储、安全机制、共识机制 4 层结构。

（1）通信：区块链通常采用 P2P 技术组织各个网络节点，每个节点通过组播实现路由、新节点识别和数据传播等功能。

（2）存储：区块链数据在运行期以块链式数据结构存储在内存中，最终持久化存储到数据库中。对于较大的文件，也可存储在链外的文件系统中，同时将摘要（数字指纹）保存到链上用以自证。

（3）安全机制：区块链系统通过多种密码学原理进行数据加密及隐私保护。对于公有链或其他涉及金融应用的区块链系统而言，高强度高可靠的安全算法是基本要求，需要达到国密级别，同时在效率上需要具备一定的优势。

（4）共识机制：共识机制是区块链系统中各个节点达成一致的策略和方法，应根据系统类型及应用场景的不同灵活选取。

核心应用组件提供了针对区块链特有应用场景的功能，允许通过编程的方式发行数字资产，通过配套的脚本语言编写智能合约，通过激励机制维系区块链系统安全稳定运行。对于联盟链和专有链，还需要有配套的成员管理功能。

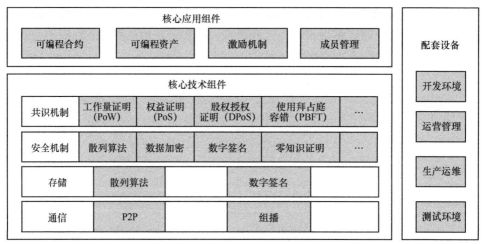

图 8-12　区块链技术架构

区块链核心关键技术包括共识机制、数据存储、网络协议、加密算法、隐私保护、智能合约等。

（1）共识机制

常用的共识机制主要有 PoW、PoS、DPoS、Paxos、PBFT 等。基于区块链技术的不同应用场景以及各种共识机制的特性，可以从合规监管、性能效率、资源消耗和容错性等维度来评价各种共识机制的技术水平。

（2）数据存储

① 数据结构

在区块链技术中，数据以区块的方式永久存储。区块的数据结构一般分为区块头（Header）和区块体（Body），其中，区块头用于链接到前一个区块并且通过时间戳保证历史数据的完整性，区块体则包含经过验证的所有交易信息。

② 数据库

按照数据库的数据结构组织形式来看，一般分为 Key-Value 型和关系型两种。其中，Key-Value 型数据库的数据结构组织形式比较简单，读写性能很高，能支持海量并发读写请求，而且可扩展性强，操作接口简单，支持一些基本的读、写、修改、删除等功能，但不支持复杂的 SQL 功能和事务性。关系型数据库采用关系模型来组织数据，支持各种 SQL 功能，功能性强，支持事务性，读写性能一般，可扩展性弱。按照数据库的部署形式来看，一般分为单机型和分布式两种。其中，单机型数据库保证强一致性和较好的可用性。分布式数据库在物理部署上遵循了分布式架构，能提供高并发的读写性能和容错，有很强的可用性和分区容错性，但由于需要进行数据同步，分布式架构的数据一致性较弱，只能保证最终一致性。

（3）网络协议

区块链网络协议一般采用 P2P 协议，确保同一网络中的每台计算机彼此对等，各个节点共同提供网络服务，不存在任何"特殊"节点。不同的区块链系统根据需要制定独自的 P2P 网络协议，如比特币有比特币网络协议，以太坊也有自己的网络协议。

（4）加密算法

① 散列算法

散列算法也叫数据摘要算法，其原理是将一段信息转换成固定长度并具备以下特点的字符串：如果某两段信息是相同的，那么字符也是相同的，即使两段信息十分相似，但只要是不同的，字符串就会十分杂乱随机且两个字符串之间完全没有关联。本质上，散列算法的目的不是为了"加密"而是为了抽取"数据特征"，也可以把给定数据的散列值理解为该数据的"指纹信息"。

② 非对称加密算法

非对称加密算法是由对应的一对唯一性密钥（即公开密钥和私有密钥）组成的加密方法。任何获悉用户公钥的人都可用用户的公钥对信息进行加密与用户实现安全信息交互。由于公钥与私钥之间存在依存关系，只有用户本身才能解密该信息，任何未授权用户都无法将此信息解密。

（5）隐私保护

目前，区块链上传输和存储的数据都是公开可见的，仅通过"伪匿名"的方式对交易双方进行一定的隐私保护。对于某些涉及大量商业机密和利益的业务场景来说，数据的暴露不符合业务规则和监管要求。目前，业界普遍认为零知识证明、环签名和同态加密等技术有希望解决区块链的隐私问题。

（6）智能合约

智能合约可视作一段部署在区块链上可自动运行的程序，其涵盖的范围包括编程语言、编译器、虚拟机、事件、状态机、容错机制等。智能合约本质上是一段程序，存在出错的可能性，甚至会引发严重问题或连锁反应。需要做好充分的容错机制，通过系统化的手段，结合运行环境隔离，确保合约在有限时间内按预期执行。

目前，区块链的应用已从单一的"数字货币"应用延伸到经济社会的各个领域，包括金融服务、供应链管理、智能制造、社会公益、教育就业等行业。

区块链是点对点的分布式系统，节点间的组播通信会消耗大量网络资源。随着区块链体量的逐步扩大，网络资源的消耗将以几何倍数增长，最终成为区块链的性能瓶颈。5G 网络作为下一代移动通信网络，理论传输速度可达数十 Gbit/s，比 4G 网络的传输速度快数百倍。对于区块链而言，区块链数据可以达到极速同步，从而减少不一致数据的产生，提高共识算法的效率。另外，预计到 2020 年，大约有 500 亿设备将连接到 5G 网络，并且融合到物联网中。下一代通信网络的发展，将极大提升区块链的性能，扩展区块链的应用范围。

目前，区块链将在技术领域成为云计算、大数据及人工智能之后，并列于移动互联网从中心到边缘、5G 物联网等新一代信息技术，共同引发并推动新一轮的技术创新和产业变革。尽管区块链技术还存在可扩展性、隐私和安全、开源项目不够成熟等问题，但已有的应用充分证明了区块链的价值。未来一段时间内，随着区块链技术不断成熟，其应用将带来多方面的价值，推动新一代信息技术产业的发展，为云计算、大数据、物联网、人工智能等新一代信息技术的发展创造新的机遇。例如，随着万向、微众等重点企业不断推动 BaaS 平台的深入应用，必将带动云计算和大数据的发展。这样的机遇将有利于信息技术的升级换代，也有助于推动信息产业的跨越式发展。

区块链技术的开发、研究与测试工作涉及多个系统，时间与资金成本等问题将阻碍区块链技术的突破，基于区块链技术的软件开发依然是一个高门槛的工作。云计算服务具有资源弹性伸缩、快速调整、低成本、高可靠性的特质，能够帮助中小企业快速低成本地进行区块链开发部署。两项技术融合将加速区块链技术成熟，推动区块链从金融业向更多领域拓展。

目前，已有众多 IT 企业、咨询公司、社区及技术联盟投入区块链的应用研发，建立通用开发平台，对区块链技术应用有很大推动作用。2015 年 11 月，微软在 Azure 云平台中提供 BaaS 服务，并于 2016 年 8 月正式对外开放。开发者可以在上面以简便、高效的方式创建区块链环境。IBM 也在 2016 年 2 月宣布推出区块链服务平台，帮助开发人员在 IBM 云上创建、部署、运行和监控区块链应用程序。

类似于云计算的 IaaS、PaaS，由基础设施支撑层、区块链核心组件服务层，以及相应的开发测试套件组成的区块链通用开发平台，能够完整地提供一站式、低成本搭建和部署区块链应用的技术服务。目前已有部分这样的平台出现，随着区块链应用的迅速发展和各相关参与者的大力投入，其服务覆盖度、研发便利度、运维智能度，以及高稳定性、大容量、低成本，均是可以预见的发展方向。

相较于云计算，边缘计算可以解决实时、交互性计算难题。第一，边缘计算的低延迟和交互性。云计算有延迟，尤其是 IoT 产生的数据，上传云端计算，再返回设备，时效性太差。应用场景如实时语音翻译、无人驾驶等对实时性要求特别高。第二，可扩展性。云计算满足不了目前大规模爆发的物联网数据计算需求。IoT 联网设备和产生数据的增长量远大于云计算的增长。但边缘节点可以迅速扩充。第三，有许多数据可以本地计算，不需要云计算。例如，机器产生的数据、电表数据、环境监测数据等并不需要云端处理，在本地端或者边缘端处理即可，可避免带宽的浪费。

边缘计算需要用到边缘节点。边缘节点离终端更近，承担数据的存储、计算和加密工作，完成实时、交互性的计算任务。边缘节点具备本地计算、存储和联网功能，能快速处理附近数据，而无需将数据返回数据中心和云服务商。但由于边缘计算设备数量众多，位置分布比较分散且环境十分复杂，很多设备内部是计算能力较弱的嵌入式芯片系统，很难实现自我安全保护，很容易成为黑客的接入点。

区块链技术用来实现边缘计算的安全体系。边缘计算的安全体系包括数据安全、身份认证、隐私保护、访问控制。

（1）数据安全

数据安全的主要内容包括数据保密性与安全共享、完整性审计和可搜索加密。终端产生的数据存储在第三方，造成数据的所有权和使用权分离、数据丢失、数据泄露、非法数据操作（复制、发布、传播）等问题频发，数据安全无法保证。解决方案是使用区块链技术对数据进行加密确权，只有授权后才能使用。区块链的存储网络，也保证了数据的完整性，如 IPFS。

（2）身份认证

由于百万级 IoT 终端集中上线、集中认证，传统的集中式认证机制无法实现，所以去中心化的分布式认证机制或利用区块链技术进行边缘计算安全方面的探索有重要意义。使用区块链技术，每个设备可以生成自己唯一的基于公共密钥的地址（散列元素值），从而能够和其他终端进行加密消息的收发。

（3）隐私保护

隐私保护的主要内容包括数据隐私保护、位置隐私保护和身份隐私保护。如何在保护个人隐私的情况下，最大化获得数据的价值？幸好有零知识证明，它既是最基础的数学，又能在数据市场中保护个人的隐私，也能够做出合理的统计性计算。零知识证明是指，证明者能够在不向验证者提供任何有用信息的情况下，使验证者相信某个论断是正确的。

（4）访问控制

传统的访问控制方案大多假设用户和功能实体在同一信任域中，并不适用于边缘计算中基于多信任域的授权基础架构。因此，边缘计算中的访问控制系统在原则上应适用于不同信任域之间的多实体访问权限控制，同时还应考虑地理位置和资源所有权等各种因素。

边缘计算有 4 个层域：设备域（感知和控制层）、网络域（连接和网络层）、数据域（存储和服务层）、应用域（业务和智能层）。这 4 个层域就是边缘计算的计算对象。利用区块链分布式层级控制系统，可以针对各层级独有的业务，在对应层级独立部署针对性的计算能力。

在边缘计算模型中，需要计算接近数据。但在某些使用情况下，需要为更复杂的算法提供更高的级别，需要对分布式控制系统的运营进行战略决策，且该部分被提议在区块链上执行，通过智能合约在所有网络节点上实现，这些合约是存储集合程序，只有等待事件发生才能执行。

🔍 8.9   本章小结

边缘计算的核心思想是将云计算能力延伸到网络的边缘，因此边缘计算的实现依赖于云计算技术，而 SDN、NFV、ICN、云计算、数据中心网络、大数据和区块链等新技术为边缘计算服务提供了灵活性、可扩展性和高效性。本章对以上网络新技术分别进行了概述，并详细介绍了其在边缘计算中应用的必要性和具体实现方案。

<h2 style="text-align:center">参 考 文 献</h2>

[1] TALEB T, SAMDANIS K, MADA B, et al. On multi-access edge computing: a survey of the emerging 5G network edge architecture & orchestration[J]. IEEE Communications Surveys & Tutorials, 2017, (99):1-1.

[2] TRAN T X, HAJISAMI A, PANDEY P, et al. Collaborative mobile edge computing in 5G networks: new paradigms, scenarios, and challenges[J]. IEEE Communications Magazine, 2017, 55(4):54-61.

[3] ABDELWAHAB S, HAMDAOUI B, GUIZANI M, et al. Network function virtualization in 5G[J]. IEEE Communications Magazine, 2016, 54(4):84-91.

[4] HUANG A, NIKAEIN N, STENBOCK T, et al. Low latency MEC framework for SDN-based LTE/LTE-A networks[C]//2017 IEEE International Conference on Communications(ICC 2017). 2017:1-6.

[5] HUANG A, NIKAEIN N. Demo: LL-MEC a SDN-based MEC platform[C]//ACM International Conference on Mobile Computing and NETWORKING. 2017:483-485.

[6] SALMAN O, ELHAJJ I, KAYSSI A, et al. Edge computing enabling the Internet of Things[C]// IEEE Internet of Things. 2015: 603-608.

[7] GPPP E B. QoE-oriented mobile edge service management leveraging SDN and NFV[J]. Mobile Information Systems, 2017.

[8] Cisco Mobile VNI. Cisco visual networking index: global mobile data traffic forecast update, 2016–2021 White Paper[R]. 2017.

[9] HASHEM I A T, YAQOOB I, ANUAR N B, et al. The rise of "big data" on cloud computing: review and open research issues[J]. Information Systems, 2015, 47(C):98-115.

[10] SHI W S, CAO J, ZHANG Q, et al. Edge computing: vision and challenges[J]. IEEE Internet of Things Journal, 2016,3(5): 637-646.

[11] YI S, HAO Z, QIN Z, et al. Fog computing: platform and applications[C]//2015 Third IEEE Workshop on Hot Topics in Web Systems and Technologies (HotWeb). 2015: 73-78.

[12] HA K, CHEN Z, HU Z, et al. Towards wearable cognitive assistance[C]//The 12th Annual International Conference on Mobile Systems, Applications, and Services. 2014: 68-81.

[13] CHUN B G, IHM S, MANIATIS P, et al. Clonecloud: elastic execution between mobile device and cloud[C]//The sixth Conference on Computer Systems. 2011: 301-314.

[14] 中国移动 5G 联合创新中心. 创新研究报告——移动边缘计算[R]. 2017.

[15] 边缘计算产业联盟（ECC）&工业互联网产业联盟（AII）. 边缘计算参考架构 2.0[R]. 2017.

[16] 李福昌, 李一喆, 唐雄燕, 等. MEC 关键解决方案与应用思考[J]. 邮电设计技术, 2016(11): 81-86.

[17] 薛海强, 张昊. 网络功能虚拟化及其标准化[J]. 中兴通讯技术, 2015(2): 30-34.

[18] 黄韬. 软件定义网络核心原理与应用实践[M]. 北京: 人民邮电出版社, 2016.

[19] 工业和信息化部信息化和软件服务业司. 中国区块链技术和应用发展白皮书[R]. 2016.

[20] 张朝昆, 崔勇, 唐翯祎, 等. 软件定义网络(SDN)研究进展[J]. 软件学报, 2015, 26(1): 62-81.

[21] LEE G, 唐富年. 云数据中心网络技术[M]. 北京: 人民邮电出版社, 2015.

[22] 廖建新. 大数据技术的应用现状与展望[J]. 电信科学, 2015, 31(7):1-12.

[23] Open Networking Foundation(ONF). SDN architecture overview[R]. 2013.

[24] NELSON T. Literary machines: the report on, and of, project Xanadu concerning word processing, electronic publishing, hypertext, thinkertoys, tomorrow's intellectual revolution,and certain other topics including knowledge, education and freedom[M]. California: Mindful Press, 1981.

[25] BACCALA B. Data-oriented networking, Internet draft[R]. 2013.

[26] GHODSI A, SHENKER S, KOPONEN T, et al. Information-centric networking:seeing the forest for the trees[C]//ACM Workshop on Hot Topics in Networks. 2011:1-6.

[27] YU S, WANG X, LANGAR R. Computation offloading for mobile edge computing: a deep learning approach[C]//2017 IEEE 28th Annual International Symposium on Personal, Indoor, and Mobile Radio Communications (PIMRC). 2017: 1-6.

[28] HOU T, FENG G, QIN S, et al. Proactive content caching by exploiting transfer learning for mobile edge computing[C]//IEEE Global Communications Conference(Globecom 2017). 2017: 1-6.

[29]CHEN Y, ZHANG Y, MAHARJAN S. 2017. Deep learning for secure mobile edge computing[J]. arXiv preprint arXiv:1709.08025.

第9章

边缘计算应用场景与实例

9.1 概述

边缘计算在诸多场景中有广泛的应用，如在视频分析、智能视频加速、内容缓存与分发等视频业务方面，还有增强现实/虚拟现实、物联网网关、车联网、智慧城市以及工业互联网场景等。通过这些应用场景实例可以发现，与通过云或核心网络服务器提供相同的服务相比，利用边缘计算可以提升诸多场景下的服务性能。或者利用边缘计算平台部署于接近用户和网络边缘的特性，将边缘计算服务部署于服务高度本地化的地区，以降低终端能耗、减少业务时延等。本章主要介绍边缘计算的应用场景，并且结合现有资料对已有相应场景的实际部署应用实例进行简单介绍。

9.2 视频业务

视频业务在当今互联业务中占有重要地位，各种视频终端设备的使用使视频数据量迅速增长，人们对视频业务体验也有了更高要求。边缘计算技术在视频业务的应用和提升用户体验方面有很大的优势，以 MEC 为代表的边缘计算技术在视频分析、智能视频加速、内容缓存与分发等视频业务方面有广泛的应用。

9.2.1 视频分析

视频分析作为计算卸载的重要应用场景，有着巨大的应用价值。例如，出于安全考虑，安保部门有时需要监控城市、停车场的出入等，所以需要通过视频监控系统捕获各种信息。然后将这些视频传送到云端的监控系统服务器上，再从这些视频流中提取有用的信息。然而，这种方式会传输大量的视频数据，增加核心网的负担并且有较大的时延。

为了减小视频传输的数据量，一种有效的处理方式是直接在摄像机设备上进行数据分析。现有的一些摄像机设备本身拥有视频分析的能力，但这会造成摄像机成本偏高。当需要部署大量摄像机时，为了降低摄像机的成本，只能将视频分析功能从视频摄像机移除。视频分析服务场景如图 9-1 所示。

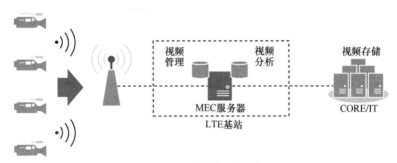

图 9-1　视频分析服务场景

可以看出，现有的视频分析方法，无论是发送视频流到服务器或者直接在摄像机上处理视频都存在很大的问题和应用上的阻碍。与在 MEC 服务器上处理视频流获取有用信息相比，这两种方法都花费巨大并且效率低。在 MEC 服务器上处理视频不需要传输大量的视频数据就能将有价值的数据传输给应用服务器。这种方法极大地减轻了核心网的负担，有效地降低了时延，同时降低了摄像设备的成本。

中国联通针对 MEC 用于视频分析提出了自己的端到端方案，如图 9-2 所示，通过高带宽链路将 MEC 服务器连接到 e-GW 上，获取上传的视频流，经过计算将必要的 events、metadata 通过低带宽链路即可传送到核心网或视频云端存储上。网络边缘侧的 MEC 服务器对实时监控的视频数据进行分析、处理，并快速传至服务器后台，加快视频监控识别业务的处理速度，降低摄像头成本，减小回传压力。

中国联通在天津港的 5G 智能港口解决方案中进行了具体的部署实践。天津港对视频监控有很大需求，天津港港口内诸多区域都需要进行实时监控，如集装箱放置区域、集装箱装运区域，以及对港口船只与港口安全的监控等。对于这种数据量巨大，并且实时性要求较高的视频处理任务，基于 MEC 的视频分析技术可以发挥巨大作用。如图 9-3 所示，MEC 服务器连接基站、核心网，并通过交换机连接监控系统。MEC 实现分流功能，上行将终端访问视频监控业务引导到监控中心，下行将视频通过基站转发给移动设备，视频流也可传送至 MEC 服务器上，由 MEC 服务器进行计算分析，完成相应的动态监控任务。在此过程中，终端访问公网的其他业务将不受影响。

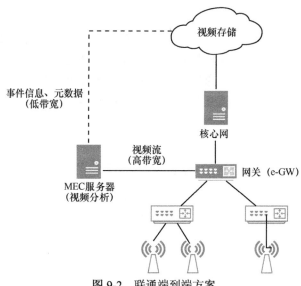

图 9-2 联通端到端方案

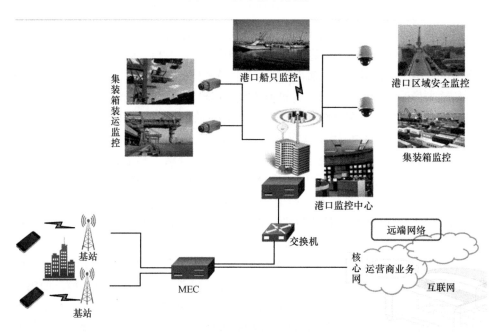

图 9-3 天津港高清视频移动监控方案

9.2.2 智能视频加速

智能视频加速业务主要通过缩短内容的开始时间和减少视频停止事件，提升终端用户的体验质量（QoE），并保证无线网络资源的最大利用。在现在使用的网络中，通常通过传输控制协议（TCP）使用超文本传输协议（HTTP）以流的形式传输、下载互联网媒体或传送文件。然而，TCP 认为网络拥塞是造成分组丢失和高延迟的主要原因，而这种观点以及 TCP 采取的相关行为可能导致蜂窝网络资源的低效利用，也会降低应用性能和用户体验。这种低效率的根本原因在于 TCP 难以适应快速变化的网络条件。在蜂窝网络中，由于设备移动引起的底层无线信道条件的变化以及其他设备进入/离开网络时系统负载的变化，终端设备可用的带宽在几秒内就可能变化一个或几个数量级。而在 RAN 中，TCP 不能迅速适应这种快速变化的情况。这会导致用户资源的低效利用与较差的用户体验。

图 9-4 为智能视频加速服务场景的示例。可以看到，驻留在 MEC 服务器中的 Radio Analytics 应用程序为视频服务器提供了估计无线下行链路接口可用吞吐量的实时指示，视频服务器可以使用该信息辅助 TCP 拥塞控制决定。该信息也可用于确保应用级编码与无线下行链路上的估计容量相匹配。所有这些改进的目的是通过缩短内容的启动时间和减少视频停止事件来提高终端用户的体验质量，并确保无线网络资源的最大利用。

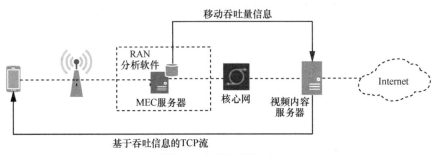

图 9-4　智能视频加速

MEC 还允许将 Radio Analytics 应用程序部署在由不同供应商实现的平台上，并跨越多运营商网络。这确保了网络资源的有效利用，同时为绝大多数终端用户提供了更高的体验质量。

9.2.3　内容缓存与分发

随着移动互联网技术的快速发展，移动网络数据流量呈现出爆发式增长的趋势。根据 2017 年思科 VNI 报告，到 2021 年，全球移动数据流量将达到每月 49 EB，移动视频流量将占全球移动数据流量的 78%。内容提供商每日都会上传成千上万个视频内容，这样的内容大量存储在提供商的集中式数据库中，然后从源格式转换为最终传递格式，分发到位于网络不同位置的多个流服务器中，并进行进一步传递。尽管进行了内容分发工作，但内容到用户的距离依旧很远，特别是在移动环境中，由于缓冲问题和抖动，个别用户可能会遇到服务中断。因此，通过将 CDN 服务扩展到移动边缘来提供分布式缓存，可以增强用户的 QoE，并减少回程网和核心网的使用。

通过设计 MEC 服务器与网络业务系统进行互联，将本地服务或非常流行的内容部署或高速缓存在靠近用户请求的位置，是一种可选择的更好的方式。MEC 服务器可对基站侧网络数据进行实时的深度包解析，并和本地缓存内容列表进行对比。如果终端申请访问内容已在本地缓存中，则直接将缓存内容定向推送给请求终端。这样，网络可以有效地降低端到端的延迟，还可以依据网络访问情况对热点内容进行动态更新。

MEC 所带来的分布式缓存技术（如图 9-5 所示）可以有效节省回程和传输流量，可能降低高达 35％的回程容量需求，同时提高用户 QoE。另外，本地域名系统（DNS）的缓存也可以实现将网页下载时间减少 20％。这种技术解决方案可以应用在高质量业务场景，如运营商或合作伙伴的业务体验厅等；或网络中的高流量或高价值区域，如机场、高档写字楼等。MEC 缓存技术一方面可以降低内容时延，缓解网络压力；另一方面可以依托对内容的定向缓存，如视频合作伙伴的内容，显著提升合作内容提供商（Internet Content Provider，ICP）的业务体验，开展基于内容的增值服务。

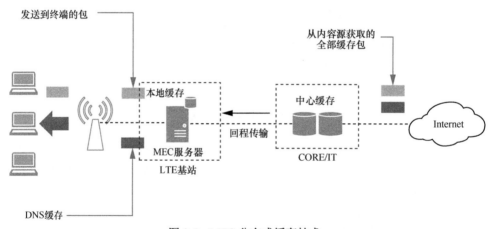

图 9-5　MEC 分布式缓存技术

在移动网络中，由于用户处理能力和网络状况的差异，用户对特定视频的偏好和需求也不同。例如，具有高处理能力的设备和快速网络连接的用户通常偏好于请求高比特率的视频，而处理能力低或带宽低的用户观看高质量视频会造成较大延迟，因此更偏好于请求比特率低的视频，以保证视频观看的连续性。为向异构用户提供差异化高质量的视频流服务，ABR 技术得到了广泛的研究和应用，旨在提高无线网络中视频分发与交付的质量。在目前 ABR 的实现中，视频文件被编码为多种比特率版本，每个版本的视频文件都被切分成多个视频块（Segment），并使用超文本传输协议传递给客户端。网络可以根据用户设备的能力、网络连接状况和特定的请求，为用户动态选择传送的视频比特率版本，从而减少视频播放卡顿和重新缓冲率，在不同的环境下获得最佳的视频流体验。

在基于 ABR 的视频分发系统中，可以利用 MEC 的存储和计算资源进行视频内容的处理和分发。一方面，MEC 的分布式边缘存储资源可以对视频内容进行缓存，从而缩短用户到视频内容的距离，降低传输时延，同时减少视频内容的冗余传输，节省网络带宽，缓解核心网络压力。由于用户可以请求不同比特率的视频块，缓存命中不仅要命中视频块，还要命中对应视频块的比特率版本，因此通常需要对一个视频块缓存多种比特率版本，进而造成较大的缓存成本。另一方面，在 ABR 中，高比特率版本的视频块可以通过转码技术转换为低比特率版本，因此可以选择缓存一部分较高比特率视频，对于缓存不命中的请求，利用 MEC 的计算能力将缓存的视频版本转码为请求的比特率版本。视频转码可以提升缓存资源的利用率，在基于 ABR 的视频分发系统中具有重要作用。因此，在 MEC 中缓存流行的视频块，并对同一视频块的不同比特率版本之间进行转码，被认为是 ABR 视频业务分发的一个重要发展趋势。

图 9-6 为一个典型的自适应视频流场景下的 MEC 部署架构，MEC 服务器中部署了缓存和计算资源，可以对视频文件进行缓存和转码。当用户的请求到达 MEC 时，若缓存命中或转码命中时，可以在本地对请求进行响应，如图 9-6 中（a）和（b）所标路径，而不需要经过如图 9-6 中（c）所示回传网和核心网的传输，从视频源获取视频文件。这样，既显著降低了用户响应时延，提升了用户体验，又避免网络拥塞，节省核心网和回传网的资源。

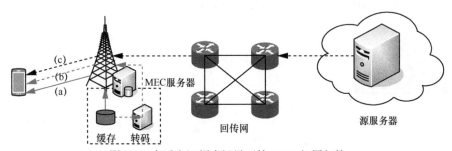

图 9-6　自适应视频流场景下的 MEC 部署架构

近来，相关工作已经提出了有效分配 ABR 服务的框架，称为媒体云，即在边缘构建一个有弹性的虚拟内容传送网络。MNO 或 OTT 提供商可以根据统计数据和用户/业务预测信息对边缘流行内容进行预缓存，充分利用 MEC 平台，提高用户的体验质量。在相关研究中，Zeydan 等考虑了一个基于大数据分析的具有边缘云缓存能力的环境网络，而 Retal 和 Liu 等考虑了基于内容流行度预测和无线网络信息的内容放置和交付方法。

🔍 9.3　增强现实/虚拟现实

增强现实（Augmented Reality，AR）是真实环境视角与计算机其他感知输入，如声音、视频、图形或 GPS 数据的结合。而虚拟现实（Virtual Reality，VR）是一种可以创建和体验虚拟世界的计算机仿真系统，它利用计算机生成一种模拟环境，是一种多源信息融合的、交互式的三维动态视景和实体行为的系统仿真，并使用户沉浸到该环境中。AR/VR 技术可以大大增强人们参观各处景点或参与盛会时的直观体验。当参观者在参观博物馆、艺术长廊、城市纪念碑、音乐盛会或体育赛事时，可以在自己的移动设备上使用相关的应用软件，捕获相关信息。之后应用根据捕获的信息将参观者正在参观的景象或经历的事件（可称之为兴趣点）的附加信息展现给参观者。

以 AR 为例，当用户参观一个兴趣点时，为了提供用户当前正在参观景象的额外信息来增强用户的体验，AR 服务需要一个应用分析摄影机设备拍摄的信息并给出精准的定位。通过方位技术或相机拍到的景象，应用可以了解用户的位置和其面朝的方向。在分析这些信息后，应用可以实时地提供额外的信息给使用者。另外，信息需要随着使用者的移动进行实时更新。在增强现实中，通常将 AR 服务部署在 MEC 平台上而不是云端，主要因为兴趣点的补充信息是高度本地化的，这些信息与兴趣点之外的其他事物无关，所有信息都能够本地调用和处理。图 9-7 展示了如何使用 MEC 平台提供虚拟现实服务。

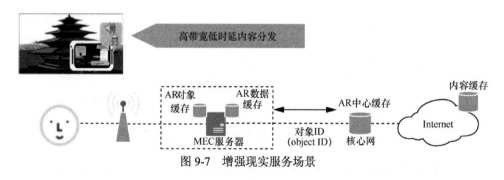

图 9-7　增强现实服务场景

在 AR 服务的实际使用中，用户如何移动以及使用的是哪个 AR 服务器的上下行接口都会影响用户终端更新信息的速度，有时这个速度需要非常快（例如，在一个艺术画廊，每件展品之间只有几米距离，每件作品都有关于艺术家的文本和对艺术作品的解读补充等）。换句话说，为了依据用户的位置和方位给用户终端提供正确信息，AR 数据需要低时延和较高的数据传输速率。所以，用户定位和摄像机景象分析进程一般在 MEC 平台上执行而不是在靠近中心的服务器上。此外，在 MEC 平台上运行相应数据进程对收集度量标准、更好地分析服务使用情况、帮助改进服务以提供更好的用户服务体验也有很大帮助。

美国加州大学圣地亚哥分校的 Mobile Systems Design Lab 对边缘计算无线 AR/VR 的部署与应用策略提出了相应方案。虽然诸多厂商已经设计出头戴式显示器（HMD）设备来支持 VR/AR 技术的推广与应用，但目前的 HMD 设备由于需要进行相应的渲染和计算等操作，在体积和重量上仍然不尽如人意，对用户的体验有很大的负面影响。为了实现真正的便携和移动 VR 体验，方案中提出通过无线连接到相应的边缘计算设备（MEC 服务器），将渲染和计算任务在边缘服务器执行，轻量化 HMD 设备，同时应对无线 VR/AR 高比特率和低时延的要求。针对这种具体部署方式对比特率和时延两方面的需求，方案中提出了两种具体的解决方案，如图 9-8 所示。

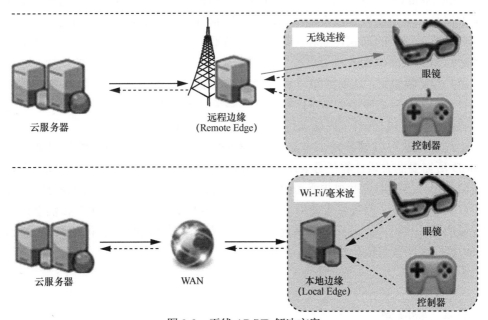

图 9-8　无线 AR/VR 解决方案

解决方案一：通过多用户混合投影降低所需比特率。在实际的 VR/AR 应用实例中，边缘节点所连接到的多个用户一般拥有部分相同视图。例如，在虚拟教室中，学生 A、B 存在大量公共视图。对于参与当前虚拟空间会话的一组用户，我们定义某一用户的视图作为主视图（和相应的主用户）。该视图与其他用户共享最常见的像素，而其他视图作为次要视图（以及相应的辅助用户）。对于每个次要视图，可以通过其与公共视图的计算找出它与主视图的区别，作为剩余视图。我们不需要对每个用户的呈现视频进行单播，而是将主视图从边缘节点传播给所有参与的用户，并将每个剩余视图发送给相应的辅助用户。最后，在用户设备上，所有用户都将接收到主视图。辅助用户也将收到他们的剩余视图。主用户将直接解码和显示视频，而辅助用户将对主视图和剩余视图进行解码，将主视图与剩余视图合并，以获得自己的次要视图。

根据虚拟空间中的用户数量、位置和视图角度，单个主视图可能会导致一些次要视图与主视图之间没有共同视图，因此产生大量的剩余视图。所以，可将用户分割成一个或多个组，每个组都有一个主视图和零个或多个次要视图，这样就可以最小化从边缘节点到用户设备所需要传输的主视图和剩余视图的比特率。

解决方案二：通过渲染/流式传输全角度视频实现超低延迟。VR 应用的场景变换会因为使用者的头部旋转等动作而产生，带来大量渲染任务，引起时延波动。原先的方式是，用户的头部旋转或身体移动等动作被跟踪并传送到云/边缘，对视场（the Field Of View，FOV）进行渲染、编码和流传输。方案所提出的全角度视频方法是，全角度视频被定期渲染，用户控制信息的变化或虚拟空间的变化，在用户设备处以流的形式传输和高速缓存。当用户随后执行头部旋转时，边缘服务器跟踪新的头部位置并从用户装置中缓存的全角度视频中选择适当的视频，显示在用户 VR 眼镜上，从而消除与 FOV 渲染和流式传输相关联的延迟。头部旋转等动作引起的时延将减少到头部跟踪延迟（当前技术小于 4ms）和 HMD 显示延迟（当前技术小于 11 ms），因此满足 20~30 ms 的超低延迟要求。

这种方法可以显著减少头部旋转等待时间，边缘服务器主要的作用是完成 HMD 所需要的大量计算任务（用于渲染和拼接多个不同视图），以及完成每个相关联的用户传输全角度视频所需的比特率应用会话。为进一步解决计算时延问题，可以尝试在 MEC 服务器中使用多用户编码技术（MUE）降低向用户传输全角度视频所需的比特率，并探索其通过仅渲染主视图和剩余视图，而不是所有用户的 360°视图来降低渲染代价的可行性。

9.4 物联网

物联网作为下一个推动世界高速发展的"重要生产力"，近年来得以迅速发展。"物联网"概念是在"互联网"概念的基础上，将其用户端延伸和扩展到任何物品与物品之间，进行信息交换和通信的一种网络概念。物联网是指通过各种信息传感设备，实时采集任何需要监控、连接、互动的物体或过程等各种需要的信息，与互联网结合形成的一个巨大网络。其目的是实现物与物、物与人，所有物品与网络的连接，方便识别、管理和控制。物联网把新一代 IT 技术充分运用在各行各业中，具体地说，就是把感应器嵌入和装备到电网、铁路、桥梁、隧道、公路、建筑、供水系统、大坝、油气管道等各种物体中，然后将"物联网"与现有的互联网整合起来，实现人类社会与物理系统的整合，在这个整合的网络中，存在能力超级强大的计算中心，能够对整合网络内的人员、机器、设备和基础设施实施实时的管理和控制。在此基础上，人类可以以更加精细和动态的方式管理生产和生活，达到"智慧"状态，提高资源利用率和生产力水平，改善人与自然间的关系。

　　物联网网关服务场景如图 9-9 所示。物联网在电信网上会生成额外的信息，所以需要网关对信息进行聚合并保障低时延和安全性。由于连接的一些设备的性质，需要一组具有实时能力的传感器和设备才能进行有效的服务。此外，各种设备通过不同的连接方式进行连接，如 3G、LTE、Wi-Fi 或其他无线技术。大体上来说，信息都是很小的、加密的、以各种不同协议传输的，这就需要一个低延迟聚合点来管理各种协议，分发消息以及处理分析。MEC 服务器提供了这种能力来解决上述挑战。

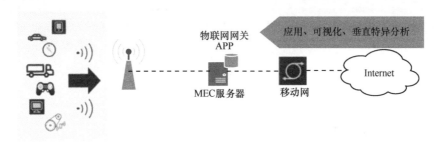

图 9-9　物联网网关服务场景

　　由于物联网设备在处理器和内存容量方面通常是资源受限的，并且物联网连接有大量设备，会产生大量流量，所以需要 MEC 服务器连接到靠近设备的移动网络来收集各种物联网设备信息，提供分析处理能力并降低延迟响应时间。

　　MEC 可用于远程连接和设备控制，提供实时配置和分析。MEC 使聚合和分布的物联网服务都成为高度分布式的移动基站环境，使应用程序能够实时响应。MEC 服务器还给一些服务提供额外的计算和存储，如服务的聚合与分配、设备信息的分析、基于分析结果的决策逻辑、数据库日志记录、对终端设备的远程供应和访问控制等。

　　Dell 公司在物联网网关领域已经做出了成熟的产品。物联网的极速扩张使更多的传感器和设备连接到互联网。物联网面临的一个挑战是以较低成本和安全的方式将这些传感器、设备和端点连接起来。Dell 物联网网关支持传统系统与各种有线和无线设备相连接，包括传统的串行连接、宽带和新的网状网络连接，因此可以更轻松地集成和规范化数据。智能设备上的 I/O 设备可以轻松连接传统工业系统和新的网状网络。网关可以使用 Wi-Fi、WWAN 和以太网与终端进行连接和通信。另外，网关的处理能力支持中间设备对来自所有不同协议（从 ModBus、BACnet 到 Zigbee 等）的数据进行汇总、转换和标准化，再通过网关将数据传送到核心网上。Dell 的网关可以对连接的终端进行边缘分析，将决策转移到边缘，提供实时操作，还可以帮助管理网络问题，通过决定数据是否移动到边缘来解决网络带宽问题，如图 9-10 所示。

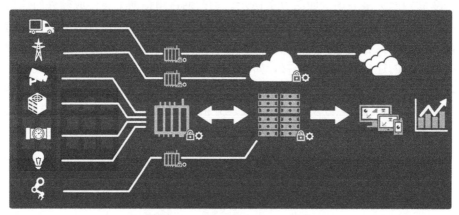

图 9-10　Dell Edge Gateway 示意

🔍 9.5　车联网

车联网（Internet of Vehicle）一般认为是由车辆位置、速度和路线等信息构成的巨大交互网络。车联网服务不断发展，并且在接下来的几年内仍会保持持续扩张的态势。为了有一个稳健的发展基础，必须先满足连通性的要求，而这将导致互联车辆中传感器和处理器传输数据流量的急剧增加。连接需求可能会根据所提供的服务有所不同，包括不同的延迟级别、数据接近度、计算成本和带宽可用性。

现在，越来越多的互联车辆选择使用专用短程通信技术（DSRC）和通用移动通信技术的长期演进（LTE）等技术进行通信。LTE 可以显著地加快车联网通信的应用部署。LTE 单元可以提供"超出视野"的可见性，也就是说，即便超出了车辆间可以直接通话的 300~500 m 范围，依旧可以满足车联网通信的低时延要求，在某些情况下时延甚至小于 100 ms。信息通过 LTE 实时发布，减少建立 DSRC 网络的需要。在 DSRC 存在的部署中，汽车可以利用其内置的 LTE 连接作为补充。

互联车辆通过传输道路危险、交通堵塞等信息来感知车辆行为、保障行驶安全，还可以利用这种通信提供附加价值的服务，如车辆寻回、停车位置和娱乐服务支持（如视频提供）。随着车联网业务的发展和应用案例的增加，数据量与减小时延的需求都将持续增长。集中存储和处理的数据对于某些用例可能是足够的，但对于其他用例来说，它可能不可靠，并且还会有很大的时延。在这种情况下，使用 MEC 增强连接车辆的服务有很强的可行性，MEC 在车联网的扩展服务中也有一些潜在用途。

　　MEC 技术可以用于将车联网云扩展到高度分布的移动基站环境中，并且使数据和应用能够在车辆附近部署。应用程序可以运行在 MEC 服务器上，这些服务器部署在 LTE 基站站点上，如小的单元站点或聚集的站点位置，以提供路边功能。MEC 技术为互联车辆所依赖的新一类应用提供了一个平台，当互联车辆移动或与路边传感器通信时，数据与应用依旧能够处于靠近互联车辆的地方。MEC 还能为应用程序提供托管服务，为应用程序提供更低的延迟。MEC 应用程序可以直接从车辆和路边传感器中的应用程序接收本地消息，对其进行分析，然后将（具有极低延迟）危险警告和其他等待时间敏感信息传播到该区域的其他车辆（如图 9-11 所示），这使附近的汽车可以在几毫秒内接收数据，从而允许驾驶员立即做出反应。

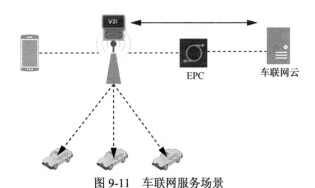

图 9-11　车联网服务场景

　　MEC 服务器上运行的应用可以将接收到的事件信息转发给邻近的 MEC 服务器，通过这种方式将已知的危险信息迅速传播给靠近事发地点的车辆。MEC 服务器上的应用还可以将本地信息进一步发送到车联网云端的应用程序上，用于进一步的集中处理和报告。

　　针对车联网业务，中国联通搭建了基于 MEC 的本地车联网平台，并且已经进行了试点应用，如图 9-12 所示。5G 网络对低时延、高可靠（uRLLC）场景 V2X 的远程车检与控制时延要求为 20ms，对自动驾驶时延要求为 5ms，在车联网场景中应用 MEC 技术可以让时延得到明显降低，满足 5G 网络的相关要求。

　　如图 9-13 所示，通过 LTE 蜂窝网络和 MEC 车联平台的本地计算，在紧急情况时下发告警等辅助驾驶信息给车载单元 OBU。相比现有网络延时，车到车时延可降低至 20 ms 以内，可以大幅度缩短车主做出反应的时间，对挽救生命和减少财产损失具有重要现实意义。通过 MEC 车联平台还可实现路径优化分析、行车与停车引导、安全辅助信息推送和区域车辆服务指引等功能。

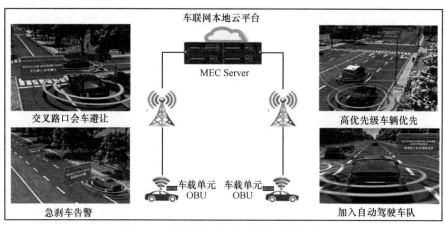

图 9-12　中国联通车联网试点应用方案

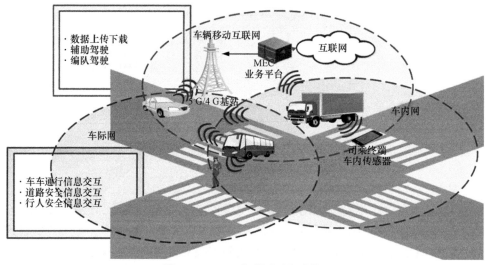

图 9-13　MEC 车联网平台功能

9.6　智慧城市

近年来，智慧城市的概念越来越多被提及。为应对当今城市设计中面临的许多挑战，包括交通拥挤、公共安全、能源消耗、环境卫生和公共网络连接等，智慧城市使用多项技术来解决。边缘计算架构中的雾计算使城市运营更加高效且经济可行。

图 9-14 显示了雾计算的多个应用场景，雾计算从多个角度对智能城市产生影响。例如，可以让智能城市拥有智能停车、购物和基础设施；智能医院可以将各个方面连接起来以加强病人的护理和健康保障；智能公路系统可以提高基础设施的利用率；拥有软件定义的工业系统的智能工厂。此外，还可以从连通性和安全两个方面探究雾计算在智慧城市中的关键作用。

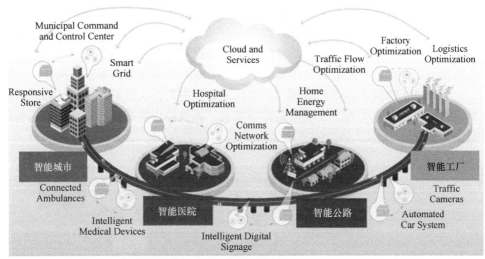

图 9-14　雾计算的应用场景

连通性方面，虽然大多数现代城市都有一个或多个蜂窝网络，提供全市范围的覆盖，但这些网络通常具有容量和峰值带宽限制。这些限制仅仅满足了现有用户的需求，难以满足智能城市中的先进市政服务需求。OpenFog RA 的部署加上 5G 技术为解决这一问题提供了更多可能。雾节点可以提供本地处理和存储，并优化网络的使用。

安全方面，智慧城市计划本身就包括关键的公众安全和安全需求。例如，市政网络承载着关键的交通和市民数据（如警力分配），并且操控着生死攸关的系统（如急救通信）；视频安全和监控系统监视着可疑或者不安全的情况（如公共事业网络问题、未授权的公共空间的使用等）；智能汽车和交通拥堵也是智能城市的重要任务。总之，通过提供安全数据和分布式分析，雾计算将在解决智能城市的公共安全和安全问题方面发挥关键作用。

智慧城市的另一个扩展是智慧楼宇。智慧建筑可能包含数千个传感器来测量各种建筑操作参数，包括温度、湿度、门开/关、钥匙卡读卡器、停车位占用、安全、电梯和空气质量等。这些传感器以不同的间隔捕获遥测数据，并将此信息传送到本地存储服务器。分析处理这些信息之后，控制器驱动的执行器将根据需要调整建筑状况。这些处理和响应中有一些是对时间非常敏感的。例如，若未经授权的人试图进入，则封锁区域、打开灭火系统以响应火灾事件等。这些都需要做到实时响应，所以需要在设备附近进行处理。

OpenFog RA 模型可以扩展到建筑物的控制层级，以在每个建筑物内创建一些智能连接的空间。使用 OpenFog RA 的分层设计，每个楼层、走廊，甚至单个房间都可以包含自己的雾节点。每个雾节点负责执行紧急监测和响应功能、建筑安全功能、气候和照明控制以及提供更强大的计算和存储基础设施，以支持智能手机、平板和台式计算机的接入。此外，可以将本地存储的运营历史进行汇总并发送到云端进行大规模分析。这些运营历史数据可以采用机器学习算法、创建优化的模型进行分析，然后将分析结果下载到本地的雾基础架构中进行执行。

基于 MEC 技术以及智慧城市的相应思路，中兴公司针对智慧园区的园区导览、智能停车、移动办公、安防监控等需求，提出相应的解决方案。中兴的智慧园区如图 9-15 所示，包括如下几个方面。

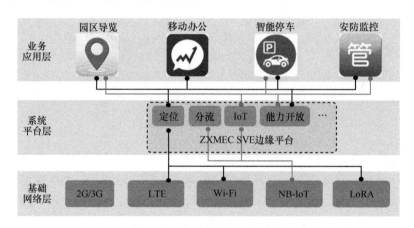

图 9-15 中兴智慧园区示意

（1）园区导览：园区导览网络结构如图 9-16 所示，MEC 服务器部署在园区网关和核心网之间，接入园区网络的用户都可以享受到相关服务。例如，外来人员进入园区可以收到欢迎短信，并能接收到园区的相关信息；园区内用户的位置可以在园区内实现共享；园区内各个区域的宣传视频等内容缓存在 MEC 服务器上，用户可以不经过核心网直接查看，有效降低时延并减少带宽消耗等。

（2）智能停车：智能停车网络结构如图 9-17 所示，在智能停车系统中，用户终端连接至 QCell 上，QCell 上报手机位置到 MEC 服务器，再通过物联网技术统计车位信息上报至 MEC 服务器。MEC 服务器通过分析手机终端位置（可假设为用户车辆位置）和空闲车位信息，规划路线并提供智能定位服务，并发送至手机或车辆终端显示，用于指导用户停车，减少用户找寻空闲车位的时间。

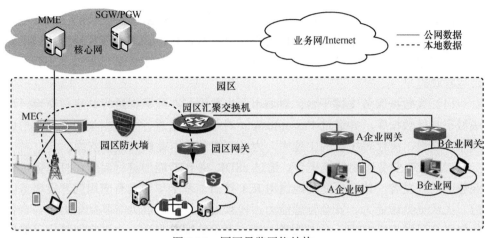

图 9-16　园区导览网络结构

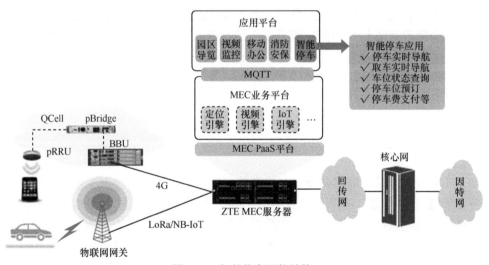

图 9-17　智能停车网络结构

（3）安防监控：安防监控主要通过布置在出入口、车间等位置的监控设备收集相应的视频信息，将视频流传送至 MEC 服务器上，实现对非法车辆可疑人员以及生产线、车间的实时监控，并分析视频内容将异常信息上报至安防中心，由此可以做到如停车场车牌识别、车间火灾报警等诸多功能。

华为也在智慧城市建设方面提出"一云二网三平台"整体解决方案架构。"一云"即城市云数据中心：基于开放架构，为城市建设融合、开放、安全的云数据中心，整合、共享和利用各类城市信息资源，提升政府服务与决策效率和合理性。"二网"包括互联网和城市物联网：在互联网领域，为智慧城市建设提供有线+无线宽带网络，为城市构建无处不在的宽带，让城市公共服务触手可及；在物联网领域,华为提供业界最轻量级物联网通信操作系统 LiteOS,多种类型的接入网关,是 NB-IoT 标准的主要贡献者,同时提供物联网平台,为城市各行业应用提供物联网数据服务。"三平台"包括大数据服务支撑平台、ICT 业务应用使能平台、城市运营管理平台。

（1）大数据服务支撑平台:对城市历史数据与在线数据进行共享与交换,形成城市基础数据库,并通过 FusionInsight 对基础数据进行大数据集成管理,形成气象、交通、医疗等主题的主题库,为城市智慧应用提供大数据支撑。

（2）ICT 业务应用使能平台:通过 eSDK 将 ICT 能力进行封装、打包提供给业务应用开发者,使其更便利地调用 ICT 接口。基于华为自有应用的开发服务能力、大数据处理能力、安全管理能力、视频处理及分析能力等基础能力,与合作伙伴联合开发 GIS 共享、公共服务、统一身份认证等平台,为城市智慧应用提供资源获取自动化、软件开发自动化、运维管理自动化的服务。

（3）城市运营管理平台:基于城市多部门数据共享融合,建设城市运营管理平台,构建智慧城市"大脑",提升城市综合运营管理能力,包括对日常时间的管理、应急状况下的紧急处置等。此外,城市运营管理平台能够基于多部门数据,支撑城市大数据决策。

9.7　工业互联网

工业互联网是互联网和新一代信息技术与工业系统全方位深度融合所形成的产业和应用生态,是工业智能化发展的关键综合信息基础设施。其本质是以机器、原材料、控制系统、信息系统、产品以及人之间的网络互联为基础,通过对工业数据的全面深度感知、实时传输交换、快速计算处理和高级建模分析,实现智能控制、运营优化和生产组织方式变革。

金融危机后,全球新一轮产业变革蓬勃兴起,制造业重新成为全球经济发展的焦点。世界主要发达国家采取了一系列重大举措推动制造业转型升级。德国依托雄厚的自动化基础,推进工业 4.0。美国在实施先进制造战略的同时,大力发展工业互联网。法国、日本、韩国、瑞典等国家也纷纷推出制造业振兴计划。各国新型制造战略的核心都是通过构建新型生产方式与发展模式,推动传统制造业转型升级,重塑制造强国新优势。与此同时,数字经济浪潮席卷全球,驱动传统产业加速变革。特别是以互联网为代表的信息通信技术的发展极大地改变了人们的生活方式,构筑了新的产业体系,并通过技术和模式创新不断渗透影响实体经济领域,为传统产业变革带来巨大机遇。伴随制造业变革与数字经济浪潮交汇融合,云计算、物联网、大数据等信息技术与制造技术、工业知识的集成创新不断加剧,工业互联网平台应运而生。

　　当前制造业正处在由数字化、网络化向智能化发展的重要阶段，其核心是基于海量工业数据的全面感知，通过端到端的数据深度集成与建模分析，实现智能化的决策与控制指令，形成智能化生产、网络化协同、个性化定制、服务化延伸等新型制造模式。在这一背景下，传统数字化工具已经无法满足需求。一是工业数据的爆发式增长需要新的数据管理工具。随着工业系统由物理空间向信息空间、由可见世界向不可见世界延伸，工业数据采集范围不断扩大，数据的类型和规模呈指数级增长，需要一个全新的数据管理工具，实现海量数据低成本、高可靠的存储和管理。二是企业智能化决策需要新的应用创新载体。数据的丰富为制造企业开展更加精细化和精准化管理创造了前提，但工业场景高度复杂，行业知识千差万别，传统由少数大型企业驱动的应用创新模式难以满足不同企业的差异化需求，迫切需要一个开放的应用创新载体，通过工业数据、工业知识与平台功能的开放调用，降低应用创新门槛，实现智能化应用的爆发式增长。三是新型制造模式需要新的业务交互手段。为快速响应市场变化，制造企业间在设计、生产等领域的并行组织与资源协同日益频繁，要求企业设计、生产和管理系统更好地支持与其他企业的业务交互，这就需要一个新的交互工具，实现不同主体、不同系统间的高效集成。海量数据管理、工业应用创新与深度业务协同，是工业互联网平台快速发展的主要驱动力量。

　　新型信息技术重塑制造业数字化基础。云计算为制造企业带来更灵活、更经济、更可靠的数据存储和软件运行环境，物联网帮助制造企业有效收集设备、产线和生产现场成千上万种不同类型的数据，人工智能强化了制造企业的数据洞察能力，实现智能化的管理和控制，这些都是推动制造企业数字化转型的新基础。开放互联网理念变革传统制造模式。通过网络化平台组织生产经营活动，制造企业能够实现资源快速整合利用，低成本快速响应市场需求，催生个性化定制、网络化协同等新模式新业态。平台经济不断创新商业模式。信息技术与制造技术的融合带动信息经济、知识经济、分享经济等新经济模式加速向工业领域渗透，培育增长新动能。互联网技术、理念和商业模式成为构建工业互联网平台的重要方式。

　　工业互联网平台是面向制造业数字化、网络化、智能化需求，构建基于海量数据采集、汇聚、分析的服务体系，支撑制造资源泛在连接、弹性供给、高效配置的工业云平台，包括边缘、平台（工业 PaaS）、应用三大核心层级。可以认为，工业互联网平台是工业云平台的延伸发展，其本质是在传统云平台的基础上叠加物联网、大数据、人工智能等新兴技术，构建更精准、实时、高效的数据采集体系，建设包括存储、集成、访问、分析、管理功能的使能平台，实现工业技术、经验、知识模型化、软件化、复用化，以工业 APP 形式的制造企业各类创新应用，最终形成资源富集、多方参与、合作共赢、协同演进的制造业生态。

　　图 9-18 是工业互联网平台功能架构。第一层是边缘，通过大范围、深层次的数据采集，以及异构数据的协议转换与边缘处理，构建工业互联网平台的数据基

础。一是通过各类通信手段接入不同设备、系统和产品，采集海量数据；二是依托协议转换技术实现多源异构数据的归一化和边缘集成；三是利用边缘计算设备实现底层数据的汇聚处理，并实现数据向云端平台的集成。第二层是平台，基于通用 PaaS 叠加大数据处理、工业数据分析、工业微服务等创新功能，构建可扩展的开放式云操作系统。一是提供工业数据管理能力，将数据科学与工业机理结合，帮助制造企业构建工业数据分析能力，实现数据价值挖掘；二是把技术、知识、经验等资源固化为可移植、可复用的工业微服务组件库，供开发者调用；三是构建应用开发环境，借助微服务组件和工业应用开发工具，帮助用户快速构建定制化的工业 APP。第三层是应用，形成满足不同行业、不同场景的工业 SaaS 和工业 APP，形成工业互联网平台的最终价值。一是提供了设计、生产、管理、服务等一系列创新性业务应用。二是构建了良好的工业 APP 创新环境，使开发者基于平台数据及微服务功能实现应用创新。

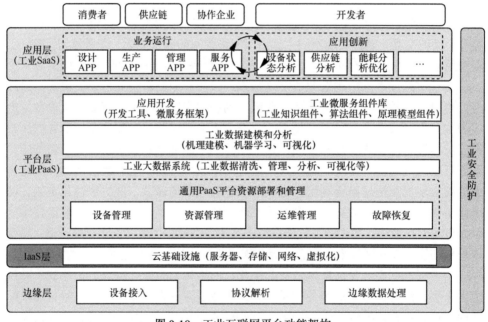

图 9-18　工业互联网平台功能架构

　　在工业互联网中，边缘计算未来可以应用于边缘层和 IaaS 层，拓展平台收集和管理数据的范围和能力。边缘层主要实现数据集成与边缘处理技术，实现设备接入、协议转换、边缘数据处理等功能。设备接入指基于工业以太网、工业总线等工业通信协议，以太网、光纤等通用协议，3G/4G、NB-IoT 等无线协议将工业现场设备接入平台边缘层。协议转换指一方面运用协议解析、中间件等技术兼容 ModBus、OPC、CAN、Profibus 等各类工业通信协议和软件通信接口，实现数据格式转换和统一；另一方面利用 HTTP、MQTT 等方式从边缘侧将采集到的数据传输到云端，实现数据的远程接入。边缘数据处理基于高性能计算芯片、实时操作系统、边缘分析算法等技术支撑，在靠近设备或数据源头的网络边缘侧进行数据预处理、存储以及智能分析应用，提升操作响应灵敏度、消除网络堵塞，并与云端分析形成协同。IaaS 层主要实现 IaaS 技术，基于虚拟化、分布式存储、并行计算、负载调度等技术，实现网络、计算、存储等计算机资源的池化管理，根据需求进行弹性分配，并确保资源使用的安全与隔离，为用户提供完善的云基础设施服务。

9.8　本章小结

　　边缘计算在诸多应用场景上实际部署的价值，主要体现在边缘计算不仅拥有广泛的应用场景，还拥有许多优良特性，在实际应用中可以显著提升应用网络和场景的诸多性能和使用体验。边缘计算平台部署在网络边缘，使计算和存储可以在网络边缘部分实现，可以有效降低时延、减少核心网的网络流量。并且，在诸如车联网、物联网等新兴领域，边缘计算的应用可以有效满足相关应用场景的技术需求。

参 考 文 献

[1] LIU J, MAO Y, ZHANG J, et al. Delay-optimal computation task scheduling for mobile-edge computing systems[C]//2016 IEEE International Symposium on Information Theory(ISIT). 2016: 1451-1455.

[2] MAO Y, ZHANG J, LETAIEF K B. Dynamic computation offloading for mobile-edge computing with energy harvesting devices[J]. IEEE Journal on Selected Areas in Communications, 2016, 34(12):3590-3605.

[3] KAMOUN M, LABIDI W, SARKISS M. Joint resource allocation and offloading strategies in cloud enabled cellular networks[C]//IEEE International Conference on Communications. 2015: 5529-5534.

[4] YOU C, HUANG K. Multiuser resource allocation for mobile-edge computation offloading[C]// IEEE Global Communications Conference (Globecom 2016). 2016: 1-6.

[5] MUÑOZ O, PASCUAL-ISERTE A, VIDAL J. Optimization of radio and computational resources for energy efficiency in latency-constrained application offloading[J]. IEEE Transactions on Vehicular Technology, 2015, 64(10):4738-4755.

[6] VALERIO V D, PRESTI F L. Optimal virtual machines allocation in mobile femto-cloud computing: an MDP approach[C]//IEEE Wireless Communications and NETWORKING Conference Workshops. 2014:7-11.

[7] OUEIS J, CALVANESE-STRINATI E, DE DOMENICO A, et al. On the impact of backhaul

network on distributed cloud computing[C]//IEEE Wireless Communications and Networking Conference Workshops. 2014:12-17.

[8] CUERVO E, BALASUBRAMANIAN A, CHO D K, et al. MAUI: making smartphones last longer with code offload[C]//International Conference on Mobile Systems, Applications, and Services. 2010:49-62.

[9] Cisco Mobile VNI. Cisco visual networking index: global mobile data traffic forecast update, 2016–2021 White Paper[R]. 2017.

[10] ZEYDAN E, BASTUG E, BENNIS M, et al. Big data caching for networking: moving from cloud to edge[J]. IEEE Communications Magazine, 2016, 54(9):36-42.

[11] RETAL S, BAGAA M, TALEB T, et al. Content delivery network slicing: QoE and cost awareness[C]//IEEE International Conference on Communications. 2017:1-6.

[12] LIU D, CHEN B, YANG C, et al. Caching at the wireless edge: design aspects, challenges, and future directions[J]. IEEE Communications Magazine, 2016, 54(9):22-28.

[13] AHLEHAGH H, DEY S. Adaptive bit rate capable video caching and scheduling[C]//IEEE Wireless Communications and Networking Conference. 2013:1357-1362.

[14] PEDERSEN H A, DEY S. Enhancing mobile video capacity and quality using rate adaptation, RAN caching and processing[J]. IEEE/ACM Transactions on Networking, 2016, 24(2): 996-1010.

[15] ZHENG Y, WU D, KE Y, et al. Online cloud transcoding and distribution for crowdsourced live game video streaming[J]. IEEE Transactions on Circuits & Systems for Video Technology, 2016, (99): 1-1.

[16] TRAN T X, HAJISAMI A, PANDEY P, et al. Collaborative mobile edge computing in 5G networks: new paradigms, scenarios, and challenges[J]. IEEE Communications Magazine, 2017, 55(4):54-61.

[17] XU X, LIU J, X Tao. Mobile edge computing enhanced adaptive bitrate video delivery with joint cache and radio resource allocation[J]. IEEE Access, 2017, 5(99):16406-16415.

[18] LIANG C, HU S. Dynamic video streaming in caching-enabled wireless mobile networks[J]. arXiv preprint arXiv:1706.09536, 2017.

[19] HOU X, LU Y, DEY S. Wireless VR/AR with edge/cloud computing[C]//International Conference on Computer Communication and Networks (ICCCN). 2017: 1-8.

[20] ETSI GS MEC-IEG 004 V1.1.1, Mobile-Edge Computing (MEC), Service Scenarios[S].2015.

[21] OpenFog reference architecture for fog computing[S]. 2017.

[22] Mobile edge computing: a key technology towards 5G[J]. ETSI White Paper, 2015,(11).

[23] MACH P, BECVAR Z. Mobile edge computing: a survey on architecture and computation offloading[J]. IEEE Communications Surveys & Tutorials, 2017,19(3),1628-1656.

[24] TALEB T, SAMDANIS K, MADA B, et al. On multi-access edge computing: a survey of the emerging 5G network edge cloud architecture and orchestration[J]. IEEE Communications Surveys & Tutorials, 2017, 19(3): 1657-1681.

[25] 工业互联网产业联盟(A I I). 工业互联网典型安全解决方案案例汇编(V1.0)[R]. 2017.

[26] 工业互联网产业联盟(A I I). 工业互联网平台白皮书[R]. 2017.

第10章
边缘计算开源平台实践

🔍 10.1 概述

为了推进边缘计算的发展，加快边缘计算研究成果的转化和落地，许多学术和产业机构都成立了边缘计算相关的研究项目，主要包括 elijah、EdgeX Foundry、M-CORD 和 Akraino Edge Stack 等。本章从项目背景、设计思路、安装配置、面临的问题和挑战等方面对以上开源项目及技术实践做全面的介绍，主要内容如下。

第 10.2 节主要介绍美国卡耐基梅隆大学提出的 elijah 开源项目，elijah 项目是对 OpenStack 的扩展，实现了边缘计算的基本功能，包括快速配置、实时 VM 迁移和基于带宽的自适应等。

第 10.3 节主要讲解 EdgeX Foundry 项目，EdgeX Foundry 项目是 2017 年由 Linux 基金会发起的一套开源开放框架，旨在培育一个 IoT 端点运算的边缘计算模型架构，提供可互操作性、允许即插即用的组件，使其达到工业 IoT 端点运算的简化效果和标准，为物联网计算和互操作组件生态系统建立基础。

第 10.4 节主要介绍 M-CORD 项目，CORD 项目是 AT&T 联合 ON.Lab、ONOS、PMC-Sierra 和 Sckipio 共同开发的旨在通过运用 SDN/NFV、云计算等技术，将端局重新打造成数据中心的开源项目。M-CORD 对应 CORD 项目中的移动场景，是一个面向 5G 的实验平台，可以快速创建蜂窝网络，并具有 5G 网络的特定功能。M-CORD 允许运营商分解 RAN 和核心网，并将其组件作为 VNF 或 SDN APP，以此完成虚拟化和网络可编程。

第 10.5 节主要介绍 Akraino Edge Stack 项目（简称 Akraino），该项目是一个隶属于 Linux 基金会的开源项目，2018 年由 AT&T 提供代码，主要对边缘计算系统和应用进行优化，旨在创建一个开源软件堆栈，提供高可用性和高灵活性的云服务支持，以便快速扩展边缘云服务。

10.2　微云 elijah 项目

第 2 章对微云的架构做了详细介绍，本节主要从实现的角度对微云平台展开介绍。微云部署主要基于美国卡耐基梅隆大学的 elijah 项目，elijah 项目是基于从 OpenStack 扩展而来的 OpenStack++平台，主要技术是将 Cloudlet 库与 OpenStack 平台进行集成，从而实现边缘计算的功能。Cloudlet 库提供了对边缘计算需求至关重要的基本功能，包括快速配置、实时 VM 迁移和基于当前带宽的自适应等。

OpenStack 开放平台将微云系统作为 OpenStack 扩展工作，使任何使用 OpenStack 进行云计算的个人或供应商都可以轻松使用微云，在一定程度上加快了微云部署速度。这个支持微云的 OpenStack 称为 OpenStack++。该项目着重强调 OpenStack++ API 微云功能的设计和实现。此平台还为 OpenStack 用户提供了客户端和 Web 界面。本节主要介绍微云架构部署、搭建步骤以及面临的问题和挑战。

10.2.1　平台原理与架构设计

边缘计算的关键挑战之一是如何降低移动设备与相关云端之间端到端的网络响应时间。当云资源的使用处于用户交互的关键路径时，操作延时一般不得超过几十毫秒，否则将严重影响用户体验。为了支持这些应用程序的低延时要求，业界提出了微云这一解决方案。Cloudlet 代表 3 层层次结构的中间层，即"移动设备–微云–云端"中的微云，满足了用户极短的时延要求。Cloudlet 实现了快速配置、VM 迁移和微云发现的功能。

微云实现的主要技术支撑是虚拟机合成和 OpenStack，虚拟机合成实现将计算任务卸载到微云，OpenStack 提供虚拟计算和存储服务的资源。本节从这两个主要技术出发介绍微云平台的设计原理。

（1）虚拟机合成

Cloudlet 使用 VM 合成的技术进行快速配置和 VM 迁移。由于虚拟机镜像的大部分用于客户操作系统、软件库和支持软件包，而应用程序所需基础系统的定制通常很小，因此，如果基础虚拟机（Base VM）已经存在于云端，则只需要传输名为 VM Overlay 的虚拟机，它和 Base VM 的差别是它只包含一些特定功能的实现。通过基于 VM 合成方法的一系列优化能够实现 Cloudlet 中的虚拟机快速配置。具体的合成步骤将在 10.2.2 节进行详细介绍。

（2）OpenStack

OpenStack 提供了一个部署云的操作平台或工具集，是一个开源的云计算管理平台项目，支持几乎所有类型的云环境，旨在提供虚拟计算或存储服务的云，其目标是提供实施简单、可大规模扩展、丰富、标准统一的云计算管理平台。OpenStack 通过各种互补的服务提供了基础设施即服务（IaaS）的解决方案。OpenStack++是对 OpenStack 的扩展，但基本思想和 OpenStack 一致，因此，在了解 OpenStack++之前首先要清楚 OpentStack 的原理和核心思想。

　　OpenStack 是一个云操作系统，可以控制整个数据中心的大型计算、存储和网络资源池，所有这些资源都通过管理员进行管理。它具有一个模块化架构，其组件具有代码模块。OpenStack 旗下包含一组由社区维护的开源项目，分别是 OpenStackCompute（Nova）、OpenStackObjectStorage（Swift）和 OpenStackImageService（Glance）。

　　OpenStackCompute 为云组织的控制器，它提供一个工具来部署云，包括运行实例、管理网络以及控制用户和其他项目对云的访问。它底层的开源项目名称是 Nova，其提供的软件能控制 IaaS 云计算平台，类似于 AmazonEC2 和 RackspaceCloudServers。实际上，它定义的是与运行在主机操作系统上潜在的虚拟化机制交互的驱动。

　　OpenStackObjectStorage 是一个可扩展的对象存储系统。对象存储支持多种应用，如复制和存档数据、图像或视频服务、存储次级静态数据、开发数据存储整合的新应用、存储容量难以估计的数据，为 Web 应用创建基于云的弹性存储。

　　OpenStackImageService 是一个虚拟机镜像的存储、查询和检索系统，服务包括 RESTful API 允许用户通过 HTTP 请求查询 VM 镜像元数据，以及检索实际的镜像。VM 镜像有 4 种配置方式：简单的文件系统、类似 OpenStackObjectStorage 的对象存储系统、直接用 Amazon's Simple Storage Solution（S3）存储、用带有 ObjectStore 的 S3 间接访问 S3。

　　3 个组件的基本关系如图 10-1 所示。

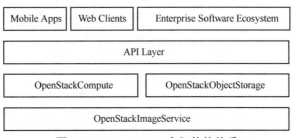

图 10-1　OpenStack 3 个组件的关系

　　OpenStack 的版本发布周期为 6 个月，每次新版本的发布都会引起内部 API 的变化。因此，为了方便跟踪其发布周期，采用 OpenStack 集成的模块化方法，通过扩展原始代码而不是直接修改代码来实现代码更新。另外，微云项目维护一个独立的 Cloudlet 可执行文件，它与 OpenStack++一起运行，独立的可执行文件和 OpenStack++集群共享一个用于核心功能的 Cloudlet 库。基于上述对 OpenStack 的介绍，下面讲解 OpenStack++的具体实现方法。

（1）使用 OpenStack 扩展的模块化方法

OpenStack 提供了扩展机制，以便添加新的功能。这允许开发人员在开发新的功能时不必担心对已有 API 产生影响。由于扩展是可查询的，因此用户可以首先向特定的 OpenStack 集群发送查询命令，以检查云端的可用性。图 10-2 展示了 OpenStack API 调用层次结构。通过实现 Extension 类，向用户提供扩展 API。来自用户的 API 请求将到达 Extension 类，并且调用一组内部 API 来完成所需功能。如果需要，一些内部 API 调用将通过消息传递层被传递到相应的计算节点。然后，计算节点上的 API 管理器接收该消息，并经由 Hypervisor 向管理程序发送命令来处理该消息。最后，Driver 类返回结果，并按照反向调用顺序将其传递给用户。

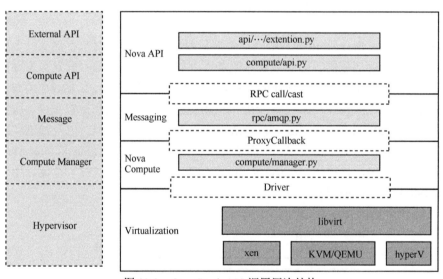

图 10-2　OpenStack API 调用层次结构

微云扩展遵循相同的调用层次结构。一旦用户通过 RESTful 接口发送请求，该消息将被转发到匹配的计算节点。然后 Hypervisor Driver 执行给定的任务。正在运行的虚拟机收到创建 VM Overlay 的命令，并生成一个 VM Overlay，用于提取正在运行的虚拟机和基本虚拟机之间的差异。为了定义创建 VM Overlay 的新操作，将在 OpenStack 扩展规则之后声明一个 Cloudlet 扩展类。用户发出的 API 请求首先到达 Extension 类，然后通过 API 和消息层传递给相应的计算节点。在计算节点处，该消息由微云的 Hypervisor Driver 处理，Hypervisor Driver 与目标虚拟机进行交互。最后，Cloudlet 的 Hypervisor Driver 使用 VM 快照创建 VM Overlay。

为了支持特定的 API, API Manager(manager.py)和 Hypervisor Driver(driver.py)应该能够处理云端扩展的消息。这需要修改 OpenStack 的原始文件/类，由于 OpenStack 经常更新，如果修改原始的 OpenStack 代码，将产生大量的维护和管理开销。比较合理的方法是为 API Manager 和 Hypervisor Driver 创建一个新类，在 OpenStack 中继承一个匹配的类，并将它们保存为新文件。OpenStack 提供了一种通过配置文件使 API Manager 和 Hypervisor Driver 使用自定义类的方法。如图 10-3 所示，Cloudlet 特定代码放在单独的文件中，如 cloudlet_api.py、cloudlet_manager.py 和 cloudlet_driver.py，这使管理开销更低，因为可以通过简单地将这些文件放入 OpenStack 目录并更改配置文件来添加 Cloudlet 功能。

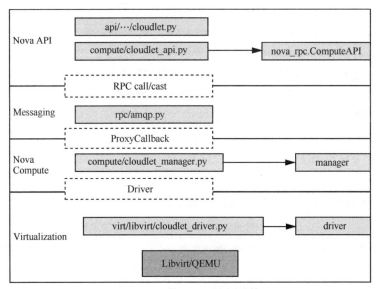

图 10-3　微云 API 调用结构

（2）支持 OpenStack 和独立可执行文件

除 OpenStack 扩展版本外，支持独立版本的 Cloudet 执行也很重要。维护独立可执行文件与 OpenStack ++有两个理由。首先，OpenStack 旨在提供端到端云计算服务，因此安装和维护 OpenStack 本身很重要。对于那些仅以简单的方式使用 Cloudlet 功能的用户，独立的可执行文件是一个简洁有效的解决方案。其次，独立的可执行文件更容易调试，易于评估性能。由于 OpenStack 是一个复杂的系统，独立版本提供了一种直观的调试系统的方法。为了有效地支持这两种方法，创建了一个 OpenStack 和独立版本都可以使用的 Cloudlet 库。这个库被打包成 python 库，因为 OpenStack 使用 python。图 10-4 显示了如何使用 Cloudlet 库。

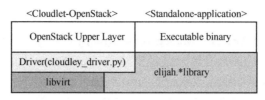

图 10-4　支持 OpenStack 和独立可执行文件

10.2.2　平台安装与配置

OpenStack++主要实现功能包括以下 5 部分。

- 导入 Base VM：将 Base VM 从文件导入 Glance 镜像存储中。
- 恢复 Base VM：恢复其中一个 Base VM 进行定制，为定制 VM 创建一个 VM Overlay。
- 创建 VM Overlay：根据运行中的 VM 实例创建一个 VM Overlay。
- VM 合成：使用 VM Overlay 配置虚拟机实例。
- VM 迁移：在不同的 OpenStack++集群中迁移虚拟机实例。

在这些功能中，恢复 Base VM 和创建 VM Overlay 是离线操作，用于开发人员创建后端服务器的 VM Overlay。意味着这两个操作不被移动用户使用，而是由应用程序的开发人员使用。导入 Base VM 用于预配置 Base VM，它也是离线操作。VM 合成和 VM 迁移是在移动应用程序卸载期间执行的在线操作。表 10-1 展示了从 OpenStack 的角度理解这些操作。例如，恢复 Base VM 并执行 VM 合成可以被认为是在 OpenStack 上实例化新虚拟机的过程。

表 10-1　微云功能相对于 OpenStack 的解释

微云功能	OpenStack 定义	OpenStack 输出
导入 Base VM	将 Base VM 从文件导入 Glance 镜像存储中	新的 VM 镜像
恢复 Base VM	从内存和磁盘恢复虚拟机	新的 VM 实例
创建 VM Overlay	VM 的增量快照	磁盘增量快照和内存增量快照
VM 合成	从增量快照（Overlay）中恢复 VM	新的 VM 实例
VM 迁移	将运行的 VM 实例从一个 OpenStack 集群迁移到另一个集群	在源 OpenStack 终止虚拟机，在目标 OpenStack 创建新的 VM 实例

1．导入 Base VM

假设每个 Cloudlet 缓存一组 Base VM。OpenStack++管理员通过使用导入 Base VM 操作在云端安装 OpenStack++后导入 Base VM。图 10-5（a）显示了 OpenStack 中微云控制面板的信息截图，主要由 3 张表组成。第 1 个表显示了此 OpenStack 集群上的 Base VM 列表。第 2 个表显示了 Glance 存储中保存的 VM Overlay 列表，其中，OpenStack 保存虚拟机镜像。第 3 个表显示运行的虚拟机实例，每个虚拟机都是恢复的基本虚拟机或合成虚拟机。导入 Base VM 按钮位于第 1 个表的右上角，管理员可以使用该按钮导入新的基本虚拟机。图 10-5（b）显示了导入基本虚拟机的截图。

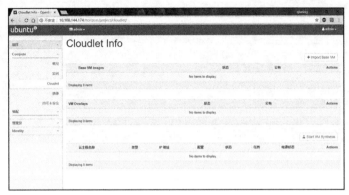

（a）微云控制面板

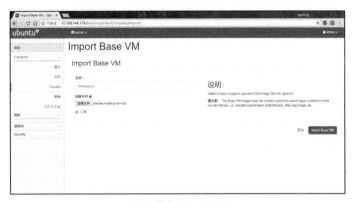

（b）导入 Base VM

图 10-5　微云信息和导入微云操作的截图

从 OpenStack 的角度来看，导入 Base VM 相当于在存储中保存新的 VM。因此，不需要创建一个新的 API，而是重用现有的 Glance API 完成这个操作。唯一的区别是应该保存多个文件以导入 Base VM，因为单个 Base VM 内部是由 4 个文件组成的压缩文件，4 个文件分别是基本磁盘镜像、基本内存快照、磁盘镜像的散列值列表、内存快照的散列值列表。接收到的 Base VM 文件首先解压缩为 4 个文件，然后逐个保存到 Glance 存储。如图 10-6(a)所示，为了表明这些都与 Cloudlet 的 Base VM 相关，使用文件类型关键字标记每个文件的元数据。此外，由于 OpenStack 将每个 Glance 镜像视为独立实体，所以磁盘镜像会保存所有其他关联文件的 UUID 以连接所有关联文件，并将 VM 的 Libvirt 配置保存为 Base VM 磁盘镜像元数据的一部分，供以后使用。图 10-6（b）为磁盘映像元数据的示例。

```
krha@hail:~$ nova image-show ubuntu-12.04-diskhash
+-----------------------------+------------------------------------------------------------------+
| Property                    | Value                                                            |
+-----------------------------+------------------------------------------------------------------+
| OS-EXT-IMG-SIZE:size        | 118018164                                                        |
| created                     | 2015-06-30T21:24:10Z                                             |
| id                          | 666f1d7e-d546-4bf7-a22a-cfa9ee253e75                             |
| metadata base_sha256_uuid   | abda52a61692094b3b7d45c9647d022f5e297d1b788679eb93735374007576b8 |
| metadata cloudlet_type      | cloudlet_base_disk_hash                                          |
| metadata image_location     | snapshot                                                         |
| metadata image_type         | snapshot                                                         |
| metadata is_cloudlet        | True                                                             |
| minDisk                     | 8                                                                |
| minRam                      | 1024                                                             |
| name                        | ubuntu-12.04-diskhash                                            |
| progress                    | 100                                                              |
| status                      | ACTIVE                                                           |
| updated                     | 2015-06-30T21:24:26Z                                             |
+-----------------------------+------------------------------------------------------------------+
krha@hail:~$
```

（a）Base VM 内存快照文件的元数据

```
Custom Properties

Image Type                  snapshot
base_resource_xml_str       <domain type='kvm'> <name>cloudlet-d71b7be54b104dee82c9038fddbbf39c</name> <uuid>d71b7be5-4b10-4dee-82c9-
                            038fddbbf39c</uuid> <memory unit='KiB'>1048576</memory> <currentMemory unit='KiB'>1048576</currentMemory> <vcpu
                            placement='static'>4</vcpu> <os> <type arch='x86_64' machine='pc-1.0'>hvm</type> <boot dev='hd'/> </os> <features>
                            <acpi/> </features> <cpu mode='custom' match='exact'> <model fallback='forbid'>core2duo</model> <topology sockets='1'
                            cores='4' threads='1'/> </cpu> <clock offset='utc'/> <on_poweroff>destroy</on_poweroff> <on_reboot>restart</on_reboot>
                            <on_crash>destroy</on_crash> <devices> <emulator>/usr/local/bin/cloudlet_qemu-system-x86_64</emulator> <disk
                            type='file' device='disk'> <driver name='qemu' type='raw'/> <source
                            file='/home/cloudlet/cloudlet/image/pci_hotplug/precise.raw'/> <target dev='hda' bus='ide'/> <address type='drive'
                            controller='0' bus='0' target='0' unit='0'/> </disk> <disk type='file' device='cdrom'> <driver name='qemu' type='raw'/>
                            <source file='/var/lib/cloudlet/conf/ovftransport.iso'/> <target dev='hdc' bus='ide'/> <readonly/> <address type='drive'
                            controller='0' bus='1' target='0' unit='0'/> </disk> <controller type='ide' index='0'> <address type='pci' domain='0x0000'
                            bus='0x00' slot='0x01' function='0x1'/> </controller> <interface type='user'> <mac address='52:54:00:9f:a8:da'/> <model
                            type='virtio'/> <address type='pci' domain='0x0000' bus='0x00' slot='0x03' function='0x0'/> </interface> <input type='mouse'
                            bus='ps2'/> <graphics type='vnc' port='-1' autoport='yes' listen='127.0.0.1' keymap='en-us'> <listen type='address'
                            address='127.0.0.1'/> </graphics> <video> <model type='cirrus' vram='9216' heads='1'/> <address type='pci'
                            domain='0x0000' bus='0x00' slot='0x02' function='0x0'/> </video> <memballoon model='virtio'> <address type='pci'
                            domain='0x0000' bus='0x00' slot='0x04' function='0x0'/> </memballoon> </devices> <seclabel type='none'/></domain>
base_sha256_uuid            abda52a61692094b3b7d45c9647d022f5e297d1b788679eb93735374007576b8
cloudlet_base_disk_hash     666f1d7e-d546-4bf7-a22a-cfa9ee253e75
cloudlet_base_memory        8f7bcdd1-72b8-448e-b704-0054ee2d133c
cloudlet_base_memory...     8c49ceca-5e02-4415-8e3a-1a7f919892ad
cloudlet_type               cloudlet_base_disk
image_location              snapshot
is_cloudlet                 True
```

（b）Base VM 磁盘镜像文件的元数据

图 10-6　Base VM 的 Glance 元数据

具体安装步骤如下。

（1）首先下载 Base VM，elijah 开源平台提供了适用于 ubuntu12.04.01-i386-server 的 Base VM 下载。用户名和密码都是 cloudlet。然后，通过执行 cloudet import-base、precise-hotplug-new.zip 命令行导入 Base VM，如图 10-7 所示。

```
> $ cloudlet import-base ./precise-hotplug-new.zip
> INFO     create directory for base VM
> INFO     Decompressing Base VM to temp directory at /tmp/cloudlet-base-k7ANqB
> INFO     Place base VM to the right directory
> INFO     Register New Base to DB
> INFO     ID for the new Base VM: abda52a61692094b3b7d45c9647d022f5e297d1b788679eb93735374007576b8
> INFO     Success
```

图 10-7　导入 Base VM

（2）导入之后，通过执行 cloudlet list 命令检测是否导入成功，如图 10-8 所示。

```
> $ cloudlet list-base
> hash value<code>     </code>path
> \-------------------------------------------------------------------------------
> abda52a<code>     </code>/home/krha/.cloudlet/abda52a/precise.raw
> \-------------------------------------------------------------------------------
```

图 10-8　检测是否导入成功

2. 恢复 Base VM

对于移动应用程序，开发人员准备在云端运行后端服务器。后端服务器的安装过程通常包括准备相关库、下载/设置可执行二进制文件以及更改 OS/系统配置。开发人员可以使用恢复 Base VM 执行这些操作。图 10-9 显示了恢复 Base VM 的截图。在 Base VM 列表的第 1 个表上，单击 Resume Base VM 按钮恢复所选的基本虚拟机，恢复的实例将显示在第 3 个表中。实例化过程比较慢，因为 Base VM 需要缓存到计算节点上。

（a）恢复 Base VM 之前的设置

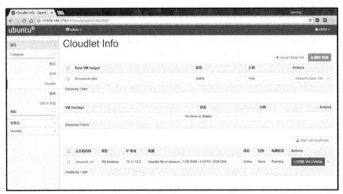

（b）恢复 Base VM 完成

图 10-9　恢复 Base VM 的截图

对于 OpenStack，恢复 Base VM 类似于使用 VM 快照实例化新的 VM 实例。

因此，微云修改了用于启动新的 VM 实例的原始 API，而不是设计一个新的 API。原始 API 处理所有错误检查条件，如权限、限额和资源可用性。通过所有条件检查后，消息最终到达计算节点以启动新的 VM。在代码级别，该消息将到达 Hypervisor Driver 类，并传递给底层虚拟化。为完成在虚拟机 Hypervisor Driver 中恢复 Base VM 任务，将构建一个继承原始 LibvirtDriver 的 Hypervisor Driver 类 CloudletDriver。CloudletDriver 发出新消息后，将检查关联的虚拟磁盘镜像的元数据。如果虚拟磁盘镜像具有 Cloudlet 标志，那么 CloudletDriver 将恢复所选的 Base VM，而不是引导启动新的 VM 实例。恢复 Base VM 与 OpenStack 的现有虚拟机恢复机制不同，因为用户可以同时恢复 Base VM 的多个虚拟机实例，恢复的虚拟机被视为新的虚拟机实例。

3. 创建 VM Overlay

恢复所选的 Base VM 后，开发人员可以在其上安装所需的后端服务器。开发人员在完成所有安装和启动后端服务器进程后开始创建 VM Overlay。如图 10-10 所示，只需单击虚拟机实例行旁边的创建 VM Overlay 按钮即可开始 Overlay 创建。此操作将应用优化以生成最小的 VM Overlay，并最终将 VM Overlay 保存在 Glance 存储中。

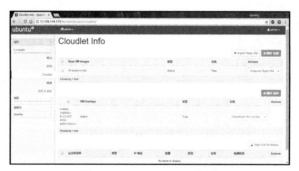

图 10-10　VM Overlay 创建

为了创建 VM Overlay，引入了一个新的 API。这个 API 与重启 VM、改变 VM 的 API 属于同一类操作，都是将特定操作应用于正在运行的虚拟机实例。OpenStack 扩展机制声明了一个新的操作类型。该扩展定义了一个新的操作来创建 VM Overlay，并通过 internal API 类将此命令传递给虚拟化驱动程序 CloudletDriver。对于 internal API，一个微云的 API 类（CloudletAPI）继承了 nova_rpc 的 ComputeAPI。通过类继承和使用新文件避免修改原始的 OpenStack 代码或文件。

此时，OpenStack++ 集群已准备好为移动应用程序提供服务。安装了 OpenStack++，并且使用导入 Base VM 由服务提供商（管理员）导入了 Base VM。开发人员准备创建移动应用程序后端服务器的 VM Overlay。该虚拟机覆盖文件或虚拟机覆盖的

URL 将被分发给移动用户。之后，移动应用程序通过直接发送在移动设备上保存的 VM 覆盖文件或将 VM 覆盖的 URL 传递到 OpenStack++群集来在 OpenStack++集群中动态配置后端服务器。

4. VM 配置

VM 配置是在线操作，用于将应用程序的后端服务器快速配置到附近的 Cloudlet。使用虚拟机配置，移动用户可以使用 VM Overlay 在任意云端启动后端服务器。图 10-11 为虚拟机配置界面。移动用户需要输入 VM Overlay 的 URL，通过读取关联的基本虚拟机的元数据实现配置。一旦 VM 配置完成，系统就会启动新的 VM。

图 10-11　VM 合成步骤截图

与恢复 Base VM 类似，基于 VM 配置，OpenStack 集群会调用相同的 API 启动新的 VM 实例。在 OpenStack 中，为了创建一个新的虚拟机实例，OpenStack 用户通过 HTTP 发送 POST 消息到特定的 URL。新的虚拟机的详细配置（如名称、磁盘镜像和风格）在 HTTP 消息的 JSON 有效负载中进行了描述。为了区分 VM 合成请求与常规 VM 创建请求，添加了一个特殊关键字"overlay_url"到消息的元数据。图 10-12 为虚拟机配置消息。要指定 VM Overlay 的位置，元数据中会附加"overlay_url"。

图 10-12　VM 配置中的请求信息

这个消息最终在 Cloudlet 虚拟机管理驱动程序 CloudletDriver 处理，和在恢复 Base VM 时的操作一样。在代码级别，CloudletDriver 继承 Libvirt 虚拟机 HypervisorDriver 的 LibvirtDriver。在 VM 产生方法中，它检查元数据以找到关键字"overlay_url"。如果请求具有 overlay_url 元数据，则它使用 VM Overlay 的给定 URL 执行虚拟机合成操作。

具体操作步骤如下。

（1）通过执行 synthesis_server 启动微云的 VM 合成服务器，如图 10-13 所示。

```
> $ synthesis_server
> INFO    -------------------------------------------------
> INFO    * Base VM Configuration
> INFO      0 : /home/krha/.cloudlet/abda52a61692094b3b7d45c96
                47d022f5e297d1b788679eb93735374007576b8
                /precise.raw (Disk 8192 MB, Memory 1040 MB)
> INFO    -------------------------------------------------
> INFO    * Server configuration
> INFO    - Open TCP Server at ('0.0.0.0', 8021)
> INFO    - Disable Nagle(No TCP delay)  : 1
> INFO    -------------------------------------------------
```

图 10-13　VM 合成服务器

（2）在启动之后，使用 cloudet overlay /path/to/base_disk.img 检测 VM 合成步骤是否成功，如图 10-14 所示。

```
> $ cloudlet overlay /path/to/base\_disk.img
> % Path to base_disk is the path for virtual disk you used earlier
> % You can check the path by "cloudlet list-base"
```

图 10-14　检测 VM 合成是否成功

这是在恢复后的 Base VM 上创建了 VNC，现在可以在 Base VM 上做一些自定义的改变。例如，要创建一个面部识别的后端服务器，安装所需的库、二进制文件，最后启动面部识别服务器。关闭 GUI 窗口后，Cloudlet 将仅捕获自定义 VM 和 Base VM 之间的更改部分，以生成作为重建自定义 VM 最小二进制文件的 VM Overlay。

在本例中，我们使用项目中已经创建好的，如图 10-15 所示命令进行虚拟合成，将 VM Overlay 和 Base VM 合成到一起。

```
> $ cloudlet overlay /path/to/base_disk.img -- -redir tcp:2222::22 -redir tcp:8080::80
```

图 10-15　虚拟合成

如果合成成功，将会看到如图 10-16 所示结果。

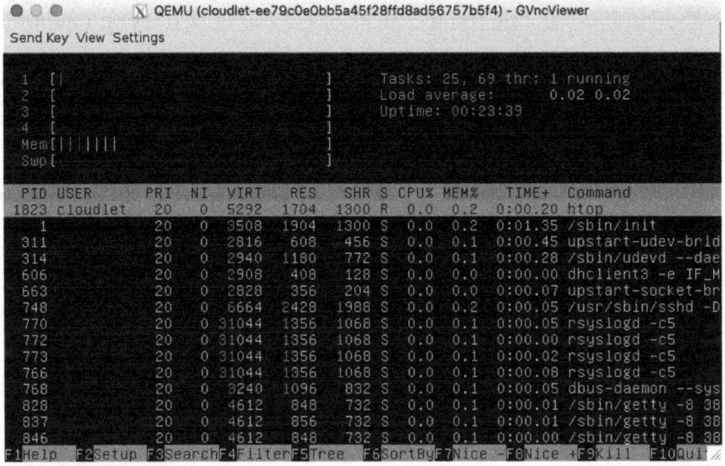

图 10-16　VM 合成成功代码

如果合成不成功，如图 10-17 所示，可能是由于 Base VM 的内存快照兼容性问题，在面临的挑战部分会详细介绍并给出当前的解决方案。

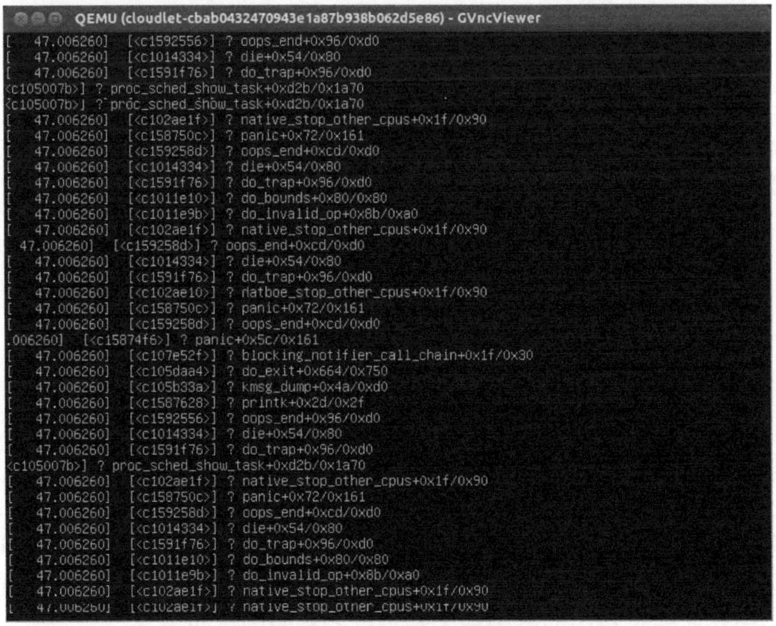

图 10-17　VM 合成失败代码

5. VM 迁移

VM 切换将正在运行的 VM 实例从一个 OpenStack 集群迁移到另一个。由于它涉及两个独立的 OpenStack 集群，所以操作从假设用户具有访问这两个集群的权限开始。换句话说，源 OpenStack 集群需要权限来调用目标 OpenStack 集群的 API。要获取目标 OpenStack 集群的权限，源 OpenStack 集群的切换 UI 会询问目标的凭据信息，如图 10-18 所示。虽然 Web UI 不保存任何凭据信息，但可以使用客户端程序接收 auth-token 而不是账号/密码。在移动用户使用 OpenStack++集群运行后端服务器程序的情况下，客户端程序将替代 UI 的角色，以编程方式触发 VM 迁移。

图 10-18　VM 迁移步骤截图

与创建 VM Overlay 类似，VM 迁移的应用场景是对运行的虚拟机实例应用操作。因此，创建一个新的 API，使用 OpenStack 的 Extensiion 类扩展。通过 HTTP 将消息数据加载到 POST 请求中，切换命令和详细描述如图 10-19 所示。

```
{
    "cloudlet-handoff": {
        "handoff_url": "network://dest-openstack.com/"
        "dest_token": "akwqub1As8a61jsakaAj1Saa11"
    }
}
```

Authentication-token for the destination

图 10-19　VM 迁移的请求信息

6. 面临的挑战

针对将 Cloudlet 的开源代码移植到 OpenStack 中，已经有许多设计和实现方案。有些与 OpenStack 实践有关，有些涉及实现问题，如库兼容性。下面主要介绍微云平台在实践过程中面临的技术难点以及相应的解决方案。

（1）VM 的可移植性

第一个挑战是恢复挂起的虚拟机。从技术上讲，虚拟机配置时将在目标 OpenStack++集群中恢复一个虚拟机实例，该集群被暂停在不同的站点。这会导致 VM 中的几个可移植性问题。与诸如进程移植的高级方法相比，VM 具有相对较窄的在虚拟机 Hypervisor 上运行的接口，因此相对容易从一个地方迁移到另一个地方。然而，在微云的情况下，与数据中心 VM 迁移不同，主机可能是高度异构的，并且源机器和目标机器可以具有不同的网络环境。这些变化会引发虚拟机可移植性的问题。OpenStack++ 移植中有两个主要的可移植性问题，即 CPU 兼容性和网络配置的时效性。

① CPU 兼容性

要从主机获得完整的性能，虚拟机通常从主机继承 CPU 性能。这意味着如果虚拟机的源主机 CPU 功能比目标主机 CPU 功能多，那么在目标主机上尝试使用 CPU 未提供的功能时，操作系统会崩溃。图 10-20 为在具有不足的 CPU 功能主机上恢复虚拟机时，客户机操作系统故障（内核崩溃）的示例。

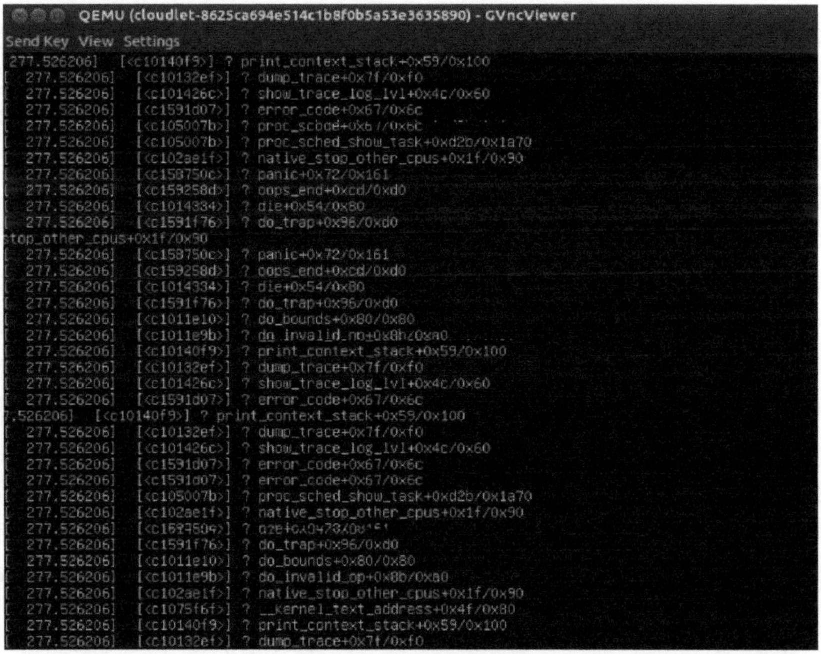

图 10-20　恢复失败

为了处理 CPU 不兼容性问题，为基本虚拟机使用预定义的 CPU 模型。Libvirt 库为虚拟机定义了一组 CPU 模型，在包括 pentiumpro、coreduo、n270、core2duo、qemu64、Conroe、Penryn、Nehalem、Westmere、SandyBridge 和 Haswell 在内的各种 CPU 模式中，选择了 core2duo，因为它涵盖了合适的 CPU 标志范围（甚至超过 qemu64），足以支持旧机器。在实现中，强制执行 Core2duo CPU 模型，如果主机不支持虚拟机配置，VM 切换将不会启动，而不是在运行时失败。图 10-21 为恢复成功的实例。

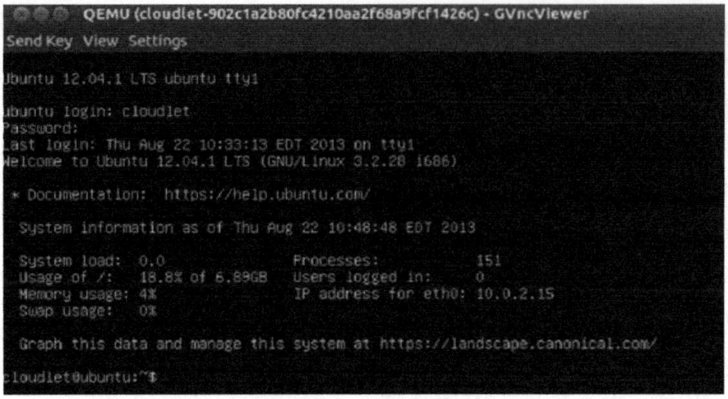

图 10-21　恢复成功

② 网络配置的时效性

虚拟机中网络接口配置的实现是使用仿真硬件接口将虚拟化网络接口（Virtualized Network Interface Card，NIC）附加到虚拟机。该虚拟网卡具有唯一的硬件配置，如 MAC 地址，并且客户机操作系统在引导时加载这些配置，这些配置在下次引导之前不会更改，客户操作系统将通过此网卡设置网络。例如，客户操作系统可以具有 NAT 的私有 IP 地址，或者使用公共 IP 地址直接访问网络。OpenStack 使用 Neutron 进行各种网络配置。但是，在源 OpenStack 集群中配置的 NIC 和网络信息在虚拟机恢复的目标 OpenStack 集群中是无效的。这适用于恢复虚拟机、VM 配置以及 VM 切换，因为它们在技术上都是恢复 VM 的内存状态。图 10-22 展示了当虚拟机被配置为具有存储器状态时断开联网的示例。这个恢复的 VM 最初有一个虚拟网卡，MAC 地址为 11-22-33-44-55，但 OpenStack 网络会为新实例化的虚拟机分配新的虚拟网卡。这个新的虚拟网卡 MAC 地址为 aa-bb-cc-dd-ee，底层 OpenStack 网络模块使用此 MAC 地址配置网络，此后，路由器将转发网络包到 MAC 地址为 aa-bb-cc-dd-ee 的 VM，而不是 11-22-33-44-55。

图 10-22　合成 VM 的网络稳定性

为了克服这种不一致的情况，可以分离旧的虚拟网卡，并通过 Hot PCI 插件附加新的 OpenStack 给出新虚拟网卡。由于这是行业标准，大多数操作系统都支持。它也由使用 VT-d 技术的 KVM/QEMU 管理程序支持。在 VM 成功恢复（从虚拟机配置或 VM 切换机制恢复）之后，分离虚拟机的旧虚拟网卡，并附加由 OpenStack 网络配置的新虚拟网卡。这样，操作系统就能够理解 PCI 设备的重新连接，从而更新过时的网络配置。理论上，这不会影响应用程序的网络，因为应用程序在 TCP/IP 层上运行，与底层网络级别无关。

（2）Hypervisor（QEMU/KVM）的修改

图 10-23 显示了云计算软件的层次。底部的 Hypervisor 负责创建和运行虚拟机，包括 VMWare ESX、Microsoft HyperV 和 QEMU/KVM 在内的商业产品和开源项目都是这一层的例子。Libvirt 是一个用于管理虚拟机的开源管理工具。它支持 KVM、Xen、VMware ESX 和其他虚拟化管理程序。Libvirt 为管理程序的编排提供了一组 API，这是有必要的，因为每个管理程序对类似的功能具有略微不同的语法。Libvirt 提供了一个高级的抽象隐藏复杂多样的管理程序，使之透明化。在顶层，OpenStack 尝试提供一个完整的端到端软件系统，提供计算、网络、存储资源管理，认证和许可的资源管理以及易于使用的高级 API 等。

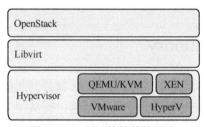

图 10-23　云计算软件的层次

在这个云计算软件层次结构中，OpenStack++对原始的 OpenStack 进行了修补，以启用 Cloudlet 功能。然而，为了实现配置和迁移的最佳性能，云端代码修改了 QEMU/KVM 管理程序，这可能导致上游合并 OpenStack 时出现问题。这是因为 OpenStack 和 QEMU/KVM 由独立组织维护。因此，对 QEMU/KVM 管理程序的修改可能成为 OpenStack 上游合并的障碍，因为该修改不是 QEMU/KVM 社区的正式版本。正确的方法如下。

① 首先将 Cloudlet 修改的 QEMU/KVM 合并到 QEMU/KVM。

② 等待可以启用 Cloudlet 的 QEMU/KVM 新版本。

③ 将 OpenStack ++合并到 OpenStack，满足启用 Cloudlet 的 QEMU/KVM。

为了更好地理解，下文列出了在云端中实现修改 QEMU/KVM 的必要性。首先，对于虚拟机配置，QEMU/KVM 修改有助于改进内存快照格式。QEMU/KVM 中的内存快照是一种内部数据结构，其兼容性方面的格式很差。使用某个版本 QEMU/KVM 管理程序保存的 QEMU 内存快照可能不会在不同版本的 QEMU/KVM 虚拟机管理程序中恢复。其次，原始 QEMU/KVM 尽可能压缩每个内存页面，这会阻止云端代码执行重复数据删除并随机访问特定的内存页面。此外，云端修改 QEMU/KVM 支持早期启动优化，从而允许 VM 实例在没有完整内存快照的情况下启动。早期优化使用按需获取内存快照来加速虚拟机配置。

对于 VM 迁移，原始 VM 实时迁移的行为已更改。当 VM 迁移正在进行时，正在运行的 VM 新的内存页面不会立即发送到网络，而是在 VM 迁移代码的控制下累积。这不同于直接发送内存页的实时迁移的原始行为，此更改旨在通过避免频繁修改内存页（热区）重复传输的方式节省网络带宽。此外，VM 迁移模块将实现平衡计算速度和网络传输速度的自适应 VM 迁移。

对 QEMU/KVM 的修改不可避免地加快了配置和切换，但从实际的角度来看，它可能成为 OpenStack 合并的障碍。为了尽量减少修改后的 QEMU/KVM 在 OpenStack 中的影响，将其用于与 Cloudlet 相关的任务。也就是说，在 OpenStack++ 中，修改和未修改的 QEMU/KVM 共存，而 OpenStack 的原始任务像以前一样使用未修改的 QEMU/KVM。

10.3　EdgeX Foundry

EdgeX Foundry 项目是 2017 年由 Linux 基金会发起的一套开源开放框架，旨在设计一个 IoT 节点运算的边缘计算模型架构，提供可互操作性、允许即插即用的组件，使其达到工业 IoT 节点运算的简化效果和标准，为物联网计算和互操作组件生态系统建立基础。目前，EdgeX Foundry 的成员已达 60 多家，涵盖了硬件制造商、软件企业、设备制造商、系统整合商以及多家产业联盟。

EdgeX Foundry 主要具有减少网络延迟、网络流量，提高安全性等优势，对于不同 IoT 节点软件，更容易与云端的通用架构连接并且互操作性强。

EdgeX Foundry 在物联网方面有很广泛的应用：终端客户可以快速、轻松地部署 IoT Edge 解决方案，灵活地适应不断变化的业务需求；硬件制造商可以通过互操作性实现更强大的安全系统，加快扩张速度；软件供应商可与第三方应用程序实现互操作，无需重新创建连接；系统集成商可通过即插即用的方式加快产业速度。越来越多的物联网应用企业，重视并强调前端装置的端点运算和分析能力，希望在前端集中处理更多的运算分析工作，加快数据分析和处理速度，以解决不同供应商端点运算装置、应用和服务件的互操作性。

10.3.1　平台原理与架构设计

EdgeX Foundry 尝试提供可互操作的组件、即插即用功能，改变边缘计算游戏的"规则"。它是一个简单的互操作性框架，独立于操作系统，支持任何硬件和应用程序，促进设备、应用程序和云平台之间的连接。EdgeX Foundry 的主要任务是简化和标准化工业物联网边缘计算，同时保持其开放性。

EdgeX Foundry 并不仅仅是一个标准，还是一个极具可操作性的开源平台。在 EdgeX Foundry 的架构中，定义了"南侧"和"北侧"能力。其中，将所有的物联网物理设备，以及与这些设备、传感器、执行器或其他对象直接通信的网络边缘器件，统称为"南侧"；而负责将数据汇总、存储、聚合、分析和转换为决策信息的云平台，以及负责与云平台通信的网络部分，统称为"北侧"。除了"南侧"和"北侧"之外，对于"东向"和"西向"需要具备的负荷分组、网关同步等能力，EdgeX Foundry 尚未给出定义。

EdgeX Foundry 承诺具备相当的灵活性，其中的任何微服务均可灵活升级、替换和扩展，并提供"实施案例"服务，促进最佳实践。EdgeX Foundry 还将存储和转发功能列为必备。

EdgeX Foundry 是一系列松耦合、开源的微服务集合。该微服务集合构成了 4 个微服务层及两个增强的基础系统服务，如图 10-24 所示。这 4 个微服务层包含从物理域数据采集到信息域数据处理等一系列服务，另外两个基础系统服务为这 4 个服务层提供支撑服务。4 个微服务层分别如下。

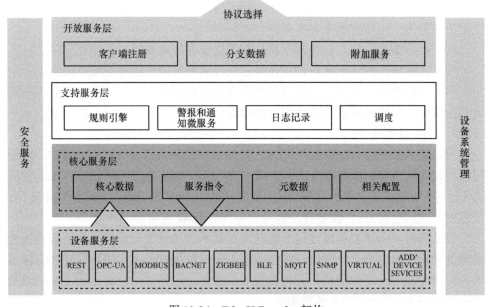

图 10-24　EdgeX Foundry 架构

1. 开放服务层

在必要情况下，EdgeX Foundry 可以独立于其他系统运行。Edgex Foundry 所依存的网关通常允许在独立非联网环境下部署，同时监管一组传感器或设备。当网关在未联网环境下运行时，其监管的传感器及设备是不受外界环境监管或控制的。因此，EdgeX Foundry 在未连接北向应用的情况下，是可以长时间独立运行的。但 EdgeX Foundry 收集的数据还是需要定期或不定期地传输给北向应用（通常为云端系统）。开放服务层就是为实现这个目的而存在的。开放服务层提供了一组微服务实现以下功能：北向应用可以在网关注册，并获取其感兴趣的南向设备的数据；通知数据何时被发往何地；通知数据传输格式。

2. 支持服务层

支持服务（Support Service，SS）层包含广泛的微服务，该层微服务主要提供边缘分析服务和智能分析服务。此外，该层还为 EdgeX micorservices 提供日志记录、调度和数据清理（清理）等支持功能。规则引擎、警报和通知微服务在 SS 层内，因为它们在 Core Service 层上运行。本地分析功能（目前仅以简单的规则引擎实现基本的分析功能）也位于此层。

3. 核心服务层

核心服务层介于北向与南向之间，这里的北向即上文所述信息域，南向即上文所述物理域。核心服务层非常简单，但却是 EdgeX Foundry 框架内非常重要的一环。核心服务层主要由以下组件组成。

（1）相关配置：为其他 EdgeX Foundry 微服务提供关于 EdgeX Foundry 内相关服务的信息，包括微服务配置属性。

（2）核心数据：持久性存储库和从南侧对象收集数据的相关管理服务。

（3）元数据：提供配置新设备并将它们与其拥有的设备服务配对功能。

（4）服务指令：处理北向应用发往南向设备的请求；当然该服务还处理框架内其他微服务发往南向设备的请求，如本地分析服务。

4. 设备服务层

设备服务层（Device Service，DS）是与南向设备或物联网对象交互的边缘连接器，设备服务可以同时服务于一个或多个设备（传感器、致动器等）。DS 管理的"设备"不是简单的单一物理设备，它可能是 EdgeX Foundry 的另一个网关（以及该网关的所有设备）、设备管理器或设备聚合器/设备集合。

设备服务层的微服务通过每个物联网对象本身的协议与设备、传感器、执行器和其他物联网对象进行通信。DS 层将由 IoT 对象生成和传递的数据转换为常见的 EdgeX Foundry 数据结构，并将转换后的数据发送到 Core Services Layer 以及 EdgeX Foundry 其他层的其他微服务。

10.3.2　平台安装与配置

EdgeX Foundry 是 10 多个微服务的集合，部署的目的是提供轻量级的边缘平台功能。EdgeX Foundry 由一系列微服务和 SDK 工具组成。该项目创始人目前发布的微服务和 SDK 都是用 Java 编写的。本节主要讲解在 Eclipse 环境中获取和运行 EdgeX Foundry 的信息和说明。

1. 环境配置

安装 EdgeX Foundry 需要满足硬件和软件要求,在硬件要求上,需要内存最小 4 GB,运行 EdgeX Foundry 至少需要 3 GB 的硬盘空间,需要预留出更多的硬盘空间,因为具体运行需要的硬盘空间取决于传感器和设备数据的保留时间。操作系统包括但不限于以下系统,Windows(版本 7~10)、Ubuntu 桌面(14~16 版)、Ubuntu 服务器(版本 14)、Ubuntu Core(版本 16)、Mac OS X 10。

在软件要求上,需要准备 git、MobgoDB、Java 以及 Eclipse。git 是开源版本控制系统,用于从项目的 github 存储库拉取和上传代码;EdgeX Foundry 使用 MongoDB 作为连接设备/传感器元数据的存储数据库;对 Java 的需求是因为 EdgeX Foundry 的开源微服务是用 Java 编写的;最后需要 Eclipse 软件,EdgeX Foundry 微服务是在 Eclipse 中使用 Java Maven 项目创建的。

2. 获取代码

在安装环境配置好以后,可以使用命令 git clone https://github.com/ edgexfoundry/ support-logging.git 获取代码,如图 10-25 所示。

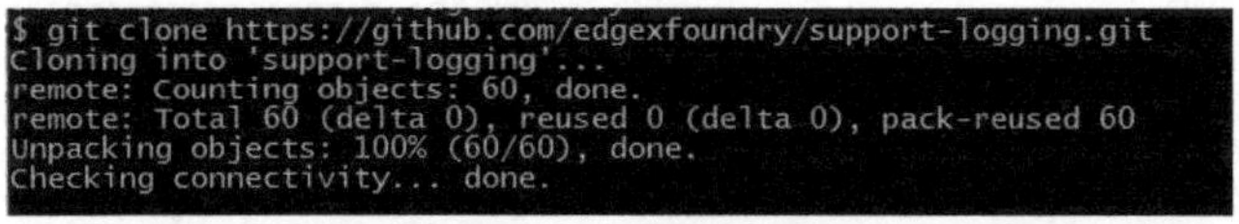

```
$ git clone https://github.com/edgexfoundry/support-logging.git
Cloning into 'support-logging'...
remote: Counting objects: 60, done.
remote: Total 60 (delta 0), reused 0 (delta 0), pack-reused 60
Unpacking objects: 100% (60/60), done.
Checking connectivity... done.
```

图 10-25 获取源代码

3. 代码结构和依赖关系

许多库和微服务都依赖于其他库和微服务。如果希望构建或运行 EdgeX Foundry 库或微服务项目,则需要首先对其依赖的库/微服务进行拉取和构建。图 10-26 展示了需要提取和构建任何单个 EdgeX Foundry 项目的相关库和微服务存储库。

4. 初始化数据库

许多 EdgeX Foundry 微服务使用 MongoDB 实例来保存数据或元数据。EdgeX Foundry 的 MongoDB 数据库在被系统使用之前必须进行初始化。除非数据库被破坏,否则这组指令只运行一次就可以初始化数据库。

在 EdgeX Foundry 的 developer-scripts 存储库中有几个有用的脚本帮助初始化并运行 EdgeX Foundry MongoDB 实例。

首先,以"无授权"状态启动 MongoDB。确保将脚本更改为指向 mongod 可执行文件并提供数据库实例文件位置的路径(脚本中的 c:\users\Public\ mongodb\db)。

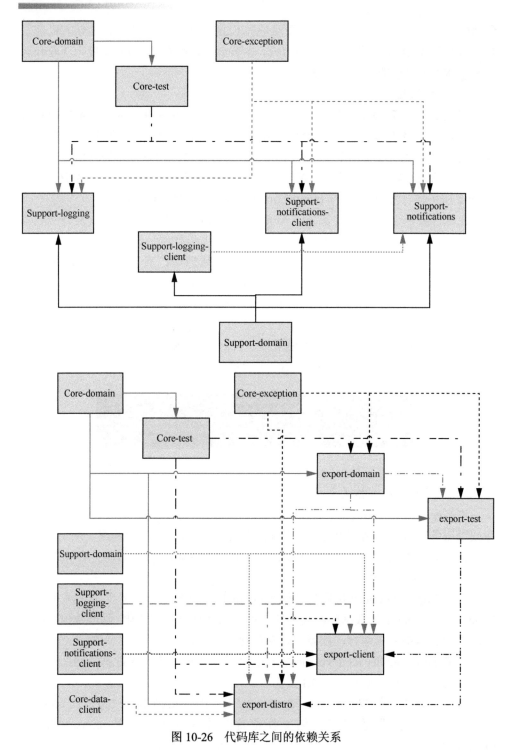

图 10-26 代码库之间的依赖关系

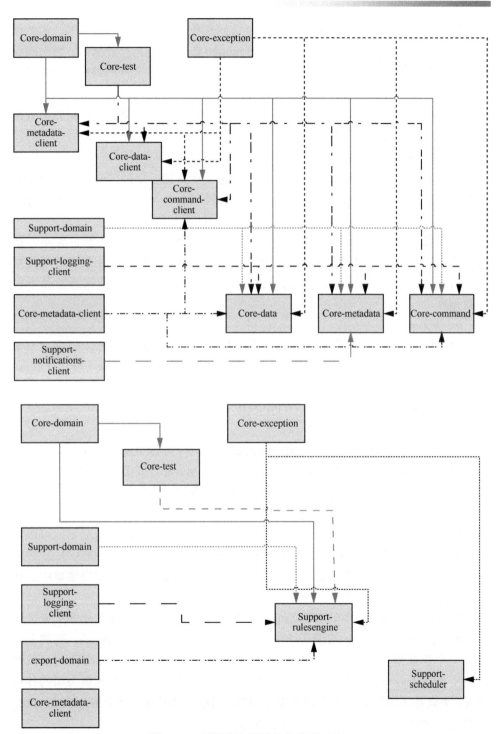

图 10-26　代码库之间的依赖关系（续）

数据库启动后，使用 EdgeX Foundry 访问和模式元素初始化数据库。初始化代码位于 init_mongo.js 文件中。需要使用 mongo shell 工具运行此脚本。再次确保将脚本更改为指向 mongo 可执行文件并提供 init_mongo.js 文件的路径。当脚本执行时，它将显示对数据库执行的命令。

一旦完成，数据库可以停止。在下一步中，需要打开身份验证重新启动数据库，不再需要重新初始化数据库。

5. 运行数据库

几个 EdgeX Foundry 微服务利用了 MongoDB 实例，包括核心数据、核心元数据、支持规则引擎、支持日志记录（在某些情况下）等。因此，在使用 EdgeX Foundry 时，将数据库作为一般规则运行是一个好的方案。

初始化数据库（请参阅上一步）后，打开授权启动数据库。编辑脚本，使其指向 mongod 位置并指向初始化步骤中建立的 MongoDB 数据文件。准备好后，只需从终端窗口运行脚本。请注意，使用"-auth"在启用授权的情况下启动数据库。

6. 导入项目

每个包含源代码的 EdgeX Foundry 存储库也是一个 Eclipse 项目，特别是一个 Maven 项目（device-sdk-tools 除外）。要在这些项目中导入 Eclipse，使用 Eclipse 中的"文件"，选择"导入"菜单选项打开导入窗口。在出现的导入窗口中，"请求导入 Maven"到"现有的 Maven Projects"，然后按下 Next 按钮。

7. 构建和安装

一旦导入 Eclipse 中，要构建任何 EdgeX Foundry 库或微服务项目，右键单击该项目并从结果菜单中选择"运行方式"，选择"Maven"安装。建立项目（进入 JAR 文件），然后将 JAR 文件安装到本地 Maven 存储库中。

注意，由于各个项目具有交叉依赖性，建议按项目顺序一次安装。

在数据库运行（并初始化）以及构建和安装所有库和服务的情况下，可以直接在 Eclipse 中运行任何 EdgeX Foundry 微服务。每个微服务都是作为 Java 应用程序运行的。只需右键单击要运行的 EdgeX Foundry 微服务，从结果菜单中选择"运行方式"，然后选择"Java 应用程序"。

EdgeX Foundry 的主要目标是通过提供统一边缘计算平台来简化和加速工业互联网。EdgeX Foundry 实现了边缘硬件与应用在某种程度上的解耦，有利于应用端的企业聚精会神地开发有价值的边缘应用程序。同时，需要注意到，虽然 EdgeX Foundry 不仅面向工业，也面向消费电子领域，但从创始成员公司的分布来看，率先在工业场景下落地是大概率事件。目前，欧美企业对于 EdgeX Foundry 的响应非常积极，成员数量已经突破 60 家。

10.4　M-CORD 项目

CORD 是 AT&T 联合 ON.Lab、ONOS、PMC-Sierra 和 Sckipio 共同开发，旨在通过运用 SDN/NFV 和云计算等技术，将端局重新打造成数据中心的开源项目。CORD 项目共有 3 个不同的场景，分别是家庭接入业务（R-CORD）、企业业务（E-CORD）和移动业务（M-CORD）。

硬件上，CORD 数据中心采用 Spine-leaf 拓扑结构、白盒交换机和标准 X86 服务器。软件上，CORD 通过 XOS 实现对 OpenStack 和 ONOS 等开源项目的调度和协调管理。其中，OpenStack 用于管理虚拟机；而 ONOS 负责管理 OpenStack 的虚拟网络，同时 ONOS 还用于管理数据中心的白盒硬件，如白盒交换机和白盒 vOLT 等。

AT&T 对 CORD 项目的开发尚未完成。目前 M-CORD 已开发至 6.0 版本，在 M-CORD 5.0 版本中提供了一个开源的 EPC，包括 SPGW 控制平面、SPGW 用户平面、MME、HSS、HSS 数据库和 Internet 模拟器，但在该版本中 EPC 尚未提供 PCRF 服务。

本节着重介绍 M-CORD 的技术背景、软件结构、实现方式和其最上层的 XOS，并对 M-CORD 平台的配置及安装做出说明。

10.4.1　平台原理与架构设计

1. CORD 简介

CORD 的核心技术包括解耦、软件定义网络、网络功能虚拟化等。CORD 是一个通用的服务交付平台，它可以配置一系列服务，以支持住宅客户、企业客户和移动客户的需求。

CORD 项目希望通过部署白牌 SDN 交换机、X86 服务器、开放 OLT 刀片、Open ROADM 刀片等开发硬件以及 ONOS、OpenStack 和 XOS 等开放软件对厂商进行解耦；同时利用 SDN/NFV 技术降低运营成本，并能够像 Google、Facebook、Amazon 等云服务提供商那样提供灵活的服务。

另外，CORD 通过一个全新的 OLT 架构对 OLT 设备进行解耦，以此消除厂商依赖，如图 10-27 所示。把传统 OLT 设备控制板上 CPU 运行处理的控制功能（如 ONT 绑定、认证、VLAN 分配管理、IGMP、OAM 等）迁移到网络中 X86 服务器的虚拟光线路终端 vOLT app 上；控制板中的控制、配置、管理交换板和 GPON 线卡的功能被 SDN 控制器取代；交换板的功能被端局中的叶子交换机取代；OLT 中的 GPON 线卡被开放 GPON 线卡刀片取代。每个开放 GPON 线卡刀片通过 40 Gbit/s 上联端口连接到 ToR 交换机。这些刀片不是多线卡 OLT 系统的一部分，而是独立的设备。

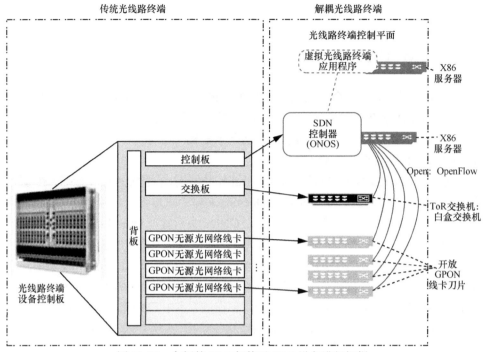

传统光线路终端　　　　　　　　　　　　　解耦光线路终端

图 10-27　全新的 OLT 架构对 OLT 设备进行解耦

　　汇聚交换机和宽带网络业务网关 BNG 同样被解耦。因此，之前端局内的 Alcatel、Cisco、Juniper 等厂商的专用网络设备都将消失，网络将基于通用的 X86 服务器、白牌 SDN 交换机和开放 OLT 线卡刀片构建。而传统网络的 OLT 控制平面和 BNG 控制平面的功能都通过 vOLT app 处理。vOLT app 与负责认证的 Radius server、负责每位用户 OLT 线卡 VLAN 分配的 SDN 控制器、负责端局中交换矩阵的路径配置的 SF control application 协同工作。

　　这样，传统的接入网络将被改造成基于 SDN/NFV 架构的网络。接入网的数据平面由低价的开放硬件和 VNF 处理。开放的硬件被 SDN 控制器和 NFV 编排器控制，如 ONOS、XOS 和 OpenStack 等开源软件。

　　2. M-CORD 项目简介

　　M-CORD 是基于移动边缘云 CORD 的 3 个应用场景之一。该架构允许运营商分解 RAN 和核心网，并将其组件作为 VNF 或 SDN 应用程序，以此来完成虚拟化。与其他 CORD 场景实现一致，VNF 和 SDN 应用程序由 XOS 统一协调管理，使 M-CORD 能够对 RAN、核心网服务进行编程控制。此外，基于 M-CORD 的边缘云也能够托管 MEC 服务。

　　M-CORD 是一个面向 5G 的强大平台，可以快速创建蜂窝网络。因此，它具有一些 5G 网络的特定功能。例如，RAN 用户平面和控制平面的分离，提供可编程网络切片 ProgRAN、MME 分解等。

M-CORD 的第一个版本（4.1 版）带有基本的 CORD 组件块（ONOS、XOS、Docker 和 OpenStack）以及多个 VNF，以此支持 3GPP LTE 的连接。这些 VNF 包括符合 CUPS 的开源 SPGW。该开源 SPGW 由 SPGW-u 和 SPGW-c 两个 VNF 组成。图 10-28 展示了 M-CORD POD 的通用结构。

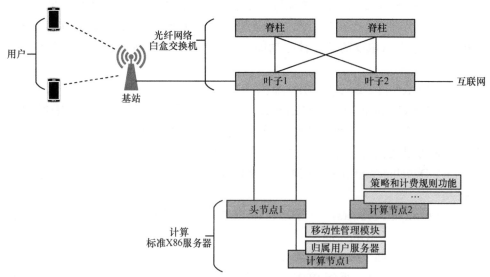

图 10-28　M-CORD POD 的通用结构

如图 10-28 所示，M-CORD 使用两个网络：无线接入网 RAN 与核心网，其中，核心网包括 LTE 中的 EPC 和 5G 中的 NG core。RAN 由多个基站组成，这些基站有 LTE 中的 eNBs 和 5G 中的 gNBs。它们在 UE 移动时为其提供无线连接。eNB 是 M-CORD 外围设备，支持解耦和非解耦的 eNB 体系结构。在解耦的 RAN 中，eNB 被分解为两个部分：分布式单元（DU）和集中式单元（CU）。CU 被虚拟化并实现为 VNF，作为服务公开 CUaaS，可以在 XOS 中进行启用、配置和实例化。在未解耦的 RAN 中，未解耦的 eNB 和 RU 都通过一个叶子交换机物理连接到 M-CORD POD。由 UE 产生的业务首先通过无线连接到 eNB。3GPP 蜂窝链接需要很多网络组件，eNB 需要通过链路和软交换机，如 OVS 将 UE 的业务传递到 SPGW-u VNF。3GPP 具有自己的控制平面，负责移动性和会话管理、认证、QoS 策略实施、计费等。因此，除了 SPGW-u，eNB 还需要与 MME VNF 连接，并交换 3GPP 控制信息。3GPP 控制平面服务的实现，还需要保证 MME、HSS、SPGW-C、SPGW-U 和 PCRF VNF 之间的连接。SPGW-U VNF 通过叶子交换机将 UE 的数据包从 M-CORD POD 传送到外部的 PDN。

M-CORD 是一种功能强大的边缘云解决方案：它允许运营商将所有核心功

能推向边缘，同时在边缘云与核心云中部署 CORD，从而将核心服务扩展到多个云端。

下面对 M-CORD 中使用的若干基本术语进行说明。

（1）POD：CORD 的单一物理部署。

（2）Full POD：完整的 CORD POD。由 3 台服务器和 4 台光纤交换机组成。

（3）Half POD：最小尺度的配置。它与完整的 POD 类似，但使用硬件较少。它由两台服务器、一个头节点和一个计算节点，以及一台光纤交换机组成。Half POD 无法提供 CORD 的所有核心功能，如交换结构，但仍然适用于基本的实验和测试。

（4）CORD-in-a-Box (CiaB)：虚拟 POD 的口语名称。

（5）Development (Dev) Machine：用于下载、构建和将 CORD 部署到 POD 上的机器。它可以是一个专用服务器，也可以是开发人员的笔记本计算机。原则上，它可以是任何满足硬件和软件要求的机器。

（6）Development (Dev) VM：引导 CORD 安装大量软件以及进行一些小的配置。

（7）Compute Node(s)：一个运行在 POD 中的虚拟机或容器，为租户提供服务，这个术语是从 OpenStack 借鉴来的。

（8）Head Node：一个运行在 POD 中的计算节点，用于管理服务，包括 XOS 和两个 ONOS 实例、两个 SDN 控制器（一个控制底层链路，一个控制上层）、MAAS 以及其他所有需要自动安装和配置的服务。

（9）Fabric Switch：POD 中的交换机，用于连接其他交换机和 POD 中的服务器。

（10）vSG：虚拟用户网关，是现有 CPE 的 CORD 对应物。它实现了一系列用户选择的功能，如限制访问、家长控制、带宽计量、访问诊断和防火墙等。这些功能运行在中央的商业硬件上，而不是用户的房屋中。用户家中还有一个设备，仍称之为 CPE，但它已被简化为裸机开关。

（11）HSS：归属用户服务器。包含与 MME 交互的用户相关数据和订阅相关信息的中央数据库。

（12）MME：移动性管理实体。LTE 接入网中的关键控制节点，提供移动性管理、会话建立和认证等功能。

（13）PCRF：策略和计费规则功能。4G/LTE 网中的标准功能，用于计算用户实际使用的网络资源数并计费。

（14）SP-GW-C：服务网关和 PDN 网关控制平面。一个控制平面节点，负责信令终止、IP 地址分配、计费等。

（15）SP-GW-U：服务网关和 PDN 网关用户平面。将 EPC 连接到外部 IP 网络和非 3GPP 服务的用户平面节点。

下面对 M-CORD 的系统结构进行说明。图 10-29 描述了 M-CORD 各组件之间的关系。

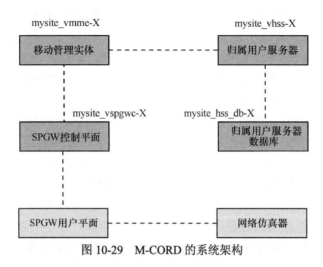

图 10-29　M-CORD 的系统架构

M-CORD 共提供 6 台虚拟机，这 6 台虚拟机分别实现了以下 6 项服务。

（1）mysite_vmme-X：实现 MME 功能。

（2）mysite_vhss-X：实现除 HSS 数据库之外的 HSS 功能。

（3）mysite_hss_db-X：实现 HSS 数据库，存储 UE 的所有信息。

（4）mysite_vspgwc-X：实现 S-GW 和 P-GW 的控制平面功能。

（5）mysite_vspgwu-X：实现 S-GW 和 P-GW 的用户平面功能。

（6）mysite_internetemulator-X：Internet 模拟器，用作视频流服务器。

其中，X 是一个不同的数字，由系统自动生成。

3．XOS

（1）XOS 简介

XOS 是 ONOS 和 OpenStack 之上的编排层，负责管理 CORD 中大量的服务，使开发者可以创建、命名、操作、管理和组合服务。XOS 统一了基于 SDN 的控制平面、基于 NFV 的数据平面和传统云服务。

XOS 构建在两个开源项目上。第一个是 OpenStack，它用来管理服务器集群的虚拟资源。OpenStack 负责创建和预配置虚拟机和虚拟网络，而 XOS 在这些虚拟资源上定义服务。第二个是 ONOS，它管理集群的交换网络。ONOS 承载了一个网络控制应用程序的集合，而 XOS 将这些应用程序合并到服务中。

XOS 提供了多租户服务。用户可以创建、命名、操作、管理和组合服务。以往的商业多租户云通常将承载的应用程序视为运行在云端上的单一的租户服务。相比之下，CORD 采用 XOS 部署一个框架来实现多租户的服务，从而减少了服务间的障碍。

其中，XOS 支持一组服务，ONOS 提供一组控制应用程序。OpenStack 中的网络和地址管理子系统使用 ONOS 的 OVX 子系统，将虚拟网络嵌入底层网络中。事实上，网络和地址管理子系统可以被视为运行在 ONOS 上的控制应用程序之一。

（2）抽象和机制

XOS 对 CORD 的主要贡献是一组操作系统抽象与支持服务和服务组合的机制，统一了 SDN、NFV 和云这 3 个相关但不同的线程。

XOS 被称为操作系统的主要原因如下。与计算机中传统的操作系统类似，XOS 在 CORD 中扮演了类似的角色，它为应用程序提供了通用的编程接口，同时复用底层的硬件资源和软件服务。XOS 采用了与 Unix 相同的设计理念，在 Unix 中一切都被视为文件；而在 XOS 中，一切都被视为服务。同时，Unix 和 XOS 都致力于有尽可能小的内核，以便扩展新的功能。对照 Unix，可以总结出 XOS 的抽象机制。

① 对照 Unix 的资源容器：XOS 提供了切片抽象。服务在切片中运行，同时为保证服务在切片中被安全地启动和管理，还需要底层机制的保障。类似于 Unix，应用程序在进程中运行，/etc、/init 用来配置、启动和管理程序。

② 对照 Unix 的应用程序：XOS 定义了服务抽象，同时提供了一种方法，使开发者可以通过这个抽象创建新的功能。类似于 Unix 中用于管理软件包的 pip。

③ 对照 Unix 的编程环境：XOS 提供一个视图抽象，一组基于 rest 的接口和一个叫作 xoslib 的用户层面的库。以便开发者扩展 XOS 的新功能。类似于 Unix 中的 shell 编程和库 libc。

④ 对照 Unix 导入资源的方式：XOS 定义了一个控制器抽象，可用于新资源导入。类似于 Unix 中的设备驱动程序。

（3）服务和切片

服务是 XOS 中可以显示创建、命名、管理的对象。服务被定义为一组切片，每个切片包含部署服务的大量实例和一个控制器。每个切片被定义为一组虚拟机，每个虚拟机都在一组物理服务器和虚拟网络中进行实例化，每个虚拟网络都嵌入底层的物理网络中。XOS 允许用户调整其切片的参数，如虚拟机布局、虚拟网络拓扑和分配等。同时，XOS 还提供了一个底层机制来安全地引导和配置服务。总体来说，虚拟机和虚拟网络相互隔离，XOS 使用 OpenStack 的计算服务和 ONOS 的 OVX 间接为切片分配资源。为操作切片和服务提供了统一的编程环境。

XOS 还支持对服务进行组合。更具体地说，服务提供者可以声明"服务 A 是服务 B 的租户"。XOS 将这种关系表示为一个租赁对象，它包含以下功能。

① 将一个租户服务绑定到一个服务提供者。

② 指定了两个服务如何在数据平面内互联。

③ 管理在控制平面上的两个服务连接所需要的证书。

　　XOS 提供了一种机制，分别在数据平面和控制平面中进行组合，降低了服务 A 作为服务 B 租户的运行开销。机制如下。

　　① 由于每个服务都在自己的切片上独立运行，为实现数据平面组合，需要指定一个服务如何连接到另一个服务。XOS 则通过连接两个服务各自的虚拟网络，实现两个服务的连接。

　　② 控制平面则需要管理服务间的租赁关系。XOS 提供了一种机制，用于管理租赁服务间访问的证书。

　　（4）CORD 服务

　　CORD 支持一组可扩展服务，这些服务由光线路终端（OLT）、中央处理单元（CPE）和宽带网络业务网关（BNG）构建，是 3 个弹性可变、多租户服务的集合。

　　① 接入即服务（ACCaaS）：由 ONOS 上一个控制应用程序 vOLT 部署实现，其中每个租户对应一个 VLAN。

　　② 订阅即服务（SUBaaS）：由 OpenStack 提供的用户平面架构 vCPE 实现，其中每个租户对应一个用户包。

　　③ 网络即服务（INTaaS）：由 ONOS 上一个控制程序 vBNG 实现，其中每个租户对应一个子网。

　　CORD 服务还包含内容分发网络（CDN），CDN 本身是一个可伸缩的、部署在运营商网络中的云服务。图 10-30 指明了在这个情景下，XOS 是如何通过定义租赁关系组合服务的。例如，如何在数据平面内连接虚拟网络，以及如何在控制平面内分发证书。

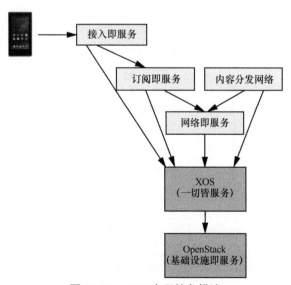

图 10-30　CDN 实现抽象描述

在这个特殊的配置中，移动设备是 ACCaaS 的一个租户，需要将移动设备连接到用户 VLAN。ACCaaS 是 SUBaaS 的一个租户，需要将用户 VLAN 与提供订阅包的容器相连接。

SUBaaS 和 CDN 都是 INTaaS 的租户。INTaaS 服务提供连接互联网的方法。以上 4 个服务都是 XOS 的租户，而 XOS 是提供虚拟机和虚拟网络的 OpenStack 的租户。这 4 个服务都运行在由 OpenStack 管理的虚拟基础设施上。ACCaaS 和 INTaaS 分别对应 vOLT 和 vBNG 这两个控制应用程序。

本例中有 3 个重要的结论。

① XOS 和底层的一切皆服务强大到足以从硬件层面进行部署和操作。

② CORD 结合了传统云服务的 CDN、一个典型的基于 NFV 的服务 SUBaaS，以及两个基于 SDN 的服务，即 ACCaaS 和 INTaaS。所有服务都是在单一编排层 XOS 的控制下，这使 CORD 同时容纳 SDN 和 NFV 的服务。

③ 能够在私有虚拟网络上隔离服务。在上面 CDN 的例子中，用于实现 ACCaaS 和 SUBaaS 服务的 VM 由一个私网连接。而 SUBaaS 和 CDN 服务则由可连公共网络的第二个 VN 连接。INTaaS 是可伸缩的服务，用于部署第二个 VN 的路由。作为运行于 ONOS 的控制应用程序，本质上是一个逻辑路由器，为底层交换机下发流表，并连接数据中心内运行的其他服务与网络其余部分。

10.4.2 平台安装与配置

本节主要介绍 M-CORD 4.1 版本的软件结构、安装环境以及安装过程。

1. 软件结构

M-CORD 的虚拟机嵌套结构和软件结构如图 10-31 所示。

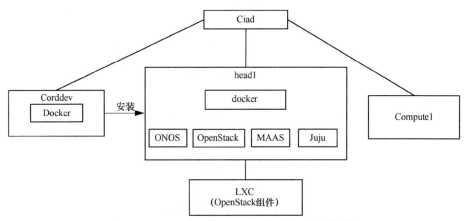

图 10-31 M-CORD 的虚拟机嵌套结构和软件结构

其中，corddev 对应上文所述的 Dev VM，用于引导 head1 安装大量软件以及进行所需配置，corddev 为 head1 中各个组件的建立提供所需要的 Docker 镜像。head1 对应上文所述的 Head Node。可以看到，XOS、ONOS、OpenStack 等主要组件全部安装在 head1 中，所以 head1 几乎是 M-CORD 的实体。Compute1 对应上文所述的 Compute Node(s)，这是一个从 OpenStack 借用的概念，用于计算及为租户提供服务。

2. 服务器配置要求

官方推荐的配置为：64 位服务器、48 GB 以上内存、12 核以上 CPU、200 GB 以上的硬盘。

事实上，由于 M-CORD 4.1 为第一个版本，目前还处于开发阶段，所以性能很不稳定，系统经常崩溃。当发现 head1 节点突然无法通过 ssh 的方式进入时，往往 M-CORD 的头节点已经崩溃了。由于 M-CORD 崩溃后重装耗时过长，且成功与否严重依赖于网速，所以不易于经常重装。所以，实际安装 M-CORD 时，可以预先安装 Exsi server。Exsi 可以很方便地进行一键快照，将系统目前的状态存储起来，便于系统崩溃后的恢复。然而，由于安装了 Exsi server，所以实际需要的服务器内存高于官方推荐的内存。另外，快照存储会消耗大量的硬盘空间，所以实际需要的硬盘大小至少为 2 TB。在服务器端安装 Exsi server 后，还需要在个人计算机上安装客户端 Vsphere 5.5。

3. M-CORD 正式安装

M-CORD 的安装主要分 5 步。首先安装操作系统；其次在操作系统上进行必要的配置；之后下载 M-CORD 源码，并安装相关的软件；然后构建 M-CORD 项目；最后安装 M-CORD 前端。

（1）首先为 M-CORD 安装操作系统。

通过 vsphere 登录 Exsi server，安装 Ubuntu14.04 server 版。为描述方便，称该虚拟机为宿主机。

（2）宿主机的操作系统安装完毕后还需要对宿主机进行一系列预设置。

① 由于安装 M-CORD 时需要安装大量指定版本的软件，所以需要访问国外的库，经常导致 apt-get update 出错。因此需要将源更改为阿里源，命令如下。

```
$sudo cp /etc/apt/sources.list /etc/apt/sources.list.bak #备份旧版本
$sudo vim /etc/apt/sources.list #修改
deb http://mirrors.aliyun.com/ubuntu/ trusty main restricted universe multiverse
deb http://mirrors.aliyun.com/ubuntu/ trusty-security main restricted universe multiverse
```

```
deb http://mirrors.aliyun.com/ubuntu/ trusty-updates main restricted universe multiverse
deb http://mirrors.aliyun.com/ubuntu/ trusty-proposed main restricted universe multiverse
deb http://mirrors.aliyun.com/ubuntu/ trusty-backports main restricted universe multiverse
deb-src http://mirrors.aliyun.com/ubuntu/ trusty main restricted universe multiverse
deb-src http://mirrors.aliyun.com/ubuntu/ trusty-security main restricted universe multiverse
deb-src http://mirrors.aliyun.com/ubuntu/ trusty-updates main restricted universe multiverse
deb-src http://mirrors.aliyun.com/ubuntu/ trusty-proposed main restricted universe multiverse
deb-src http://mirrors.aliyun.com/ubuntu/ trusty-backports main restricted universe multiverse
```

结果如图 10-32 所示。

```
~$ sudo cp /etc/apt/sources.list /etc/apt/sources.list.bak
~$ sudo vim /etc/apt/sources.list
deb http://mirrors.aliyun.com/ubuntu/ trusty main restricted universe multiverse
deb http://mirrors.aliyun.com/ubuntu/ trusty-security main restricted universe multiverse
deb http://mirrors.aliyun.com/ubuntu/ trusty-updates main restricted universe multiverse
deb http://mirrors.aliyun.com/ubuntu/ trusty-proposed main restricted universe multiverse
deb http://mirrors.aliyun.com/ubuntu/ trusty-backports main restricted universe multiverse
deb-src http://mirrors.aliyun.com/ubuntu/ trusty main restricted universe multiverse
deb-src http://mirrors.aliyun.com/ubuntu/ trusty-security main restricted universe multiverse
deb-src http://mirrors.aliyun.com/ubuntu/ trusty-updates main restricted universe multiverse
deb-src http://mirrors.aliyun.com/ubuntu/ trusty-proposed main restricted universe multiverse
deb-src http://mirrors.aliyun.com/ubuntu/ trusty-backports main restricted universe multiverse
```

图 10-32　修改为阿里源

② 为了登录外网，还需要在 M-CORD 虚拟机上搭建 VPN，本节实验环境打开 ipv6 即可。命令如下。

```
$sudo apt-get install miredo
$ifconfig
```

执行命令之后，可以发现一个名叫 teredo 的虚拟网卡，如图 10-33 所示。

```
teredo    Link encap:UNSPEC  HWaddr 00-00-00-00-00-00-00-00-00-00-00-00-00-00-00-00
          inet6 addr: 2001:0:53aa:64c:2c65:2008:c4bf:7eec/32 Scope:Global
          inet6 addr: fe80::ffff:ffff:ffff/64 Scope:Link
          UP POINTOPOINT RUNNING NOARP MULTICAST  MTU:1280  Metric:1
          RX packets:0 errors:0 dropped:0 overruns:0 frame:0
          TX packets:19 errors:0 dropped:0 overruns:0 carrier:0
          collisions:0 txqueuelen:500
          RX bytes:0 (0.0 B)  TX bytes:1192 (1.1 KB)
```

图 10-33　查看当前网络设置

此时宿主机可以访问外网，测试如图 10-34 所示。

```
liuxu@liuxu:~$ ping6 ipv6.google.com
PING ipv6.google.com(tsa03s06-in-x0e.1e100.net) 56 data bytes
64 bytes from tsa03s06-in-x0e.1e100.net: icmp_seq=1 ttl=44 time=94.7 ms
64 bytes from tsa03s06-in-x0e.1e100.net: icmp_seq=2 ttl=44 time=102 ms
64 bytes from tsa03s06-in-x0e.1e100.net: icmp_seq=4 ttl=44 time=106 ms
64 bytes from tsa03s06-in-x0e.1e100.net: icmp_seq=5 ttl=44 time=115 ms
64 bytes from tsa03s06-in-x0e.1e100.net: icmp_seq=6 ttl=44 time=115 ms
```

图 10-34　可以 ping 通 google

执行命令 $ w3m www.google.com，如图 10-35 所示。

图 10-35　可以用 w3m 浏览器打开 google

③ 添加 google 的 DNS 服务器，如图 10-36 所示。

执行命令 $ sudo vi /etc/resolv.conf。

```
nameserver 8.8.8.8
```

图 10-36　添加 google 的 DNS 服务器

④ 设置 ssh 无密访问。由于 M-CORD 使用 ansible 自动化运维工具对各个主机进行远程部署、配置和下载所需软件，所以需要进行公钥认证配置 Linux 主机 ssh 无密码访问。具体步骤如下。

• 在宿主机上创建密钥。

运行命令：

```
$ cd ~
$ ssh-keygen
```

将在 ./.ssh 下生成一对密钥，其中，id_rsa 为私钥、id_rsa.pub 为公钥。结果如图 10-37（a）所示。

这里需要说明的是，密钥一定要生成在指定目录~/下，因为 M-CORD 的安装脚本会到~/寻找.ssh 文件夹，相应代码如图 10-37（b）所示。

• 进入.ssh 文件夹，运行命令 $ cat id_rsa.pub >> authorized_keys，将宿主机的公钥 id_rsa.pub 复制到 authorized_keys，用于后续下发到被管节点用户的.ssh 目录。

```
liuxu@liuxu:~/.ssh$ ls
authorized_keys  config  id_rsa  id_rsa.pub
```

（a）在宿主机生成密钥

```
- name: Ensure .ssh directory exists
  file:
    path: "{{ ansible_env.HOME }}/.ssh"
    state: directory
    mode: 0700

- name: Ensure SSH config file exists
  file:
    path: "{{ ansible_env.HOME }}/.ssh/config"
    state: touch
    mode: 0600

# Assumes /tmp/vagrant_ssh_config has already been created...
- name: Add SSH config block to config file
  blockinfile:
    path: "{{ ansible_env.HOME }}/.ssh/config"
    state: present
    block: "{{ lookup('file', '/tmp/vagrant_ssh_config' ) }}"
    marker: "# {mark} CORD VAGRANT SSH"
```

（b）M-CORD 在宿主机寻找 .ssh 文件夹的脚本

图 10-37　宿主机的 SSH 设置

⑤ sudo 无密登录。

由于 M-CORD 采用一键脚本式安装，而在安装过程中有时需要使用 root 权限，所以在运行脚本前还需要设置 sudo 无密码登录。另外，在修改完用户之后还需要修改组。在用户对应的组后面加上 NOPASSWD，否则组的设置将覆盖掉用户的设置。在 root 权限下修改文件# vi /etc/sudoers。

更改之后结果如图 10-38 所示。

```
# See the man page for details on how to write a sudoers file.
#
Defaults        env_reset
Defaults        mail_badpass
Defaults        secure_path="/usr/local/sbin:/usr/local/bin:/usr/sbin:/usr/bin:/sbin:/bin"

# Host alias specification

# User alias specification

# Cmnd alias specification

# User privilege specification
root    ALL=(ALL:ALL) NOPASSWD: ALL
liuxu   ALL=(ALL:ALL) NOPASSWD: ALL

# Members of the admin group may gain root privileges
%admin ALL=(ALL) ALL

# Allow members of group sudo to execute any command
%sudo   ALL=(ALL:ALL) NOPASSWD: ALL

# See sudoers(5) for more information on "#include" directives:

#includedir /etc/sudoers.d
```

图 10-38　sudo 无密码登录

（3）在宿主机上下载并运行 cord-bootstrap.sh 脚本，安装所需要的软件，并进行简单配置，命令如下。

```
$ cd ~
```

```
$wget  https://raw.githubusercontent.com/opencord/cord/cord-4.1/
scripts/cord-bootstrap.sh
$ chmod +x cord-bootstrap.sh
$ ~/cord-bootstrap.sh -v
```

cord-bootstrap.sh 这个脚本主要是用于安装 M-CORD 所需要的若干工具，如 ansible、repo、vagrant 以及需要的虚拟机镜像，docker、opencord 清单列表上的软件等。

ansible 是自动化运维工具，基于 python 开发，集合了众多运维工具的优点，实现了批量系统配置、批量程序部署、批量运行命令等功能。repo 是 Google 开发，用 python 实现调用 git 的一个脚本，主要是用来下载、管理 Android 项目的软件仓库。vagrant 用于管理虚拟机，而 docker 是运行在虚拟机中的容器。从虚拟机的角度看，应用程序各自拥有不同的接口、语言和运行环境等。应用程序各不相同，不好部署。而 docker 可以隔离应用程序和虚拟机。docker 服务器可以把 image 运行为一个容器。开发软件时跟容器无关，只需在后期将应用程序打包成 image，统一交给 docker server 管理即可。等同于将应用程序预先封装在一个标准的容器中，然后用标准的接口和一致的方式启动容器，以此启动应用程序。这样，运行 docker server 的虚拟机就比较干净，而不需要为每个应用程序配置运行环境。

在执行$ ~/cord-bootstrap.sh –v 的最后有可能报类似如下的错误。

```
You are not in the group: libvirtd, please logout/login.
You are not in the group: docker, please logout/login.
```

用户不属于 libvirtd 组，可通过执行以下命令，退出和重新登录注册 libvirtd 组来解决。

```
$ groups
$ logout
```

再次输入命令查看用户所属的组，结果如下。

```
$ groups
liuxu@liuxu:~$ groups
liuxu adm cdrom_sudo dip plugdev lpadmin sambashare libvirtd
```

可以看到，用户已经属于 libvirtd 组。

重新执行命令$ ~/cord-bootstrap.sh –v，结果如图 10-39 所示。

```
liuxu@liuxu:~$ ~/cord-bootstrap.sh -v
==> bootstrap_ansible: Starting
==> bootstrap_ansible: Complete
==> bootstrap_repo: Starting
==> bootstrap_repo: Complete
==> bootstrap_vagrant: Starting
==> cloudlab_setup: Starting
==> cloudlab_setup: Complete
Installing vagrant plugins if needed...
==> bootstrap_vagrant: Complete
```

图 10-39　cord-bootstrap.sh 运行成功

表明 cord-bootstrap.sh 运行成功。

（4）分两步构建 M-CORD4.1 项目。

首先根据配置文件配置宿主机，然后构建 M-CORD 项目。

① 根据配置文件对宿主机进行相关配置，命令如下。

```
$ cd ~/cord/build
$ make PODCONFIG=M-CORD-ng40-virtual.yml config
```

② 通过 makefile 脚本构建 M-CORD 项目，命令如下。

```
$ make -j4 build
```

这一步运行将花费几个小时，具体时间取决于当时的网速。下面对 makefile 脚本进行一些简单说明。

Makefile 分为以下几个主要部分：Prep targets、MaaS targets、ONOS targets、XOS targets、OpenStack targets、Additional CiaB targets 和 Testing targets。接下来，对各个部分进行说明。

- Prep targets

Prep targets 主要完成对宿主机进行配置以及做一些常规检查、创建所需要的虚拟机、对创建的虚拟机进行配置 3 个任务。具体地，包括以下任务：下载 SSL 证书，完成 CA 认证，配置网络，设置 DNS 服务器，下载以及配置 OVS，创建虚拟机 head1 和 corddev 并将宿主机的公钥下发到 head1 和 corddev，完成 ssh 配置、将配置文件复制到 head1 中、在 head1 中下载 docker 和 apche 代理，对 head1 完成相关网络设置、在 corddev 中下载和配置 ansible 和 docker 等。

- MaaS targets

MaaS 是一种服务。通过 MaaS，网管人员可以像管理虚拟机一样管理物理服务器。MaaS 不需要单独管理每个服务器，而是将裸机变成一个弹性的云状资源。网管人员可以远程通过命令行进行管理，而不再需要单独配置每台机器。M-CORD 通过 MAAS 对机器进行云化管理。MaaS 的云化管理，至少完成了以下工作：将物理机虚拟化，以便统一管理、物理机操作系统自动安装、将虚拟机分配给某个具体客户，用户可以在虚拟节点部署自己的医用程序等管理功能。MaaS 基本上支持常见云平台中所有的基础功能，如资源预留、申请计算资源、释放计算资源等。如果服务器有 ipmi 等功能，还可以控制资源的开关机，整体功能和 OpenStack 中的 baremetal 非常类似，只不过各有侧重。

MaaS 往往与 Juju 配合使用。Juju 是运行在云上的一个模型工具，用于安装应用程序。Juju 的复杂性主要在使用上。MaaS 构建完成之后，需要把 MaaS 集成到 Juju 中，然后用 Juju 统一管理。之后，还需要把 MaaS 管理的裸机集成到 Juju 中，这个操作叫 bootstrap。bootstrap 之前要确保裸机的 status 是 Ready 状态，否则不能加入 Juju 的 machine 中。bootstrap 执行需要一段时间，Juju 会给裸机部署真正的操

边缘计算原理与实践

作系统，并完成 status Allocated to Root，并在系统中集成 Juju 的组件，以便实现通过 Security Websocket 管理和通信。bootstrap 完成后，Juju 的环境就搭建好了，之后可以通过 $ Juju status --format tabular 命令查看提供的服务及相应的状态。

MaaS targets 部分完成了 head1 安装 MaaS 所需要的容器下拉，并安装 MaaS 和 Juju，为之后安装 OpenStack 做准备。

- ONOS targets

ONOS targets 完成在 head1 中安装和部署 mavenrepo 及 ONOS 的工作。ONOS 作为 M-CORD 的控制器，用于完成核心网和接入网的控制功能。

- XOS targets

在 M-CORD 中，XOS 对 ONOS 和 OpenStack 进行封装，并对开发者提供 Restful API。通过 XOS，开发者只需进行简单的设置，就可以创建自己的 EPC。

在 XOS targets 中，corddev 下载供 head1 使用的 docker 镜像。然后 head1 从 corddev 下载一部分安装所需要的 docker 镜像。这么做的主要原因是保证 head1 的运行环境是干净的，不会由于安装过程中的意外事件破坏 head1 原有的运行环境。

- OpenStack targets

M-CORD 使用 OpenStack 对资源进行云管理。OpenStack 是一种架构，定义了一系列程序的依赖关系，它可以有不同的实现方式。构建 OpenStack 共有 3 种方式，分别是：Juju+OpenStack、MaaS+Juju+OpenStack、Juju+OpenStack+MaaS。

Juju+OpenStack 方式下与 MaaS 没有关系，Juju 通过 Juju charms 将一个个 OpenStack 组件构建在一起。Juju charms 负责定义每个组件的特性。例如，Juju nova charm 定义的是 nova 组件，Juju dashboard charm 定义的是 dashboard 组件。基于这种方式构建 OpenStack，其组件都将位于不同的 lxc 容器中。其中，Juju 也是一个 lxc 容器，负责管理和部署各 OpenStack 组件。Juju bootstrap 从 Juju 的容器启动。

MaaS+Juju+OpenStack 方式下，Juju 位于 MaaS 之上，Juju bootstrap 从 MaaS 所管辖环境启动。即先构建 MaaS，再在 MaaS 的基础上配置 Juju，最后通过 Juju 搭建 OpenStack。与 Juju+OpenStack 方式不同，在 Juju+OpenStack 方式中，Juju 的 lxc 容器负责管理和部署各 OpenStack 组件，而在 MaaS+Juju+OpenStack 方式下，MaaS 控制着一切，而基于这种方式构建的 OpenStack，其组件不是封装在各个 lxc 容器中，而是位于不同的 VM 中。

采用 Juju+OpenStack+MaaS 方式构建 OpenStack，表示通过 Juju 管理和部署 OpenStack 组件，Juju 位于 lxc 容器内，而 OpenStack 的计算节点使用 MaaS 启动。这种场景的应用最为广泛。基于这种方式部署，OpenStack 的各组件位于 lxc 容器中，而新建的 VM 计算节点以 MaaS 为背景搭建。

M-CORD 采用 Juju+OpenStack+MaaS 方式构建 OpenStack，构建的主要代码如图 10-40 所示。

```
# run this again, so machines will be in the juju_machines list
- name: Obtain Juju Facts after machine creation
  juju_facts:
  register: result
  until: result | success
  retries: 3
  delay: 15

- name: Deploy services that are hosted in their own LXD container
  when: "{{ lxd_service_list | difference( juju_services.keys() ) | length }}"
  command: "juju deploy {{ charm_versions[item] | default(item) }} --to {{ juju_machines[item~'.'~site_suffix]['machine_id'] }} --config={{ juju_config_path }}"
  with_items: "{{ lxd_service_list | difference( juju_services.keys() ) }}"

- name: Deploy services that don't have their own container
  when: "{{ standalone_service_list | difference( juju_services.keys() ) | length }}"
  command: "juju deploy {{ charm_versions[item] | default(item) }} --config={{ juju_config_path }}"
  with_items: "{{ standalone_service_list | difference( juju_services.keys() ) }}"

- name: Create relations between services
  command: "juju add-relation '{{ item.0.name }}' '{{ item.1 }}'"
  register: juju_relation
  failed_when: "juju_relation|failed and 'relation already exists' not in juju_relation.stderr"
  with_subelements:
    - "{{ service_relations }}"
    - relations
  tags:
    - skip_ansible_lint # benign to do this more than once, hard to check for

# 1800s = 30m. Usually takes 10-12m on cloudlab for relations to come up
# Only checks for first port in list
- name: Wait for juju services to have open ports
  wait_for:
    host={{ item.name }}
    port={{ item.forwarded_ports[0].int }}
    timeout=1800
  with_items: "{{ head_lxd_list | selectattr('forwarded_ports', 'defined') | list }}"

# secondary wait, as waiting on ports isn't enough. Probably only need one of these...
# 160*15s = 2400s = 40m max wait
- name: Wait for juju services to start
  command: juju status --format=summary
  register: juju_summary
  until: juju_summary.stdout.find("pending:") == -1
  retries: 160
  delay: 15
  tags:
    - skip_ansible_lint # checking/waiting on a system to be up
```

图 10-40　构建 OpenStack 的脚本

部署完 OpenStack 之后，在 head1 中输入命令$ sudo lxc list，可以看到配置好的 lxc 容器，结果如图 10-41 和图 10-42 所示。

```
vagrant@head1:~$ sudo lxc list
+-------------------------+---------+-------------------+------+------------+-----------+
|          NAME           |  STATE  |       IPV4        | IPV6 |    TYPE    | SNAPSHOTS |
+-------------------------+---------+-------------------+------+------------+-----------+
| ceilometer-1            | RUNNING | 10.1.0.4 (eth0)   |      | PERSISTENT | 0         |
+-------------------------+---------+-------------------+------+------------+-----------+
| glance-1                | RUNNING | 10.1.0.5 (eth0)   |      | PERSISTENT | 0         |
+-------------------------+---------+-------------------+------+------------+-----------+
| juju-1                  | RUNNING | 10.1.0.3 (eth0)   |      | PERSISTENT | 0         |
+-------------------------+---------+-------------------+------+------------+-----------+
| keystone-1              | RUNNING | 10.1.0.6 (eth0)   |      | PERSISTENT | 0         |
+-------------------------+---------+-------------------+------+------------+-----------+
| mongodb-1               | RUNNING | 10.1.0.13 (eth0)  |      | PERSISTENT | 0         |
+-------------------------+---------+-------------------+------+------------+-----------+
| nagios-1                | RUNNING | 10.1.0.8 (eth0)   |      | PERSISTENT | 0         |
+-------------------------+---------+-------------------+------+------------+-----------+
| neutron-api-1           | RUNNING | 10.1.0.9 (eth0)   |      | PERSISTENT | 0         |
+-------------------------+---------+-------------------+------+------------+-----------+
| nova-cloud-controller-1 | RUNNING | 10.1.0.10 (eth0)  |      | PERSISTENT | 0         |
+-------------------------+---------+-------------------+------+------------+-----------+
| openstack-dashboard-1   | RUNNING | 10.1.0.11 (eth0)  |      | PERSISTENT | 0         |
+-------------------------+---------+-------------------+------+------------+-----------+
| percona-cluster-1       | RUNNING | 10.1.0.7 (eth0)   |      | PERSISTENT | 0         |
+-------------------------+---------+-------------------+------+------------+-----------+
| rabbitmq-server-1       | RUNNING | 10.1.0.12 (eth0)  |      | PERSISTENT | 0         |
+-------------------------+---------+-------------------+------+------------+-----------+
```

图 10-41　head1 节点中配置好的 lxc 容器

```
vagrant@head1:~$ docker ps --format "table {{.ID}}\t{{.Names}}\t{{.Image}}"
CONTAINER ID        NAMES                                    IMAGE
5db2e3de6968        mcordng40_xos_gui_1                      docker-registry:5000/xosproject/xos-gui:candidate
902e70e39797        mcordng40_xos_chameleon_1                docker-registry:5000/xosproject/chameleon:candidate
b905bbd9f01f        mcordng40_xos_ws_1                       docker-registry:5000/xosproject/xos-ws:candidate
ff46a0c0761f        mcordng40_xos_tosca_1                    docker-registry:5000/xosproject/xos-tosca:candidate
476bf23c4fe9        mcordng40_xos_core_1                     docker-registry:5000/xosproject/xos-core:candidate
fa4f245cb9a4        mcordng40_xos_ui_1                       docker-registry:5000/xosproject/xos-ui:candidate
c6bd9ce303b2        mcordng40_onos-synchronizer_1            docker-registry:5000/xosproject/onos-synchronizer:candidate
82ed2fa58319        mcordng40_vspgwc-synchronizer_1          docker-registry:5000/xosproject/vspgwc-synchronizer:candidate
5a41aad4c851        mcordng40_vtn-synchronizer_1             docker-registry:5000/xosproject/vtn-synchronizer:candidate
0dff21a37c0a        mcordng40_fabric-synchronizer_1          docker-registry:5000/xosproject/fabric-synchronizer:candidate
12af78fdf30d        mcordng40_vspgwu-synchronizer_1          docker-registry:5000/xosproject/vspgwu-synchronizer:candidate
f0a3ff3a1e1f        mcordng40_venb-synchronizer_1            docker-registry:5000/xosproject/venb-synchronizer:candidate
861c68bdfb82        mcordng40_openstack-synchronizer_1       docker-registry:5000/xosproject/openstack-synchronizer:candidate
66197459e6d9        mcordng40_vepc-synchronizer_1            docker-registry:5000/xosproject/vepc-synchronizer:candidate
065d209f3389        mcordng40_addressmanager-synchronizer_1  docker-registry:5000/xosproject/addressmanager-synchronizer:candidate
e6cb5bbccc37        mcordng40_xos_db_1                       docker-registry:5000/xosproject/xos-postgres:candidate
44d5e2eb4ae6        mcordng40_xos_redis_1                    docker-registry:5000/redis:candidate
54c251966adf        mcordng40_registrator_1                  docker-registry:5000/gliderlabs/registrator:candidate
fac924920120        mcordng40_consul_1                       docker-registry:5000/gliderlabs/consul-server:candidate
7b7fe9f08f06        onosfabric_xos-onos_1                    docker-registry:5000/onosproject/onos:candidate
54bc233bfc53        onoscord_xos-onos_1                      xos/onos:candidate
db11cf376c10        mavenrepo                                docker-registry:5000/opencord/mavenrepo:candidate
8faa83b77702        switchq                                  docker-registry:5000/opencord/maas-switchq:candidate
0bd99aa941dc        automation                               docker-registry:5000/opencord/maas-automation:candidate
3132b160a6d0        provisioner                              docker-registry:5000/opencord/maas-provisioner:candidate
2bb5f44737bd        allocator                                docker-registry:5000/opencord/maas-allocator:candidate
8d3209d0c965        storage                                  docker-registry:5000/consul:candidate
5c0fa060f755        generator                                docker-registry:5000/opencord/maas-generator:candidate
f4002d31237b        harvester                                docker-registry:5000/opencord/maas-harvester:candidate
ae2b035321d2        registry                                 registry:2.4.0
ef853042b469        registry-mirror                          registry:2.4.0
```

图 10-42　head1 中运行的容器

- Additional CiaB targets

Additional CiaB targets 主要用于设置头节点 head1 中的 MaaS 用户，之后通过 MaaS 创建和配置计算节点 compute1-up。

- Testing targets

M-CORD 对应的测试是标的 M-CORD-ng40-test，通过执行命令$ make –j4 M-CORD-ng40-test 完成对 M-CORD 的测试。M-CORD-ng40-test 对应的测试软件 叫 NG40 vTester software，是 ng4T 提供的一个非开源测试样例，免费版本仿真了 1 个基站、10 个用户，具有移动性管理功能，允许用户进行连接和断开，并在用 户平面发送消息。

为了使用 NG40，需要获得 NG40 M-CORD 的许可，用户需要直接联系 ng4T， 详情请见 ng4T 官网。

（5）Makefile 的进一步说明。

M-CORD 的 Makefile 通过规则依赖来定义需要执行的标的。在构建 M-CORD 时，输入命令$make -j4 build。其中，-j4 表示处理器同时处理 4 个编 译任务，这样可以更高效地使用多核处理器。build 作为最终要生成的目标在 两个地方进行了定义。首先，在 Makefile 中将 build 赋值为 BUILD_TARGETS， 其次在配置文件~/cord/build/genconfig/config.mk 中将 BUILD_TARGETS 赋值为 ~/cord/build/milestones/compute1-up。即若标的~/cord/build/milestones/ compute1-up 不存在，则生成；若存在，则什么也不做。M-CORD 中相应的代码 如图 10-43 所示。

```
# == BUILD TARGET == #
# This is entirely determined by the podconfig/scenario, and should generally
# be set to only one value - everything else should be a dependency
build: $(BUILD_TARGETS)

# config.mk - generated from ansible/roles/genconfig/templates/config.mk.j2
# ** DO NOT EDIT THIS FILE MANUALLY! **
# Edit the Pod Config (or Scenario) and rerun `make config` to regenerate it

# Scenario specific config
VAGRANT_VMS            = corddev head1
HEADNODE               = head1
BUILDNODE              = corddev
DEPLOY_DOCKER_REGISTRY = docker-registry:5000
# For MAAS
DOCKER_REGISTRY        = docker-registry:5000
DEPLOY_DOCKER_TAG      = candidate
CONFIG_CORD_PROFILE_DIR = /home/liuxu/cord_profile
BUILD_CORD_DIR = /opt/cord
ANSIBLE_ARGS += --skip-tags "set_compute_node_password,switch_support,reboot,interface_config"

# Targets and prerequisties
BUILD_TARGETS          = $(M)/compute1-up
VAGRANT_UP_PREREQS     = $(M)/prereqs-check $(M)/ciab-ovs
CONFIG_SSH_KEY_PREREQS    = $(M)/vagrant-ssh-install
COPY_CORD_PREREQS      = $(M)/vagrant-ssh-install
CORD_CONFIG_PREREQS    = $(M)/vagrant-ssh-install $(M)/copy-cord
PREP_HEADNODE_PREREQS  = $(M)/copy-cord $(M)/copy-config
START_XOS_PREREQS      = $(M)/deploy-maas $(M)/publish-docker-images
DEPLOY_MAVENREPO_PREREQS    = $(M)/publish-docker-images
DEPLOY_OPENSTACK_PREREQS = $(M)/deploy-maas
SETUP_AUTOMATION_PREREQS = $(M)/deploy-openstack
```

图 10-43　M-CORD 中相应的代码

在 M-CORD 中，每开始构建一个标的时，都会在~/cord/build/logs 目录下生成该构建过程的日志。当标的成功构建后，~/cord/build/milestones 目录下会生成一个同名的文件。Makefile 则根据~/cord/build/milestones 目录下目前存在的文件决定接下来要编译生成的标的。若想重新构建某标的"TARGET"，可直接删除该目录下相应的文件，再执行命令$make -j4 TARGET 即可。

最后，根据依赖关系生成标的 compute1-up，至此，M-CORD 后台部分安装完毕。运行结果如图 10-44 所示。

```
liuxu@liuxu:~/cord/build$ ls -ltr milestones ; ls -ltr logs
total 4
-rw-rw-r-- 1 liuxu liuxu 181 Apr  6 15:58 README.md
-rw-rw-r-- 1 liuxu liuxu   0 Apr  6 17:54 ciab-ovs
-rw-rw-r-- 1 liuxu liuxu   0 Apr  6 17:55 prereqs-check
-rw-rw-r-- 1 liuxu liuxu   0 Apr  6 17:57 vagrant-up
-rw-rw-r-- 1 liuxu liuxu   0 Apr  6 17:59 vagrant-ssh-install
-rw-rw-r-- 1 liuxu liuxu   0 Apr  6 18:01 copy-cord
-rw-rw-r-- 1 liuxu liuxu   0 Apr  6 18:02 cord-config
-rw-rw-r-- 1 liuxu liuxu   0 Apr  6 19:21 copy-config
-rw-rw-r-- 1 liuxu liuxu   0 Apr  6 19:49 prep-buildnode
-rw-rw-r-- 1 liuxu liuxu   0 Apr  6 19:54 build-maas-images
-rw-rw-r-- 1 liuxu liuxu   0 Apr  6 20:19 docker-images
-rw-rw-r-- 1 liuxu liuxu   0 Apr  6 20:21 core-image
-rw-rw-r-- 1 liuxu liuxu   0 Apr  6 20:27 prep-headnode
-rw-rw-r-- 1 liuxu liuxu   0 Apr  6 20:27 prep-computenode
-rw-rw-r-- 1 liuxu liuxu   0 Apr  6 20:30 maas-prime
-rw-rw-r-- 1 liuxu liuxu   0 Apr  6 20:30 publish-maas-images
-rw-rw-r-- 1 liuxu liuxu   0 Apr  6 20:39 deploy-maas
-rw-rw-r-- 1 liuxu liuxu   0 Apr  6 20:49 publish-docker-images
-rw-rw-r-- 1 liuxu liuxu   0 Apr  6 20:50 deploy-mavenrepo
-rw-rw-r-- 1 liuxu liuxu   0 Apr  6 20:53 deploy-onos
-rw-rw-r-- 1 liuxu liuxu   0 Apr  6 20:53 start-xos
-rw-rw-r-- 1 liuxu liuxu   0 Apr  6 20:57 onboard-profile
-rw-rw-r-- 1 liuxu liuxu   0 Apr  6 21:42 deploy-openstack
-rw-rw-r-- 1 liuxu liuxu   0 Apr  6 21:42 setup-automation
-rw-rw-r-- 1 liuxu liuxu   0 Apr  6 21:43 setup-ciab-pcu
-rw-rw-r-- 1 liuxu liuxu   0 Apr  6 22:14 compute1-up
total 464
```

图 10-44　M-CORD 构建过程

（6）M-CORD 前端的安装过程。

由于宿主机安装的系统是 Ubuntu14.04 server 版，只能执行非图形界面的命令，所以需要使用 putty＋Xming 打开前端。putty 是一套免费的 SSH/Telnet 程序，支持 SSH Telnet。建立联机以后，所有的通信内容都以加密的方式进行传输。Xming 则是 putty 的一个图形插件。

安装步骤如下。

① 在宿主机上执行以下命令下载所需要的软件。

```
$ sudo apt-get install openssh-server
$ sudo apt-get install xbase-clients
```

② 在 Windows 中安装 Xming 客户端和 putty。

③ 下载完成后首先运行 Xming，其次打开 putty 做如下设置。

- 在 Host Name 处输入 IP，在 Port 处输入端口号，默认端口号 22，如图 10-45 所示。

图 10-45　putty 设置 1

- 在左侧菜单中选中 Connection-data，在右侧的 Auto-login username 处输入自动登录的用户名，如图 10-46 所示。

图 10-46　putty 设置 2

• 选中左侧的 Connection->SSH-X11,勾上右侧的 Enable X11 forwarding 选项,如图 10-47 所示。

图 10-47　putty 设置 3

• 单击左侧 Session,在右侧的 Saved sessions 处输入要保存的 Session 名字。然后单击 Save 保存 Session 的设置,如图 10-48 所示。

图 10-48　putty 设置 4

• 单击 open 即可远程连接服务器。

M-CORD 的 XOS 前端如图 10-49 所示。

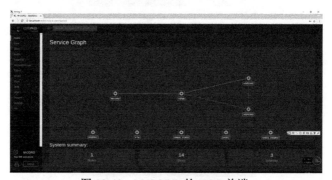

图 10-49　M-CORD 的 XOS 前端

10.5 Akraino 项目

Akraino Edge Stack 项目（简称 Akraino）是属于 Linux 基金会的一个开源项目，2018 年由 AT&T 提供代码，主要对边缘计算系统和应用进行优化，旨在创建一个开源软件堆栈，提供高可用性和高灵活性的云服务支持，以便快速扩展边缘云服务，最大限度地提高服务器支持的应用程序和用户数量，确保系统的运行可靠性。目前，已有 Intel、Altioatar、中国移动、中国电信、中国联通、Docker、华为、新华三、腾讯、中兴等加入开源社区，共同促进边缘计算基础架构的发展。

Akraino 有很多创新和优化，但从总体结构上看，它更像一个类似 OPNFV 的集成项目，既包含顶层边缘应用程序，也包含中间与底层基础架构框架交互的中间件和边缘 API，同时还包含管理底层基础架构的 Edge Stack 以及相应的生存周期管理、CI/CD 和工具集。图 10-50 很好地展现出 Akraino 的功能模块及其层次关系。

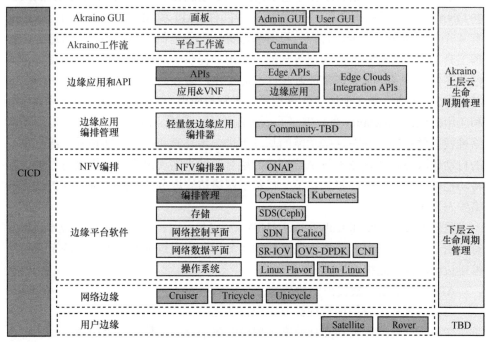

图 10-50 Akraino 功能模块结构

如图 10-50 所示，在底下网络 Edge 层，有 3 种传送点（Point of Delivery，POD）：Cruiser、Tricycle 和 Unicycle，它们是分层级的。Cruiser 是一种较大的 POD，特点是其内的 POD 多且机器多。控制面在容器中运行，控制面中有 OpenStack 和

Ceph 等；数据面主要以计算节点为主，整个网络是运行在 5G 核心网上的。再往下一级是 Tricycle，由于它的 POD 数量少一点，其内的控制节点和计算节点相对少一些。它可以运行在 IP 服务上，也可以运行在 5G 接入网。再往下是 Unicycle，到最后一千米是 Satellite 和 Rover，这时由于机器少，数据面和控制面可能需要运行在一台服务器上，即 all-in-one，此时服务器上运行的主要就是边缘计算应用程序。从这种自上而下的分层概念中，可以发现边缘计算的作用是把机器搬到了边缘侧，搬到了接近客户和数据源的地方，即最后一千米。但从云计算的数据中心到边缘计算的最后一千米，并不是一步到位的，它是根据机器数目多少一步一步地，从大型数据中心、中型数据中心、小型数据中心和最后一千米一两台机器分级下来的。这样的分级方式也有利于统一管理。

在网络 Edge 和客户 Edge 之上，是 Edge Software 层，有 OpenStack 和 Kubernetes，也有分布式存储 Ceph，还有网络控制面和数据面的开源项目和技术，如 SR-IOV 技术和 ovsdpdk。同时，Edge Software 还包括 Linux 操作系统。再往上，有用于编排的开放网络自动化平台（Open Network Automation Platform，ONAP）。在 ONAP 之上，是各种 Edge 应用程序、中间件、API 和 SDK，以及 GUI。Akraino 有 4 个核心 API：安全、管理、设备和服务，它们提供示例设备、支持服务、管理工具、故障管理和性能管理等功能，为用户提供全新级别的灵活性，提高可用性和高性能需求，减少优化部署套件所需工作，增强运营效率与可靠性。

Akraino 项目专注于边缘计算技术的研发与应用，支持云服务中边缘计算系统和应用的优化。Akraino 为数据平面到控制平面、编排、自动化、端到端测试的网络堆栈提供基础，并在这些功能的基础上进一步补充和扩展，实现从边缘到核心的自动化服务。现有技术与 Akraino 的融合有助于实现易用性、更高可靠性、独特功能以及网络性能，将加快下一代基于网络边缘服务的进展，提供新的边缘网络生态系统。

虽然 OpenStack 和 Kubernetes（NFVI/VIM）可用作底层边缘堆栈技术，但没有可用于大规模部署和管理这些堆栈的生命周期。通过成千上万个边缘节点手动编排边缘堆栈不是很好的选择。

AT&T 在边缘堆栈提出的挑战如下。

（1）部署和生命周期管理需要完全自动化。

（2）自动化过程需要支持非常大规模的数十万甚至数百万个边缘堆栈。

（3）堆栈需要模块化，以允许不同的大小或功能，具体取决于边缘环境受到何种限制。

（4）堆栈需要支持 GPU、TPU、NPU、FPGA 等新的硬件加速技术。

（5）边缘堆栈需要支持与 ONAP 和其他相关软件堆栈的集成。

面临这些挑战，ΛT&T 还启动了 6 个有关边缘计算的开源软件项目，即

OpenStack Helm、Promenade、Shipyard、Drydock、Armada 和 Deckhand。这些项目目前仍处于研究的起始阶段，因此本书不做具体介绍，感兴趣的读者可以通过 Akraino 的官网进一步了解。

🔍 10.6　本章小结

　　近些年，产业界和学术界成立了很多基于边缘计算的研究项目，推进了边缘计算研究成果进一步落地。本章着重介绍了其中有代表性的几个项目，这些项目在某种程度上实现了边缘计算，它们有些注重边缘计算与上层云端的交互，有些注重边缘计算与接入网的深度结合，还有些注重总体结构的设计。从本章的介绍中可看出，这些边缘计算项目仍然不够全面，还不能应用到实践中。但是科研人员正努力攻克挑战，每过一段时间都会出现新的进展，因此，值得相信边缘计算应用到实际的那一天即将来临。

参 考 文 献

[1]　OpenStack++ for cloudlet deployment[R].

[2]　[EB/OL]http://www.eurecom.fr/fr.

[3]　OAI wiki[EB/DL]. https://gitlab.eurecom.fr/oai/openairinterface5g/wikis/home.

[4]　Open edge computing[EB/DL]. http://openedgecomputing.org/index.html.

缩略语

英文缩写	英文释义	中文释义
ABR	Adaptive Bit Rate	自适应比特流
AR	Augmented Reality	增强现实
BBU	Base Band Unit	基带单元
Base VM	Base Virtual Machine	基础虚拟机
CBMEN	Content-Based Mobile Edge Networking	基于内容的移动边缘网络
CCN	Content Centric Networking	内容中心网络
CN	Core Network	核心网
C-RAN	Cloud Radio Access Network	云无线接入网
CU	Centralized Unit	集中单元
CS	Communication Service	通信服务
CSI	Channel State Information	信道状态信息
CFS	Customer-Facing Service	面向客户服务
CPU	Central Processing Unit	中央处理器
C-RAN	Cloud RAN	云无线接入网
CS	Content Store	数据分组缓存
CV	Computer Vision	计算机视觉
DARPA	Defense Advanced Research Projects Agency	美国国防部高研究计划局
DBN	Deep Belief Network	深度信念网络
DoS	Denial of Service	拒绝服务
DS	Device Service	设备服务层
DSL	Deep Supervised Learning	深度监督学习
DSRC	Dedicated Short Range Communication	专用短程通信技术

英文缩写	英文释义	中文释义
DNN	Deep Neural Network	深度神经网络
DNS	Domain Name System	本地域名系统
DU	Distributed Unit	分布单元
E-UTRAN	Evolved UTRAN	演进的 UMTS 陆地无线接入网
EPC	Evolved Packet Core	分组核心演进
ICN	Information Centric Networking	信息中心网络
FIB	Forwarding Information Base	转发信息库
F-RAN	Fog-Radio Access Network	雾无线接入网
IaaS	Infrastructure as a Service	基础设施即服务
Launch VM	Launch Virtual Machine	启动虚拟机
LL-MEC	Low Latency MEC	低延迟 MEC
LTE	Long Term Evolution	长期演进
MCC	Mobile Cloud Computing	移动云计算
ME	Multi-Access Edge	多接入边缘
MEC	Multi-Access Edge Computing	多接入边缘计算
MEO	Mobile Edge Orchestrator	移动边缘编排器
MEPM	Mobile Edge Platform Manager	移动边缘平台管理器
ML	Machine Learning	机器学习
NDN	Named Data Networking	命名数据网络
NGFI	Next-Generation Fronthaul Interface	下一代前传网络接口
NAS	Non Access Straum	非接入层
NFV	Network Function Virtualization	网络功能虚拟化
NFVI	NFV Infrastructure	NFV 基础设施
NFV MANO	NFV Management and Orchestration	NFV 管理编排
NFVO	NFV Orchestration	NFV 编排器
NLP	Natural Language Processing	自然语言处理
RBM	Restricted Boltzmann Machine	限制玻尔兹曼机
RRU	Remote Radio Unit	射频拉远单元
OAI	Open Air Interface	空中接口制式的开源无线通信实验平台
OSS	Operations Support System	操作支持系统

（续表）

英文缩写	英文释义	中文释义
OEC	Open Edge Computing	开放边缘计算
OFDMA	Orthogonal Frequency Division Multiple Access	正交频分多址
OFN	Open Networking Foundation	开放网络基金会
ONAP	Open Network Automation Platform	开放网络自动化平台
PaaS	Platform-as-a-Service	平台即服务
PIT	Pending Interest Table	待处理请求表
ReLU	Rectified Linear Unit	线性整流函数
RNIS	Radio Network Information Service	无线网络信息服务
QoS	Quality of Service	服务质量
QoE	Quality of Experience	服务质量体验
RAN	Radio Access Network	无线接入网
SR	Service Registry	服务注册
SaaS	Software-as-a-Service	软件即服务
SCeNB	Small Cells eNodeB	小基站
SDN	Software-Defined Networking	软件定义网络
SNMP	Simple Network Management Protocol	简单网络管理协议
SS	Support Service	支持服务层
TL	Transfer Learning	迁移学习
TDMA	Time Division Multiple Access	时分多址
TOF	Traffic Offload Function	流量卸载功能
TSN	Time Sensitive Network	时间敏感网络
UE	User Equipment	用户终端
VM Overlay	Virtual Machine Overlay	覆盖虚拟机
VNF	Virtualized Network Functions	虚拟网元功能
VNIC	Virtualized Network Interface Card	虚拟网络接口卡
VIM	Virtualization Infrastructure Manager	虚拟基础设施管理器
VNFM	VNF Manager	VNF 管理器
VR	Virtual Reality	虚拟现实